사회적 자본으로 읽는 21세기 도시

사회적 자본으로 읽는
21세기 도시

우자와 히로후미·쿠니노리 모리오·우치야마 카츠히사 편저

이 창 기·문 경 원·윤 희 중 옮김

역서를 펴내며 …

18대 대통령인수위원회 첫 회의에서 박근혜 당선인이 '우리나라가 선진국 진입을 위한 마지막 관문은 사회적 자본을 확충하는 것'이라는 발언이 나온 뒤 중앙정부의 관료들과 국민들 사이에 사회적 자본에 대한 관심이 부쩍 커졌다. 따라서 사회적 자본을 쉽게 이해하기 위해서는 생산성을 높이는 자본에는 물리적 자본인 사회간접자본과 심리적 자본인 사회자본이 있다는 것을 이해할 필요가 있다.

잘 알고 있듯이 사회간접자본은 도로, 철도, 항공, 항만 등 물리적 기반시설을 말하고 이를 통해 물적 자원이 활발하게 교류하면서 생산성을 높이고 부가가치를 창출하는 것이다. 반면에 사회적 자본은 사람들 사이의 신뢰, 규범, 배려, 공동체의식 등을 통해 생산성과 부가가치를 높이는 사람들 사이의 좋은 관계망이라고 규정지을 수 있다.

그런데 대한민국이 선진국의 문턱에서 항상 고배를 마시는 가장 중요한 이유를 많은 전문가들은 신뢰부족을 꼽아 왔고, 몇 년 전 한국개발연구원은 기초질서 붕괴와 불신이 경제성장률의 1%포인트를 발목잡고 있다고 진단한 적도 있다. 신뢰할 수 없는 관계에서는 거래비용이 증가할 수밖에 없고 그만큼 생산성을 떨어뜨리는 것이다. 예를 들어 기업 간 거래에 있어서 신뢰할 수 있으면 생략될 수 있는 서류나 절차가 불신관계에서는 더 많은 입증서류와 절차가 필요하고 그만큼 비용과 시간이 수반되는 것이다.

사실 대한민국이 10위 안에 들어가는 경제대국이면서도 사회적으로 미숙하다는 평가를 받는 중요한 이유가 정직하지 못하고 서로를 불신하고 있기 때문이다. 국민이 정부를 믿지 못하면 정부의 정책은 목적했던 효과를 얻을 수 없다. 또 정부가 국민을 믿지 못하면 각종 규제를 만들어 국민생활을 불편하게 만들 수밖에 없다. 사회생활에서도 서로 약속과 질서를 지키지 않으면 모두가 불편해지게 마련이다. 돈과 권력을 갖고 있는 사람들이 아무 것도 갖고 있지 않은 사람들을 배려하지 않으면 그들은 희망을 잃고 사회에 분노하게 된다. 그러므로 성숙한 사회에서는 구성원들이 서로 믿고 배려하며 따뜻한 공동체의식을 가져야 모두가 행복할 수 있다.

이런 차원에서 대전은 이미 작년 8월에 염홍철 시장이 브리즈번 구상을 통해 민선5기 하반기 중점과제로 사회적 자본 확충을 선정했고 워킹그룹을 구성해 사회적 자본의 개념과 실천전략을 모색하는 한편 대전발전연구원 산하에 사회적 자본개발연구센터를 설립하고 금년 2월에 사회적 자본조례의 제정까지 끝냈다. 이로써 대한민국의 사회적 자본 확충을 선도하는 도시가 다름 아닌 대전이라는 사실이 얼마나 자랑스러운 일인가. 일찍이 대전은 세종시출범과 더불어 대한민국의 신중심이 되겠다는 비전과 함께 그 중심은 물질뿐 아니라 정신적 부분에서도 중심이 되겠다는 균형적 비전을 제시한 바 있다.

바야흐로 더 이상 일자리창출이 불가능한 저성장사회로 진입하는 것과 더불어 저출산·고령화에 따른 복지재정의 증가 등으로 지방정부의 재정은 한계에 봉착해 있다. 이처럼 긴축재정 속에 풍요로운 사회를 기대할 수 없고 갈수록 어려운 계층이 늘어나면서 사회의 안전망이 급격히 무너져 내리고 있다. 이런 절망적 상황을 벗어나기 위해선 서로 믿고 배려하며 희망의 끈을 놓지 않는 것일 것이다. 비록 경제적 자본이 취약해도 사회적 자본이 뒷받침된다면 견딜 만한 것이다. 그동안 도시를 물리적 구조의 결과로만 바라보았다.

그도 그럴 것이 20세기의 도시는 고도로 발달된 공업기술과 추상파 예술을 도시의 모습으로 결정하여 구체화한 것이다. 이것을 상징하는 것은 유리, 철근, 콘크리트를 대량으로 사용한 고층건물과 근대적인 디자인을 갖춘 자동차였다. 이것은 20세기의 기업자본주의와 정교하게 맞아 떨어졌다. 그러나 『빛나는 도시』의 저자인 르 코르뷔지에의 말처럼 '20세기의 도시는 추상파의 예술작품으로서 뛰어난 작품일지 모르지만 인간이 생활하고 인간적 교류를 하며 인간적인 문화를 형성해 나가는 장소는 아니다'라는 지적이 마음에 와 닿는다. 이제 21세기의 도시는 사회적 자본의 관점에서 읽고 정책을 개발하고 이를 집행해 나가야 한다. 예를 들어 어린이공원을 조성하는 사업을 전개할 때도 부모가 믿고 아이들을 공원에 보낼 수 있고 동네 어른들이 아이들을 보살피며 배려하는 공동체의식을 살찌울 수 있는가를 고뇌해야 한다. 이것이 사회적 자본의 관점에서 어린이공원정책을 생각하는 것이다.

이런 의미에서 사회적 자본은 우리 사회에 필요한 '새로운 시대정신'이다. 마침 일본 정책투자은행설비투자연구소가 2003년에 발간한 '사회적 자본으로 읽는 21세기 도시'라는 저서를 접하고 이 책을 번역하기로 마음먹었다. 아무래도 외국어이고 서로 문화가 다르기 때문에 역자들이 제대로 전달하지 못하는 부분이 있더라도 널리 헤아려 주시기를 바라며 도시를 사회적 자본의 관점에서 이해하는 데 도움이 되기를 바란다.

2013년 8월

역자 대표 이창기 원장(대전발전연구원)

차 례

제3장

도시의 성장관리 - 진정한 도시재생에 이르는 길 -　　83

제4장

지방분권과 도시재생　　103

프롤로그

宇沢弘文(우자와 히로후미)

    20세기 도시는 근대적 도시계획의 이념에 의거하여 만들어졌다. 근대적 도시계획 이념은 영국의 에벤에저 하워드(Ebenezer Howard)의 『내일의 전원도시(Garden Cities of Tomorrow)』를 시작으로 미국으로 건너가 패트릭 게데스(Patrick Geddes)에 의해 정립되었으며, 광역도시의 사고방식으로 계승되었다. 그러나 근대적 도시계획은 르 코르뷔지에(Le Corbusier)가 쓴 『빛나는 도시(La Ville radieuse/ The Radiant City)』의 이념이었다. 르 코르뷔지에의 『빛나는 도시』는 20세기 도시의 형성과 재개발 과정(process)에 결정적인 영향을 미쳤다.

    르 코르뷔지에의 『빛나는 도시』는 도시를 하나의 예술작품으로 보고, 합리적 정신에 기초하여 최대한 기능화된 기하학적이고 추상적인 아름다움을 지닌 것으로 보았다. 이것은 고도로 발달된 20세기의 공업기술과 추상파 예술을 도시의 모습으로 결정하여 구체화시켰다. 빛나는 도시의 상징은 유리, 철근 콘크리트를 대량으로 사용한 고층건물과 근대적인 디자인을 갖춘 자동차였다. 이것은 20세기의 기업자본주의와 정교하게 결합했다. 그러나 르 코르뷔지에의 『빛나는 도시』는 추상파의 예술작품으로서 뛰어날지 모르지만, 인간이 생활하고 인간적 교류와 인간적 문화를 형성해 가는 장소는 아니었다.

이에 반하여 사회적 자본으로서 도시는 수많은 거주자들의 생활 장소이며 또한 사람들이 일하고 생계에 필요한 소득을 얻는 장소인 동시에 방문하는 사람들뿐만 아니라 수많은 사람들이 상호 밀접한 관계 속에서 문화를 창조하고 유지해 나가는 장소다.

오래 전부터 우리는 '최적 도시'라는 개념을 제기하였다. 최적 도시는 이른바 근대적 도시의 이념을 초월하여, 도시에서 살면서 생활을 꾸려나가는 시민의 관점에서 어떤 구조를 갖고, 어떤 제도를 지닌 도시가 바람직한가를 모색하기 위해 도입되었다. 한정된 지역 안에서 기술적·풍토적·사회적·경제적 등 제약 조건하에서 어떤 도시 기반시설(urban infrastructure)을 배치하고 어떤 규칙과 제도로 도시를 운영하면서, 도시에 살고 있는 사람들이 인간적·문화적·사회적인 관점에서 가장 바람직스러운 생활을 영위하는 것이 가능할 것인가를 찾은 방안이 최적 도시다. 사회적 자본으로서 도시는 최적 도시의 사고방식을 더욱 발전시켜 사회적·문화적·자연적 관점에서 매력 있는 도시를 만들기 위한 제도적 조건들을 명확히 하고 있다. 여기에는 제인 제이콥스(Jane Jacobs. 지역사회의 문제와 도시계획, 도시의 쇠퇴에 대해 관심을 쏟은 저술가이자 사회운동가)의 사상이 기본적 역할을 담당하였다.

제1장 「사회적 자본으로서의 도시」(宇澤弘文 우자와 히로후미)는 제인 제이콥스의 사상에 초점을 맞추면서 사회적 자본으로서 도시의 기본적 성격을 고찰하고 21세기 도시의 방향을 모색하였다.

1961년에 간행된 제인 제이콥스의 『미국 대도시의 죽음과 삶(*The Death and Life of Great American Cities*)』은 20세기를 통해 지배적이었던 미국 도시재개발의 방향에 대한 근원적 비판을 전개하고, 인간적인 도시의 기본성격을 제이콥스의 4대 원칙으로 특징지었다. 제이콥스는 젊은 도시계획가들 사이에서 혁명적이라고 할 정도로 영향을 미쳤으며, 수많은 도시와 공공공간이 그녀의 이념에 근거하여 형성되었다.

20세기 초 미국에는 수많은 매력적인 대도시가 있었다. 이들 대도시에는 폭이 좁고 꼬불꼬불한 가로가 구석구석까지 퍼져 있었으며, 인구밀도가 높고, 많은 사람들이 끊임없이 왕래하고 있었다. 주된 교통수단은 노면전차였다. 노면전차도 구석구석까지 운행되었고 인간적인 삶을 꾸려나가는 데 불편함이 없었다. 그렇지만 1950년 말경 대도시의 대부분이 '몰락'에 처해 있었다. 제이콥스는 미국 내 도시를 직접 걸어 다니면서 살기 편하고 인간적인 매력을 갖춘 거리가 남아 있는 것을 발견하였다. 도시 내의 매력적·인간적인 거리에서 공통적인 특징을 4대 원칙으로 정리하였다. 제이콥스의 4대 원칙은 지금까지 도시에 대한 사고방식을 전면적으로 부정하였으며, 인간적인 매력과 살기 편하고 문화적 향기가 높은 도시를 만들기 위한 효과적인 방식인 『미국 대도시의 죽음과 삶』이 출간 후 반세기 가까운 기간 동안 분명히 제시되었다.

제2장 「유럽의 도시계획에서 배운다」(伊藤 滋 이토 시게루)는 '콤팩트 시티(compact city)'를 중심으로 도시계획의 현대적인 방안을 간결하고 정확하게 전개했다. 콤팩트 시티는 20세기 문명을 총괄하여 21세기에 갖추어야 할 도시 상(像)을 표현한 것으로서 1990년대부터 사용하기 시작한 말이다.

콤팩트 시티의 가장 상징적인 점은 '혼합형 토지이용'에 있다. 그 전형적인 이미지는 파리의 옛 시가지에서 엿볼 수 있는 광경이다. 좁은 공간 속에서 인간적이고 문화적인 생활을 뛰어나게 꾸려나가고 있다. 오래된 건물 속에서 낡은 가구를 사용하고, 매일 걸어서 갈 수 있는 상점에 가서 쇼핑을 한다. 생태적이고 지속 가능한 도시생활 그 자체가 아닐까? 이와 같은 콤팩트한 거리가 21세기에 우리가 생각하는 거리다.

일본의 경우, 어느 정도의 콤팩트화는 이미 이루어지고 있다. 일본의 도시는 먼저 철도에 의해서 만들어졌기 때문이다. 자동차에 지배받는 구미 도시보다도 일본 도시에는 어느 정도 콤팩트성이 있다. 유럽적인 도시생활을 가능하게 하며, 시가지에도 복합적인 용도가 있다. 이토의 논문에서 강조하는 것은 시민들은 양질의 주택과 주택 시가지를 원하고 있으며, 자연을 적극적으로 받아들이면서 거리를 아름답게 하려는 운동이 일본에서도 실행에 옮겨 질 것으로 기대하고 있다.

제3장 「도시의 성장관리 - 진실한 도시재생의 길」 (原科幸彦 하라시나 사치히코)에서는 도시의 르네상스라고 말할 수 있을 정도의 살기 편하고 인간적인 매력을 갖춘 도시를 만들기 위한 기본적인 관점을 제시하였다. 정부가 지금 추진하고 있는 도시재생은 도심지역을 더욱 더 고밀도로 이용하려는 단순한 계획에 불과하다. 도시재생은 단순히 고층 건축물을 조성하는 것이 아니라 도시의 르네상스라고 말할 수 있을 정도로 살기 편하고 인간적인 매력을 갖춘 도시를 만드는 데 있다. 이를 위하여 여유 있는 공간을 갖추고, 녹지를 풍부하게 하며, 지역의 역사와 문화를 중요시해야만 한다. 도시의 거주환경은 안전성, 건강성, 편리성, 쾌적성과 지역의 개성으로 평가할 수 있다. 특히 최근에는 지구 환경에 미치는 부하를 고려한 지속 가능성도 있지만 가장 우선순위가 높은 것은 안전성이다. 안전성은

자연재해뿐만 아니라, 화재, 교통사고 등 인위적 재해를 포함한다. 안정성을 위하여 반드시 녹지를 확보하고 도로체계를 정비해야만 하며, 양자 모두를 갖춘 오픈 스페이스(open space)를 조성하는 계획이 필요하다.

　도시환경이 매력적이고 아름다운 측면을 지닌 도시와 일본의 도시, 예를 들면, 도쿄(東京)와 타 도시와의 비교가 중요하다. 각 나라는 문화적·사회적 배경뿐만 아니라, 기후풍토도 다르기 때문에 단순히 비교는 할 수 없지만, 경제 선진국의 대도시로서 세계도시라고 불리는 도시로부터 배우는 경우가 많다. 특히 토지이용 밀도라는 도시의 기본적 상태는 개개의 소지구에서가 아닌 어느 정도 이상 확대해 보면, 사회·문화적인 조건에 의해 발생하는 차이가 흡수된 공통된 부분을 찾을 수 있다. 이와 같은 관점에서 도쿄의 현재 상황을 살펴보면, 도쿄권(東京圈)의 토지이용은 직장과 주거가 과도하게 분리되어 있다. 또한 자연과 자연경관을 즐길 수 있는 대규모 녹지나 농지가 원격지역 외에 존재하지 않는다. 이것은 충분한 도시계획을 고려하지 않은 상태에서 자유경쟁 경제의 원칙이 지나치게 강조된 결과를 초래한 것이다. 전후 50년 가까이 경과한 현재의 도쿄권 모습은 사람들의 기본적 생활의 질적 측면에서 보면 성공이라고 보기 어렵다. 안전하고 쾌적하며 보다 양호한 거주환경의 창조를 위해서는 토지이용의 규제를 강화할 필요가 있으며, 용적률 규제를 완화해서는 안 된다. 안전하고 풍요로운 도시환경의 형성을 위해서는 토지의 적정밀도를 유지하기 위한 성장관리를 기본 방침으로 수립된 계획이 필요하다. 이것은 개별도시의 계획이 아니라 광역적인 관점에서의 환경계획이다.

　그러나 지역의 합의가 없다면 구체적 계획이라고 할 수 없다. 환경계획의 기본은 광역적 토지이용 계획이다. 광역적 토지이용 계획

하에서 자유경쟁 경제의 메커니즘을 발휘함으로써 바람직스러운 지역환경을 창조할 수 있다. 환경 기본계획의 수립에서는 지역주민의 의사를 적극적으로 반영시켜야 한다. 환경계획에 대한 참여는 광역주민이 대상이기 때문에 도시 수준을 초월한 광역적 계획에 어떻게 주민을 참여시킬 것인가는 오늘날 중요한 제도적 · 기술적 과제다. 또한 광역적 관점의 계획은 행정이 개개 지방자치단체의 경계를 넘어 협력체제를 유지한다는 발상의 전환이 필요하다.

제4장 「지방분권과 도시재생」(神野直彦 진노나오히코)에서는 도시의 르네상스가 지방분권을 전제로 해야만 가능하다는 점을 강조하고 있다.

1920년대 도시화에 따라 도시의 자치를 요구하는 운동이 거세졌다. 다이쇼(大正) 데모크라시(Taisho Democracy, 러일전쟁 때부터 다이쇼 천황 때까지 일본에서 일어났던 민주주의적 개혁을 요구하는 운동을 일컫는 말) 재정정책은 국세인 토지에 부과하는 수익세와 영업세를 지방세로 위양(委讓)한 것이었다. 다이쇼 데모크라시 재정정책은 1928년 제1회 보통선거 때 세이유카이(政友會)의 선거 표어였던 '지방에 재원을 부여하기만 하면 지방은 저절로 완전한 발전을 이룰 수 있다'라는 말로 상징되었지만, 반대로 다이쇼 데모크라시 1기 때부터 모든 시기에 걸쳐서 중앙집권의 길을 걸었다. 그리고 제2차 세계대전 이후 전후 개혁에서 지방분권을 추진했지만, 다이쇼 데모크라시가 담당한 지방분권 과제는 여전히 힘들고 그 현재 상황은 암울하기만 했다.

한편, 유럽에서는 1980년대부터 지방분권이 크게 물결쳤다. 중앙집권의 대표 국가인 프랑스에서도 미테랑(François Maurice Marie Mitterrand) 정권 하에서 지방분권이 강력하게 추진되었으며, 1982년 지방분권법을 제정하였다. 이 지방분권의 움직임과 연동하여 환경과 문화를 키워드로 유럽에서 도시의 르네상스가 시작되었다. 공업에 의해서 파괴된 환경을 개선함과 동시에 지역에서 전통문화를 부흥시킴에 따라 공업으로 변한 지식산업을 창출하였다.

현재 진행 중인 유럽의 르네상스는 자연환경과 지역문화 재생을 주축으로 전개되었다. 국민국가가 성립하기 이전에 지역사회가 육성했던 지역문화는 부흥을 목표로 국민국가의 경계를 초월하여 지역 축을 중심으로 전개되었다. 이것은 지역분권의 전제하에서 시민의 재정관리를 축으로 주민 공동사업으로 실시하였다. 결코 중앙정부가 강제로 시키는 것이 아니다.

그러나 일본의 지역사회는 고유한 지역문화를 상실하여, 획일적인 지역사회의 집합체로서 비인간적이고 반문화적인 동질사회를 형성해왔다. 하지만 최근 수많은 도시에서 환경과 문화를 키워드로 인간이 생활하는 '장소'로서 지역사회의 재생을 목표로 움직임이 전개되었다. 그러나 일본은 지역사회의 공동경제인 재정에 대해 자기결정권이 거의 없기 때문에 항상 벽에 막혀 있다. 지방자치단체가 재정의 자기결정권을 확충하는 것은 경기회복과 동시에 재정재건을 달성하는 길이다.

제5장 「교육의 장소로서 도시」(間宮陽介 마미야 요스케)에서 어린이의 성장을 배움의 과정으로 보고, 배움의 원형을 '놀이'라고 보았다. 어린이의 성장을 지원하는 교육장소는 학교를 초월하여 도시 전체로 확대하였다. 학교는 기껏 교육장소 중 하나에 불과하며, 학교교육의 개혁을 주장하는 경우에도 도시를 배경으로 삼지 않는다면 그 방향을 잘못 제시할 가능성이 있다고 보았다. 여유교육(餘裕教育, 주입식 교육을 탈피한 여유 있는 교육. 사고력, 표현력, 남에 대한 배려 등을 '살아가는 데 꼭 필요한 덕목'으로 꼽고 이를 육성하는 것을 교육목표로 삼는 일본의 교육정책임)이 정당하다는 점은 학교를 도시로부터 독립시킬 때이며, 도시를 배경으로 할 때의 여유교육은 그렇지 않을 때의 여유교육과는 성격을 달리

한다.

여유교육에 한정시키지 않고 대부분의 교육개혁론은 학교를 독립시켜 개혁을 도시라는 문맥으로부터 분리해서 생각한다. 종래형(從來型)인 폐쇄 시스템(close system)에 대한 비판으로 제안된 열린 학교(open school) 역시 학교를 학교 외부공간으로부터 고립시키고 있다. 개방된 공간과 폐쇄된 공간은 상호보완적이어서 개방된 공간 속에서는 폐쇄된 공간이 오히려 우리를 되찾는 피난처로서 기능하기도 한다. 마미야의 논문에서 강조한 도시 전체가 어린이에게는 학교이며, 전체적 관점에서 교육개혁을 논한다면 개혁은 어린이에게 역작용을 미칠지도 모른다는 점이다.

제6장 「문화로서의 도시 녹지」(石川幹子 이시카와 미키코)는 세계의 각 도시가 어떤 이념, 계획, 정책, 재원, 인적 네트워크에 의해 사회적 자본으로서 녹지를 유지, 계승, 창출해 왔는지에 대해 설명하고, 21세기 전망에 대해 고찰하였다.

녹지는 인간생활의 기억과 깊게 연결되어 있다. 그러나 고도의 토지이용이 요구되는 도시에서 녹지를 사회적 자본으로서 담보해 나가기 위해서는 사회의 강한 의지가 필요하다. 이 의지에 어떤 모습을 부여할 것인가는 시대, 국가, 도시에 따라 다양하다. 세계 각지의 도시에서는 자랑할 만한 사회적 자본으로서 '문화로서의 녹지'가 존재한다. 이시가와의 논문은 세계 각 도시가 어떤 이념에 의해 도시에 녹지가 유지·계승되어 왔는가에 대해 19세기 중엽부터 시작된 근대화 과정을 중심으로 향후의 과제와 전략에 대해 고찰하였다.

먼저, 산업혁명에 의한 도시로의 인구산업 집중에 따라 환경위생, 불량주택지, 도시 내 교통 등의 문제가 심각해지고, 기존 도시의 개조가 과제로 되었다. 이는 20세기 초부터 전반에 걸친 시대까지 이어졌다. 도시의 영역이 급속하게 확대되고 외연으로 넓혀진 전원지역과의 토지이용 질서 구축이 도시계획의 주된 주제가 되었다. 영국에서는 전원도시론, 독일에서는 토지구획정리와 지역제(zoning) 시스템을 산출하였다. 급속한 도시확대에 직면해 있던 미국에서는 파크 시스템(park system) 이론과 사업수법을 실천적으로 전개하였다. 이러한 세계 각국의 실험이 합해진 종합계획으로서 도시계획은 1920년대 탄생하였다. 녹지는 도시구조의 기본을 이루는 도시축으로서 위치를 차지하였다. 제2차 세계대전 후 도시계획의 주도는 1945년에 수립된 'Great London Plan'이었다. 도심으로의 극단적 집중을 회피하고, 위성도시를 적정하게 배치한 새로운 대도시권을 창출하는 방식은 세계 각국의 도시정책에 큰 영향을 미쳤다. 녹지는 그린벨트(green belt)로서 '도시의 성장관리' 정책의 중심이 되었다. 이어서 1970년대부터 20세기 말에는 도시의 외연적 확대에 따라 도심의 공동화가 진행되고 도심재생이 과제로 되어, '도시의 활력'이 녹지정비에서 기인한다고 보았다.

그리고 21세기의 첫 번째 과제는 지구온난화다. 대기 중으로 이산화탄소 배출을 체감시키기 위해서는 자동차 의존형의 확산적 도시구조의 발본적 전환이 필요하다. 둘째, 생물 다양성의 회복이다. 인간중심의 도시로부터 인간도 자연의 일부라는 기본 입장으로 돌아가는 도시재편이 필요하다. 셋째, 지역 고유문화의 복권이다. 대량생산, 대량소비 그리고 균일화 시대로부터 지역 고유의 다양한 문화발굴이 이루어지고 있다. 도시 녹지는 이 문화를 나타내는 상징적인 존재다.

제7장 「관광학적 도시의 이념」(岡本伸之 오카모토 노부유키)에서는 도시의 문화적인 측면에 초점을 두면서 관광학이라는 학제적 관점에서 도시를 설명한다. 새로운 관광의 방식에 주목하여 도시의 문화

를 중요한 관광자원이라고 보고, 21세기에 도시관광의 모습을 모색하였다.

일반적으로 관광은 이동과 체재에 수반하는 경제적 중요성이 주목받는다. 도시를 목적지로 하는 관광도 그 경제적인 중요성이 주목받지만 1990년대부터 구미의 도시에서는 중심도시의 중심지역 황폐에 대한 도시재생의 수단으로써 관광진흥이 주목을 받았다.

관광에 의한 문화교류도 중요하다. 사람들이 자국 문화의 특성을 깨닫는 때는 여행자의 눈빛을 의식할 때부터다. 예전부터 관광 매력이 넘치는 도시는 문화의 세련된 호순환(好循環)이 기능하고 있지만 도쿄 같은 도시는 세련된 문화 메커니즘이 발생하지 않는다. 자국 문화의 어디가 우수한지를 느낄 수 있는 기회가 많지 않기 때문이다. 그 결과, 환경이 변화하는 가운데 자국의 문화를 어떤 방향으로 변화시켜 나가는 것이 좋은가에 대한 방향을 정할 수 없다.

도시에서 관광 왕래는 도시성장의 계기가 될 뿐만 아니라, 원동력이며 도시의 성숙도를 나타내는 지표다. 일본처럼 외국으로 나가려는 사람은 많지만 방문객이 매우 적은 국가의 장래는 위태롭다. 도시 특히 수도 도쿄의 국제관광에 대한 책임은 무겁다.

제8장 「숙련된 집적(集積)과 지역사회 – 도쿄 도(東京都) 오오타구(大田区)를 통해 생각한다」(柳沼 寿 야기누마 히사시)에서는 오오타구에서 소규모 영세공장의 집적을 고도로 유연한 분업 시스템으로 보았다. 그리고 오오타구의 배후에 있는 숙련과 숨겨진 지혜의 다양성과 거래비용을 절감하고, 또한 혁신(innovation)을 촉진시키는 신뢰와 혁신을 산출하는 사회 교류자본의 역할을 강조하는 데 종래와는 다른 각도에서 오오타구 지역사회를 살펴보았다. 오오타구에서 영세공장이 지역사회와 상호의존적 관계 속에서 독자적인 기질을 갖고 숙련된 사람들을 산출하고, 숙련공들이 지역사회의 혁신에 관하여 지역

사회를 지속적으로 발전시켜 온 모습을 살펴보았다.

이런 관점에 입각하여 지역사회에서 산업과 사람과의 관계가 더욱 확대된다는 인간적인 관점을 찾아볼 수 있었다.

먼저, 오오타구의 공장 집적과 구조에 대해 간단히 정리하고, 경제학적 관점에서 설명할 프레임 워크(frame work)를 검토하였다. 그리고 숙련의 의미를 숨겨진 지혜의 학습과정으로 보고, 숙련의 확산과 전달이 지역사회의 혁신과 관련 있다는 점을 제시하였다. 숙련을 갖춘 사람들의 기질이 지역사회와의 상호의존 관계 속에서 형성된다고 설명하였다. 끝으로 오오타구의 다양한 숙련의 집적과 고도의 분업 시스템인 '오오타구 모델'을 참고로 오오타구 독자적인 다양성 있는 도시로 설명할 수 있다는 점과 최근의 환경변화가 오오타구의 공장집적에 중대한 영향을 초래하고 있다고 설명했다.

제9장 「교통과 도시환경의 보전 − 도로교통과 공공교통」(国則守生 쿠니노리 모리오)에서는 도시의 르네상스를 고려하는 경우, 빼놓을 수 없는 도시 교통문제에 초점을 맞추고 도로교통과 공공교통의 관련을 중심으로 논의를 전개하였다.

20세기는 많은 공업국가를 중심으로 대규모 인구이동에 따른 도시 확대의 세기였다. 공업국가에서는 생활의 질 향상이나 환경에 뛰어난 이동수단에 대한 과제는 대부분의 경우 뒤로 미루고, 양적인 생산・소비활동에 중점을 둔 정책이 우선시되었다. 그러나 이러한 도시화의 흐름도 공업국가에서는 끝장을 맞이하였으며, 21세기는 주변 지역을 포함하여 일하기 쉽고 살기 좋은 매력적인 도시의 재구축, 즉 도시의 르네상스가 요구되는 상황으로 전개되었다.

쿠니노리의 논문은 환경과 교통 그 중에서도 도로교통 증대와의 관계를 다루고 있으며, 주변을 포함한 도시지역에서의 여객수송을 중심으로 논의를 하였다. 도시와 환경의 관계를 논의할 때 정면으로 부딪치는 도시 교통문제를 주로 하여 도시 주변 지역을 포함한 도시지역의 여객수송이라는 관점에서 설명하였다. 특히 도로교통 증대에 대하여 어떻게 공공교통이 대처해왔는가에 대해서 구미의 중간 규모 도시 중 선도적 도시를 사례로 살펴보았다. 선도도시에서는 중심 시가지의 보행자와 자전거 이용자 중시 방안과 노면전차 등을 효과적으로 활용한 정책과 정책의 배경을 고찰하였다. 특히 주변 지역을 포함한 지역의 도시계획과 자립적 책임성이 있는 의사결정, 공공교통의 재원 확립 등의 필요성도 살펴보았다.

이어서 교통문제를 경제적인 관점에서 논의를 할 때 빼놓을 수 없는 외부비용의 관점을 소개하고 도시에서의 공공교통 수단을 우선해야 할 근거 등을 고찰하였다.

궁극적으로는 각 도시가 어떤 도시를 목적으로 할 것인가에 대한 점도 관련이 있다. 그러나 쿠니노리의 논문에서는 무분별한 도시의 스프롤화(sprawl, 도시가 급격하게 팽창하면서 시가지가 도시 교외지역으로 질서 없이 확대되는 현상)를 방지하는 과대한 기반시설(infra)의 정비에 필요한 부담을 피하면서 지방적(local)이고 지역적(regional)인 환경을 보전하며 지구 환경문제를 어떻게 해결할 수 있는가라는 문제를 고찰했다. 그리고 살기 좋고 활력 있는 도시지역을 창조하고 매력을 높이기 위한 도시교통의 방식을 포함한 포괄적인 업무도 살펴보았다.

제10장 「도시의 온난화」(內山勝久 우치야마 카츠히사)는 최근 큰 사회적 관심을 불러일으킨 대도시의 기온 상승을 문제 삼는다. 이것은 도쿄 등 대도시에서 현저하다. 예를 들면, 과거 100년간 도쿄 도심의 기온은 약 3℃ 상승함에 따라 건강에 미치는 피해와 여름철 집중호우 등 시민생활에 다양한 영향으로 나타나고 있다. 1990년부터 2100년까지 전 지구 평균 표면온도 상승은 1.4~5.8℃이며, 이에 따라 기후조건이 불안정해져서 인류에 악영향을 끼칠 것으로 예

상된다. 그러나 도쿄의 과거 100년간 기온변화는 확실히 21세기 지구 전체의 평균적 기온변화를 선취(先取)하였다고 볼 수 있다. 현재 도시지역에서 발생하는 다양한 영향도 앞으로 지구의 모습을 시사하는 중요한 자료가 된다.

열섬(heat island) 현상의 대기오염 문제 성질로 주목받는 것은 오염한 단위에서의 피해가 시간과 공간에 따라 다르게 나타난다는 사실이다. 시간적으로는 질소산화물과 유황산화물이 대기 중에 방출되면 몇 시간 또는 며칠이 지나면 대부분 정화된다는 점에서 프레온 오염물질이라고 말할 수 있지만, 열도 유사한 형태(pattern)를 갖고 있으나 주간과 야간의 피해 정도가 다르고 계절에 따라서도 다르게 나타난다. 초(超) 장기간에 걸쳐 대기 중에 잔류하면서 영향을 계속 미쳐 스톡(stock)의 오염물질인 온실효과 가스에 의한 피해와는 대조적이다.

우치야마의 논문은 열섬 현상을 도시문제로 받아들여서 도시의 열오염 대책을 중심으로 고찰하였다. 먼저 열섬 현상에 대해 기온상황과 발생 메커니즘, 영향 등을 기존의 조사와 연구에 의존하여 개관했으며, 열섬 현상의 원인과 현재 제시되고 있는 대책을 중심으로 고찰하였다. 이어서 도시 대기의 유지와 관리방법에 대해서는 사회적 자본의 사고방식을 원용하여, 배출열 확산을 막지 못하는 도시의 관점에서 검토하였다.

제1장

사회적 자본으로서의 도시

宇沢弘文(우자와 히로후미)

1

사회적 자본의 사고방식

제도주의(institutionalism)는 자본주의와 사회주의를 넘어서 모든 사람들의 인간적 존엄이 지켜지고 영혼의 자립이 보존되며, 시민의 권리를 최대한 누릴 수 있는 경제체제를 실현하려는 개념으로 소스타인 베블렌(Thorstein B. Veblen)이 19세기 말에 주창했다. 사회적 자본은 제도주의의 사고방식을 구체적인 형태로 표현한 것이며, 21세기를 상징하는 말이라고 해도 좋다.

사회적 자본은 하나의 국가 또는 특정한 지역에 사는 모든 사람들이 풍부한 경제생활을 꾸려나가고, 우수한 문화를 전개해서 인간적으로 매력 있는 사회를 지속적이고 안정적으로 유지할 수 있도록 만드는 자연환경과 사회적 장치를 의미한다.

사회적 자본은 자연환경, 사회적 기반시설, 제도 자본의 세 가지 큰 범주로 구분할 수 있다. 대기·삼림·하천·물·토양 등 자연환경, 도로·공공 교통기관·상하수도·전력·가스 등 사회적 기반시설, 그리고 교육·의료·사법·금융제도 등 제도 자본 등이 사회적 자본의 중요한 구성요소다. 도시와 농촌도 다양한 사회적 자본으로 이루어졌다.

사회적 자본이 구체적으로 어떤 구성요소로 이루어지고 어떻게 관리, 운영되고 있는가 또한 어떤 기준에 의해 사회적 자본 자체가 이용되거나 또는 그 서비스가 분배되고 있는가에 따라 한 국가나 특정 지역의 사회적·경제적 구조가 특징지어진다. 사회적 자본의 중요한 구성요소인 자연환경·농촌·도시·교육·의료·금융 등에 대하여 각각 달성된 사회적·경제적인 역할을 충분히 배려하면서 사회적 자본으로서 목적을 적절하게 달성할 수 있고, 지속적인 경제발전이 가능하도록 제도적 조건을 명확히 해야만 한다.

2

스미스, 밀, 베블렌

경제학이 요즘처럼 하나의 학문분야로서의 존재가 확립된 것은 1776년에 간행된 아담 스미스(Adam Smith)의 『국부론 (An Inquiry into the Nature and Causes of the Wealth of Nations)』에서 시작된다. 스미스 자신이 반복해서 강조하듯이 국부론의 제목에 Nation은 한 국가의 국토와 그 안에 살며 생활하는 사람들을 총체적으로 받아들이는 말이다. 결국 국토와 국민을 총체로 받아들인다는 말로 통치기구를 의미하는 State(국가)와 다르며 경우에 따라서는 대립적인 개념을 나타난다. 이 사상적 출발점은 20년 전에 쓰인 『도덕감정론

(*The Theory of Moral Sentiments*)』이다.

　스미스의 『도덕감정론』은 허치슨(Francis Hutcheson), 흄(David Hume)의 사상을 부연해서 공감(sympathy)이라는 개념을 도입하고 인간성의 사회적 본질을 분명히 하려고 했다. 인간성의 가장 기본적인 표현은 사람들의 활기, 기쁨, 슬픔이라는 뛰어난 인간적 감정을 솔직하고 자유롭게 표현할 수 있는 사회가 새로운 시민사회의 기본원리라고 생각했다. 그러나 이러한 인간적 감정은 개인적으로 특유하거나 그 사람들밖에 알지 못하는 성격이 아니라, 다른 사람들에게도 매우 공통적이고 서로 나누어 가질 수 있다. 이러한 공감의 가능성이 인간적 감정의 특질이어서 인간존재의 사회성을 표현할 수도 있다.

　하지만 시민사회를 형성하고 유지하기 위해서는 경제적인 측면에서 어느 정도 풍요로워야만 한다. 스미스는 건강하게 문화적인 생활을 꾸려나가는 것이 가능하도록 물질적 생산기반을 만들어야 한다 생각하고, 그로부터 20여 년 동안 『국부론』 집필을 완성했다.

　스미스의 『국부론』에서 출발하는 고전파 경제학의 본질을 명쾌히 해석한 책이 1848년에 간행된 존 스튜어트 밀(John Stuart Mill)의 『경제학원리(*Principles of Political Economy*)』이다. 경제학 원리의 결론을 내린 장(章)으로 정상상태(On Stationary States)가 있다. 밀이 말한 정상상태(경제 전체로서의 산출량 수준에 변화가 없이 생산·교환·소비 등이 같은 규모로 순환하고 있는 상태를 말함)는 거시적으로 보았을 때 모든 변수는 일정하고 시간을 통해 불변으로 유지되지만 일단 사회 속에 들어갔을 때 거기에는 화려한 인간 활동이 전개되고, 스미스의 『도덕감정론』에 기술되어 있듯이 인간적인 노동이 전개된다. 신제품이 계속해서 창출되고 문화적 활동이 활발하게 이루어지면서 모든 시민의 인간적 존엄이 지켜져 그 영혼의 자립이 유지되고, 시민권리가 최대한 보장되고 사회가 지속적(sustainable)으로 유지된다. 고전파 경제학은 유토피아적인 정상 상태를 분석 대상으로 했다고 밀은 생각했다.

국민소득, 소비, 투자, 물가수준 등의 거시적 경제적인 여러 변수가 일정하게 유지되면서 미시 경제적으로 보았을 때 화려한 인간 활동이 전개된다는 밀의 정상상태(Stationary States)는 예상대로 현실에서 실현 가능한 것인가? 이 질문에 베블렌이 제도주의 경제학으로 답하였다. 베블렌의 제도주의 방식을 현대적인 형태로 표현하면, 다양한 사회적 공통자본(Social Overhead Capital)을 사회적 관점에서 최적 형태로 건설해서 서비스 공급을 사회적인 기준에 따라 실행함으로써 밀의 정상상태가 실현 가능해질 수 있다고 보았다. 지속적인 발전(Sustainable Development)상태를 의미한다고 해도 좋다.

앞에서도 기술했듯이 사회적 자본은 자연환경, 사회적 기반시설, 제도자본 등 3가지의 구성 요소로 이루어지며, 그 관리나 운영의 존재방식 또한 어떤 기준에 의해 사회적 자본 자체가 이용되거나 그 서비스가 분배되고 있는가에 따라 하나의 국가 내지 특정 지역의 사회적·경제적 구조를 특징지울 수 있다.

사회적 자본관리에 대해서 중요한 점을 하나 언급할 필요가 있다. 사회적 자본은 각 분야에서 직업적 전문가가 전문적 식견에 근거하여 직업규율에 따라 관리하고 운영된다. 사회적 자본의 관리와 운영은 결코 정부에 의해 자의적으로 지배되거나 시장적 기준에 따라 이루어지지 않는다. 이 원칙은 사회적 자본문제를 생각할 때 기본적 중요성을 지닌다. 사회적 자본의 관리와 운영은 신의 성실의무(fiduciary) 원칙에 근거해서 신탁되고 있기 때문이다.

정상상태 또는 지속 가능한 발전을 실현하기 위해서 사회적 자본의 구체적인 구성요소를 어떻게 결정하고 관리와 운영에 관한 기준

을 어떻게 결정하면 좋은가에 대한 문제가 현재 경제학자들이 우선
순위(priority)를 가장 높게 생각하는 과제다.

3

사회적 자본으로서 도시

　　　　　사회적 자본으로서 도시는 간단하게 말하면, 어
떤 한정된 지역에 수많은 사람들이 거주하고 거기에서 움직이며 생
계를 지키기 위해 필요한 소득을 얻는 장소이면서 많은 사람들이
서로 밀접한 관계를 가짐으로써 문화를 창조하거나 유지하도록 계
획하는 장소다.

　도시에서는 근원적인 의미에서 토지 생산성에 의존하는 것이 아
니며 생산활동을 이룰 수 있다는 점에서 농촌과 본질적으로 다르
다. 농촌에서는 토지와 시간을 주요한 생산요소로 생산활동이 이루
어지지만 도시에서 토지이용의 규모와 기능은 매우 한정적이다. 하
지만 도시에서 토지이용이 어떤 형태로 이루어지는가는 그곳에서
꾸려나가는 사회적·경제적·문화적·인간적 활동의 성격을 규정
하는 결정적인 역할을 한다. 도시는 문명의 얼굴이라고 한다. 이것
은 한 나라의 중추적 역할을 담당하고, 소위 수위(primacy)도시의 경
우 특히 현저하게 나타난다. 수위도시의 여러 양상은 당시의 시대
적 특징을 명확하게 표현하며 당해 국가의 정치적·경제적 특질을
반영한다.

4

일본의 도시

일본의 도시가 제2차 세계대전 후 반세기 동안
에 경험한 변모는 그 규모와 질 양면에서 역사상 그 유례를 찾아볼
수 없다. 특히, 그 동안에 일어난 도시인구의 확대는 현저하다. 제2
차 세계대전 전에는 도시지역 인구가 약 2,800만 명으로 전체 인구
의 38% 정도였다. 세계대전 중에는 도시인구가 대폭 감소하고 종
전 시에는 약 2,000만 명으로 전체 인구의 30% 이하가 되었다. 그
후 도시인구의 증가는 현저하여 현재는 9,000만 명을 훨씬 넘고 전
체 인구의 80% 이상이 도시지역에 살고 있다.

일본 도시인구의 증가는 고도 성장기에 특히 현저했다. 1950년
대에 시작된 일본의 고도 경제성장은 산업적이고 경제적인 규모의
비약적 확대를 초래했지만, 도시집중의 속도도 두드러지게 높았다.
특히, 3대 도시권으로 인구집중이 현저하여 25년간 2,000만 명 가
까운 인구가 유입되었다. 이렇게 급속한 인구유입에 따라 일본 도
시는 예전에 없던 규모로 경제적·사회적·문화적 변동, 마찰을 경
험하였다. 실제로 이러한 격심한 인구이동도 이들 경제적·사회
적·문화적 여러 조건변화에 의해 야기되었다는 측면도 있다. 어쨌
든 현재 일본이 떠맡고 있는 크고 많은 문제는 이 시기의 도시인구
확대와 밀접한 관계를 갖는다. 도시인구의 문제는 확실히 우리가
직면한 최대의 문제라고 본다.

일본의 고도 경제성장을 떠받친 것은 말할 필요도 없이 투자였
다. 초기 시점에는 투자가 주로 공업용지 개발이나 조성을 중심으
로 한 산업기반적 자본형성이 중심이었지만, 1970년대 이후에는 생

산기반적인 기능을 가진 사회적 자본축적, 특히 도시 기반시설 형성에 큰 비중이 놓여졌다. 도로·가로·철도정비·건설·전력·가스 등 공급시설, 상·하수도 정비·학교·병원 등 교육, 의료·문화적 시설 건설 등을 중심으로 한 도시의 기반시설 형성에 의해 이 기간의 일본 도시는 크게 변모하였다. 동시에 민간자금에 의한 투자액수도 매년 큰 액수로 높아져 기업건물, 개인주택, 사회적·문화적인 시설 건설을 중심으로 하는 사적 자본의 거대한 축적은 사회적 자본축적과 보완적인 관계를 맺으면서 일본 도시는 다양하게 전개되었다.

이 시기에 일본의 도시는 크게 개선되고 그 내용은 풍요로워졌다고 생각하는 사람이 많을 것이다. 토목공학적, 물질적인 관점에서 보면 확실히 일본 도시는 잘 조성되었다. 가로 구조, 건물의 질, 디자인이라는 점에서 볼 때 일본 도시는 적어도 외견상으로는 멋진 변화를 달성했다고 할 만하다. 하지만 도시의 본래적 기능 측면에서 볼 때 일본의 도시는 그 물리적·토목공학적 외견이 보여주고 있는 만큼 정말로 잘 되어 왔던 것일까? 여기에 한 걸음 더 나아가서 문화적·사회적·인간적인 측면에서 볼 때 많은 일본 도시가 반드시 잘되었다고는 볼 수 없을 것이다. 이러한 의문에 답을 하기 위해서는 도시의 본래 기능이 무엇인가라는 보다 근원적인 문제에 직면하게 된다.

5

20세기의 도시

　　　　20세기의 도시는 근대적 도시계획 이념에 근거
해서 만들었다고 할 수 있다. 이 근대적 도시계획 이념은 영국의
에벤에저 하워드의『내일의 전원도시』에서 출발하여 미국으로 건너
가 패트릭 게데스 경에 의해 확장되고 광역도시의 방식으로 계승되
고 있었지만, 그 승화점은 르 코르뷔지에가 쓴『빛나는 도시』의 이
념이었다. 르 코르뷔지에의『빛나는 도시』는 도시를 하나의 예술작
품으로 보고 합리적 정신에 근거하여 최대한으로 기능화된 기하학
적이고 추상적인 아름다움을 지닌다. 그 구체적인 이미지는 넓은
공간 중심에 잔디밭이 여기저기 흩어져 있고, 고층건축의 사무실과
주택이 줄지어 서 있고, 상점가·학교·병원·도서관·미술관·음
악당 등 문화적 시설과 공원 등이 모두 계획적으로 배치되어 있다.
레이아웃(layout)은 기하학적인 직선 또는 곡선을 지니며 직선적이고
넓은 자동차도로가 구석구석까지 널리 뻗어 있어 모든 건물이나 시
설은 자동차를 타고 직접 접근할 수 있다. 건축 소재로써 유리·철
강·콘크리트·대리석이 풍부하게 사용된 건축물의 형태는 전통적
인 개념을 초월해서 근대 합리주의에 근거하여 자유로운 정신을 정
교하게 표현하고 있고 근대적 디자인과 기능성을 모두 갖춘 자동차
무리와 훌륭하게 조화를 이루고 있다. 르 코르뷔지에는 고도로 발
달한 20세기의 공업기술과 추상파 예술을 도시형태로 결정해서 구
현화했다.
　하지만 르 코르뷔지에의『빛나는 도시』는 추상파 예술작품으로서
는 훌륭할지 모르지만 인간이 생활하며 인간적인 교류를 맺고 인간

적인 문화를 형성해가는 장소는 아니다. 르 코르뷔지에의 도시에서는 인간이 주체성을 지니지 않은 로봇 같은 존재에 지나지 않는다.

르 코르뷔지에의 『빛나는 도시』는 20세기의 도시형성 및 재개발 과정에 결정적인 영향을 지속적으로 미쳐왔다. 가장 큰 요인은 르 코르뷔지에의 도시를 형성하는 자동차와 유리, 철근 콘크리트를 대량으로 사용한 고층건축이 20세기 '기업' 자본주의 체제하에서 바람직한 경제적 유인을 형성하고, 정치적 관점에서 호감이 가는 조건을 만들기 시작했다. 이것은 고도 경제성장기부터 현재에 이르기까지 일본의 도시계획 존재방식에 특히 현저하게 나타나고 있다.

근대적 도시계획은 이처럼 도시에 살면서 생활하는 생활인으로서의 인간을 거의 무시하고, 도시계획자 자신이 지니고 있는 단편적이고 획일적이며 천박한 인간상을 그대로 투영시켜 버렸다. 이러한 경향은 일본에서 토지제도의 결함에 따라 증폭되고 일본 도시의 비인간성이 한층 두드러졌다고 본다.

예전부터 우리는 '최적도시(Optimum City)'라는 개념을 제기했다. '최적도시'는 근대적 도시이념을 초월하여 도시 내에서 활기차게 생활하는 시민의 관점에서 보며, 어떤 구조와 제도를 지닌 도시가 바람직한 것인가를 모색하기 위해 도입되었다. 제한된 지역 내에 기술적·풍토적·사회적·경제적인 여러 제약조건하에서 어떤 도시적 기반시설을 배치해서 어떤 규칙과 제도에 의해 운영하며 도시에 사는 사람들이 인간적·문화적·사회적 관점에서 더욱 바람직한 생활이 가능한 지를 찾은 방안이 최적도시다. 사회적 자본으로서의 도시라고 할 때, 최적도시의 방안을 발전시켜 사회적·문화적·자연적인 관점으로부터 매력 있는 도시를 조성하기 위해 제도적인 여러 조건을 분명하게 제시되어야 한다. 이때 기본적인 역할을 수행한 이론이 제인 제이콥스의 사상이다.

6

제인 제이콥스와 『미국 대도시의 죽음과 삶』

1961년에 간행된 제이콥스의 『미국 대도시의 죽음과 삶(The Death and Life of Great American Cities)』은 20세기를 통해 지배적이었던 미국에서 도시 재개발의 방식에 대해 근원적 비판을 전개하고, 인간적인 도시의 기본적 성격을 제이콥스의 4대 원칙으로 특징 지웠다. 제이콥스의 견해는 젊은 도시계획자들 사이에 혁명적이라고 할 만큼 영향을 미쳐, 수많은 도시 또는 공공공간이 제이콥스의 이념에 근거해 이루어졌다. 20세기 말에 들어서 지구환경 문제가 크게 부각되었을 무렵, 제이콥스의 견해는 관광학적 관점에 세워진 새로운 지역개발 존재방식에 기초하여 21세기 시대정신(Zeit Geist)을 반영할 것이다. 제이콥스의 견해가 관광학적이라는 사실은 다음과 같은 의미에서다.

20세기 초 미국에는 수많은 매력적인 대도시가 있었다. 그 대도시에는 폭이 좁고 꼬불꼬불한 가로가 구석구석까지 널리 퍼져 있고 인구밀도도 높아 사람들이 많고 끊임없이 왕래하였다. 주된 교통수단은 노면전차였다. 노면전차도 또한 구석구석까지 운행되었고 인간적인 삶을 가능하게 하였다. 그런데 1950년대가 끝날 무렵에는 이들 대도시 대부분이 '죽어'버렸다.

미국 대도시가 '죽어'버린 것은 르 코르뷔지에의 『빛나는 도시』로 대표되는 근대적 도시의 방식에 근거하여 도시 재개발이 이루어졌기 때문이라고 제이콥스는 생각했다. 제이콥스는 직접 미국 내 도시를 여기저기 걸어 돌아다니며 살기 좋고 인간적인 매력을 갖추고 줄지어 서 있는 수많은 가로가 남아 있는 것을 발견했다. 그리고 매력적이고 인간적으로 줄지어 있는 이들 마을의 공통된 특징을 찾아내어 제인 제이콥스의 4대 원칙 - 새로운 도시를 만들 때의 기본적인 견해 - 으로 정리하였다.

제이콥스의 4대 원칙은 첫째, 도시의 가로는 반드시 좁고 구부러져 있고 하나하나의 블록이 짧아야 한다는 원칙이다. 폭이 넓고 쭉 뻗은 가로를 만드는 것은 결코 바람직하지 않다. 자동차 통행을 중심으로 한 기하학적인 도로가 종횡으로 온통 둘러쳐진 르 코르뷔지에의『빛나는 도시』와 정반대의 것을 제이콥스는 주장했다.

제2원칙은 도시의 각 지구에는 오래된 건물이 가능한 한 많이 남아 있는 도시가 바람직하다는 점이다. 동네를 형성하고 있는 건물이 오래되고 그 건축 방법도 여러 종류가 많이 혼합되어 섞여 있는 방법이 살기에 편안한 마을이라는 점이다. 레스토랑 등을 비롯하여 상점을 새롭게 개조하면 맛이 떨어지거나 가격이 비싸지고 손님이 오지 않는 경우가 많다는 점을 제이콥스는 지적하였다. "새로운 아이디어는 오래된 건물에서 나오지만, 새로운 건물에서 새로운 아이디어는 나오지 않는다"고 제이콥스가 한 유명한 말이다.

제3원칙은 도시의 다양성에 대해서다. 도시의 각 지구(地區)는 반드시 두 개 또는 그 이상의 역할을 해야만 한다. 르 코르뷔지에는 지역제를 중심으로 한 도시계획을 생각했지만 제이콥스는 이 방식을 바로 정면에서 부정했다.

제4원칙은 도시 각 지구의 인구밀도가 충분히 높아지도록 계획하는 편이 바람직하다는 점이다. 인구밀도가 높다는 것은 주거를 시작해서 살아보고 매력적인 마을이라고 표현하기 때문이다.

제이콥스의 4대 원칙은 지금까지의 도시에 대한 방식을 전면으로 부정한다. 인간적인 매력을 갖추고 살기 좋고 문화적 향내가 높은 도시를 만들기 위한 방안으로『미국 대도시의 죽음과 삶』이 출간된 후 반세기 가까운 기간에 분명히 보여주었다.

또한 제이콥스의 도시는 지구온난화라는 측면에서 보아도 상당한 시사점을 주고 있다. 자동차 이용을 가능한 한 억제하고, 에너지 다소비형 고층건축이 아니라 자연과 풍토가 잘 배합된 건물과 시설 중심으로 되어 있기 때문이다. 제이콥스의 도시는 인간적인 면에서 매력적이며 지구환경에 걸맞은 21세기 도시의 미래를 보여주고 있다.

7

관광학적 관점에서 눈에 띄는 지역개발 사고방식

제이콥스는 지금까지 기존 도시계획의 패러독스(paradox)에 의문을 느끼고, 의문을 해결하기 위하여 여행을 통하여 많은 깨우침(Enlightenment)을 얻을 수 있었다. 제이콥스는 그가 본 것을 바탕으로 하여 관광을 4가지 원칙으로 정리하였다.

원래 관광이라는 말은 불교언어다. 문자 그대로, 여행을 떠나 풍광을 보고 깨달음을 여는 것을 의미한다. 일본에서 관광학이라고 할 때, 관광이라는 말은 풍광을 보고 깨닫는 의미로 사용하는 것이 최근 하나의 큰 흐름으로 되었다. 제이콥스가 전개한 새로운 도시 이념은 이러한 의미로 관광학의 사상을 그대로 적용했을 뿐만 아니라 지역개발에도 적용되었다. 일본의 경우 전후 50년간을 통해서 특히 1980년대 버블(bubble) 형성기에 두드러지게 나타난 것처럼, 토목·건설산업에 의한, 토목·건설산업을 위한 지역개발이 중심이었다. 그 결과, 일본 전국 도처에는 비인간적·반사회적 그리고 자연

파괴적인 지역개발의 상흔이 애처로운 모습을 남기고 있다. 이 비참하고 인간 파괴적인 지역개발을 어떻게 치유할 것인지가 지금 우리가 해결해야 할 초미의 과제다. 제인 제이콥스가 시작한 관광학적 관점의 지역개발 이념을 어떻게 구현할 것인가에 성패가 달려 있다고 본다.

8

자동차 보급

일본의 교통상황은 고도 경제성장기부터 현재에 이르기까지 크게 변화했다. 특히, 1960년대 중반 무렵부터 양적으로나 질적으로도 변화가 현저하다. 국내 수송면을 보더라도 화물수송량은 1965년에는 1,800억 톤/㎞ 정도였지만, 1998에는 5,500억 톤/㎞까지 증가하였다. 한편, 여객수송도 1965년 3,800억 명/㎞에서 1988년에는 1조 2,000억 명/㎞까지 확대되었다.

그 구성을 볼 때, 질적 변화는 드라마틱하다. 1965년에는 화물수송 중 약 3분의 1이 철도에 의한 것이며 자동차수송은 4분의 1 정도였다. 1988년에는 철도수송은 겨우 4.2%를 점유하는데 불과하며 자동차수송은 50%를 초과한 비율을 보이고 있다. 이와 관련하여 내항해운의 비율은 1965년과 1998년 모두 48% 전후의 비율로 되어 있다.

여객수송에는 커다란 질적 변화가 초래되었다. 1965년에 철도가 여객수송의 70% 정도 차지하고 있는 반면에 자동차는 30% 정도였

다. 그러나 1998년에는 철도 여객수송이 40% 이하로 되고 자동차
가 60%를 차지할 정도로 역전되었다.

이러한 배경에는 전국적인 규모에서 자동차도로의 건설과 정비
가 진행된 반면에 철도에 대한 투자 수준은 충분히 이루어지지 못
했으며, 예전 국철시대에서 경험한 지방 철도선의 축소와 철거 등
이 일어났다는 점이다.

이러한 교통체계의 변화가 자동차의 보유대수에도 큰 영향을 초
래했다. 1970년의 자동차 보유대수는 약 1,700만 대를 넘었고
1998년에는 7,400만 대였다. 인구 1인당 보유대수는 미국 등과 비
교하면 높지 않을지 모르지만 토지면적 단위당(특히 거주 가능한 면적을
보면)으로 보면 세계에서 가장 자동차밀도가 높은 나라임을 알 수
있다.

과거 30년간에 걸친 자동차도로의 건설과 정비의 속도가 일본의
경제·사회·자연이라는 관점에서 최적 수준을 훨씬 뛰어 넘는 이
상한 형태로 이루어져 왔다. 왜 일본의 도로건설이 이러한 수준에
서 이루어졌는가? 또한 왜 자동차 보급이 도로 확충 속도를 상회하
여 이루어졌는가? 이러한 측면에서 일본의 정치적·경제적인 다양
한 조건이 지닌 내재적 모순이 존재하고 있으며, 일본의 문화상황
이 불안정하고 빈약해졌다는 점을 지적하고자 한다.

9

자동차의 사회적 비용

　　　　자동차의 사회적 비용 개념은 자동차의 소유자 내지는 운전자가 부담해야만 하는 비용을 보행자와 주민 등 자동차를 소유하지 않거나 자동차 운행의 편익과 무관한 사람들에게 비용 부담을 전가시킬 때 사회 전체가 얼마나 많은 피해를 받는가를 계량화하는 것이다. 만약 이러한 사회적 비용을 그대로 방치할 경우 사람들은 자동차를 이용하면 할수록 개인적 측면에서는 커다란 이익이 발생하게 되며, 또한 자동차에 대한 수요 욕구도 크게 증가할 것이다.

　자동차 수요가 한없이 증대하는 것을 방지하기 위해서는 첫째, 자동차 가격의 사회적 비용에 걸맞은 금액을 부과금 형태로 상승시켜 자동차의 필요성이 적확하게 수요로 반영되는 계획을 도입해야 한다. 둘째, 도로 혼잡이 매우 증가했기 때문에 사람들이 자동차를 이용함으로써 얻어지는 이익과 편리는 사적인 관점에서 볼 때 훨씬 감소한다. 후자의 경우, 도로의 이용 - 특히 자동차도로의 경우 - 에 수반되는 한계적 사회비용에 걸맞은 액수를 도로 사용량으로 부과하는 것이 필요하다. 하지만 앞에서 설명한 바와 같이 현실적으로는 이러한 방법이 통제불능인 채 자동차 보유대수는 매년 빠른 속도로 계속 증가하고 있으며, 이에 대응한 자동차도로 건설과 기존 도로의 확대를 시행함으로써 자동차 수요를 유발하는 나선(螺旋)적 악순환이 반복되었다. 이런 악순환 과정을 끊기 위해서는 자동차 이용에 따라 발생하는 사회적 비용을 자동차 이용자들이 전부 부담하는 즉, 사회적 비용의 내부화 실행이 필요하다. 이러한 의미에서도 자동차의 사회적 비용의 크기를 구체적으로 어떻게 계측할 것인지가 중요한 과제다.

자동차의 사회적 비용을 생각할 때, 첫 번째로 고려할 점은 도로를 건설해서 유지하고, 교통안전을 위한 설비를 정비하고, 서비스 공급을 위해 실제로 얼마만큼 비용이 소요되었는지 만으로는 불충분하다. 또한 보행자를 위해 사용된 기존 도로 또는 어린이 놀이터로도 사용되고 있는 가로(街路)를 포장해서 자동차 통행이 가능할 때, 도로포장과 개수를 위해 처리된 비용만으로 좋은 것일까. 자동차가 통행함으로써 보행자와 어린이들은 당연히 지금처럼 가로를 안전하게 사용할 수 없기 때문에 이로 인하여 발생하는 피해도 고려해야만 한다. 이 점이 사회적 비용의 두 번째 구성요인과 밀접한 관계를 갖는다.

자동차의 사회적 비용에 대한 두 번째 구성요소는 자동차 사고에 의해 발생된 생명과 건강의 손실을 어떻게 평가하면 좋을까라는 문제다. 자동차의 편리성 중 하나는 여러 사람이 필요에 따라 손쉽게 자동차를 이용할 수 있다는 점이다. 특히, 자신이 거주하는 장소에서 직접 자동차를 이용할 수 있다는 이점은 크다. 동시에 자동차 이용에 직접적인 위험이 한없이 커졌음에도 불구하고 일상성의 관점에서는 소소하게 의식하는 일이 많다. 자가용 자동차 이용자들이 차고 입구에서 자기 아이들을 차로 치어 죽이는 비참한 사고가 발생하는 것도 이 때문이다. 또한 공공 교통기관과 달리 자동차는 전문 운전자가 운행하지 않는 경우가 일반적이며, 또한 일반 보행자와 같은 공간에서 이용하는 경우가 많다.

이런 의미에서도 자동차 운전에 의해 발생되는 사고의 확률은 근본적으로 매우 높을 것으로 예상된다. 특히 일본 도로의 경우 사고 확률은 도로의 구조가 원래 자동차도로에 적합하지 않은 곳이 많고 또한 일반적으로 도시 구조도 자동차 운행을 생각하지 않고 만든 경우가 많기 때문에 비약적으로 높지 않을까라고 본다. 일본에는 폭이 좁은 꼬불꼬불한 도로에서 보행자와 자동차 이용자들이 위험을 감수해야 하는 곳이 도처에 존재한다. 특히 비나 눈이 내리는 날에는 위험은 더욱 많아지고 일본에서 생활할 때 느끼는 가장 위험한 것 중의 하나다.

자동차 사고로 잃어버린 인명과 건강피해는 어떻게 측정하는 것일까? 통례적으로 사용하고 있는 호프만 방식(Hoffman method)에 의거하면 다음과 같다. 만약 어떤 사람이 천수를 누렸을 때 사후 얼마만큼 소득을 벌 수 있는가를 계산한다. 그리고 그 소득계열을 적당한 할인율로 나누어 할인된 현재 가치를 계산한다. 계산된 액수가 자동차 사고에 의해 잃어버린 인명에 대한 경제적 가치평가이며, 자동차 사회적 비용의 두 번째 구성요소다. 이 방식이 얼마나 비인간적이고 반윤리적인가라는 것은 만약 자동차 사고로 생명을 빼앗긴 사람이 목숨이 얼마 남지 않은 노인 또는 병자였다면 그 사람 생명의 경제적 가치는 제로 또는 마이너스 수치로 계산될 수 있다.

자동차 사고에 따른 생명과 건강의 상실에 관한 사회적 비용은 신고전학파 경제학의 틀 속에서 생각해서는 안 된다. 오히려 자동차 사고를 가능한 한 최저한으로 억제할 수 있는 도로구조를 상정해서, 이러한 도로를 만들기 위해서 현실적으로 도로 건설에 필요한 비용이 얼마나 소요되는가에 따라서 자동차 사고에 관한 자동차의 사회적 비용을 추측해야만 한다. 이 점은 실제로 어떤 도로구조가 바람직할지에 관해서 궁극적으로 어떤 도시구조를 우리는 요구하고 있는지, 어떠한 교통체계가 바람직한지라는 문제에 관한 것이다.

셋째로 열거해야만 하는 점은 자동차 통행에 의해 발생되는 공해와 환경파괴에 따른 사회적 비용을 어떻게 계측하면 좋은가라는 문제다.

자동차 통행에 의한 대기오염, 소음, 진동 등은 사람들이 건강을 상하게 할 때 생명의 위험을 초래한다. 여기에 덧붙여 주택환경이 파괴되고 도로기능도 매우 저해된다. 그 중에서도 특히 대기오염에 따른 건강피해 문제가 심각하다.

대기오염에 의한 건강피해 문제는 수질오염과 함께 고도 경제성장기에 더욱 심각한 공해문제로 제기되었다. 1960년대에는 오로지 산업활동에 의해 발생된 공해문제가 중심이었지만 곧바로 자동차에 의해 초래된 공해문제로 초점이 옮겨졌다.

이것을 상징적으로 나타내고 있는 것이 니시요도가와(西淀川) 지구의 공해재판이다.

니시요도가와 공해재판은 자동차로 인하여 발생하는 대기오염 공해로 건강상 피해를 받은 사람들이 10개 기업과 국가, 도로공단을 피고로 해서 제소한 사건이다.

1972년에 판결이 내려진 욧카이치시(四日市) 공해재판(제소 1967년)은 역학적 판단에 근거해서 법적 인과관계를 인정하고 여러 기업의 공동 불법행위 책임을 인정했다는 점에서 역사적인 의미를 가진다. 니시요도가와 공해재판은 더 나아가 자동차도로 설치 관리자인 국가와 도로공단도 민간기업과 마찬가지로 공동 불법행위 성립에 책임을 져야 한다는 주장을 전개했으며, 대기오염 원인으로 자동차가 초래한 역할이 그 사이에 크게 변화되었다는 것을 상징한다.

니시요도가와 공해재판은 자동차와 관련하여 또 하나 중요한 의미를 지닌다. 대기오염의 원인물질에 이산화유황뿐만 아니라 이산화질소와 부유입자상물질(浮遊粒子状物質)을 포함하고 있다. 니시요도가와 공해문제를 비롯한 1960년대 대기오염은 주로 공장에서 배출된 유황산화물에 의한 호흡기 질환이 중심이었다. 반공해운동

의 초점은 오로지 유황산화물에 두었으며 이산화유황에 관한 환경
기준이 엄격한 수준으로 설정되었고, 이산화유황의 농도는 1970
년대부터 현대에 이르기까지 대폭 감소했다는 결과를 초래했다.
그러나 자동차에서 배출된 유독가스에서 특히 건강상 심각한 피해
를 초래한 것은 이산화질소이며, 그 영향은 광범한 영역에 걸쳐서
나타난다.

이산화질소는 이산화유황과 달리 입자가 미세하고 폐흉이 깊은
부분에까지 도달해서 일반적으로 천명(喘鳴, 목에 가래가 끼어 나는 소리, 숨
이 차서 헐떡이는 소리)을 동반한 폐질환을 일으킨다. 특히, 이산화질소는
어떤 종류의 부유입자상 물질과 혼합될 때, 폐암 등 악성종양을 유
발하는 요인이 될 수 있다고 최근에 많은 의학적·면학적 연구를 통
해 명백히 제시되었다.

그런데 1978년에 환경청(당시)은 이산화질소에 관한 환경기준을 대
폭 완화하는 조치를 강행했다. 이산화질소에 관한 환경기준은 '1시
간 평균치 0.02ppm 이하'였지만, 그 기준을 '1일 평균치 0.04~
0.06ppm 이하'라는 완화된 기준으로 바꾸고, 동시에 측정방법도 변
했기 때문에 실질적으로는 3배 이상 완화하는 조치였다. 이 기준완
화에 의해 지금까지 전국의 측정국 가운데 옛 기준을 지킨 곳이 5%
이하였지만, 95%가 새로운 기준으로 측정하는 결과가 나타났다.

이산화질소의 기준완화는 환경청이 의학적·면학적 식견을 무시
하고 내린 결정이지만, 이 배경에는 자동차도로 건설에 관한 문제
가 존재하였다. 즉, 옛 기준에서는 자동차도로를 건설하는 데 매우
어려웠기 때문에 기준완화를 요구한 산업계의 강한 압력이 원인이
었다.

자동차의 사회적 비용 네 번째 구성요인은 자연환경 파괴다. 자
동차도로, 특히 관광도로, 특정 임도(林道) 등의 건설에 의해 삼림과

지형의 균형이 깨져버린 것뿐만 아니라 자동차에서 배출되는 유독 가스에 의해 수목이 시들고 도처에 고목의 분포지가 넓어지고 있다. 일본의 지형적 조건하에서 삼림의 균형을 유지가 곤란하기 때문에 자동차에 의한 자연파괴는 단지 환경경관의 파괴에 그치지 않고 경우에 따라서는 엄청난 재해를 초래하는 요인이 되었다.

자연파괴와 관련해서 자동차에 의한 문화적·사회적 환경파괴를 강조해야만 한다. 특히 도시는 자동차 통행의 중심지이기 때문에 사회적 환경이 불안정하고 위험할 뿐만 아니라 문화적으로도 열악해지고 있다. 또한 자동차는 완성된 기능 크기와 비교할 때 거대한 공간적 존재이기 때문에 도시공간의 큰 부분을 자동차 이용을 위해 제공해야만 한다. 특히 일본의 경우 거주 가능한 국토면적당 인구와 경제활동 수준이 극단적으로 높기 때문에 자동차 이용을 위해 할애해야 하는 토지면적의 희소성이 너무나도 높아진다. 이 점과 관련한 사회적 비용이 천문학적인 액수에 도달한다는 것은 쉽게 추측할 수 있다. 더욱이 주유소의 잠재적 위험성, 자동차를 비롯해서 자동차 관련 폐기물치장 등에 의해 발생되는 도시환경의 열악성 및 추악성이 나타난다. 게다가 폭주족들에 의해서 사람들의 생활에 미치는 악영향, 자동차 보급에 따른 범죄의 흉악화 등 자동차가 초래하는 해독을 하나하나 열거하면 끝이 없다.

마지막으로 자동차의 사회적 비용은 자동차의 생산 및 이익의 과정에서 사용되는 에너지 자원의 희소화, 그것에 따른 지구적 환경의 균형 파괴 문제다. 자동차는 그 생산과 사용과정에 있어서 원대한 에너지 자원을 소비한다. 특히 화석연료 사용은 지구적 규모에서 대기온난화라는 불균형현상을 유발하였다. 이 현상은 화석연료, 특히 석유연소에 대해서 그 사회적 비용을 내부화한다는 정책을 채택하지 않는 한 안정화가 곤란하다. 또한 자동차도로 건설에 의해

발생되는 삼림 파괴는 대기온난화에 악영향을 미치고 있다는 사실
도 지적해야만 한다.

10

도시 사상의 전환

자동차의 사회적 비용은 경제적·사회적·문화
적·자연적인 측면에 걸쳐서 다양한 형태로 나타나며, 비용은 천문
학적인 수준에 달하였다. 각 도시설계는 물론 전국적인 교통체계를
수립할 때 자동차의 사회적 비용이 내부화되어 있듯이 자동차도로
설계, 건설비용 부담, 도시에서의 다양한 기반시설 건설, 자동차
구입 및 보유에 대한 과세제도를 고려할 만하다. 이때 처음으로 사
회적 자본을 포함한 희소자원의 효율적 내지 최적 분배를 실현해서
안정적인 사회적·경제적 상태의 유지가 가능하게 된다.

그러나 일본의 경우 이러한 배려가 전혀 고려되지 않은 채 자동
차도로 확대와 건설이 매우 빠른 속도로 시행되어 자동차 보유대수
의 가속적 증가를 유발했다. 그 결과, 일본은 세계에서도 손꼽을
만한 '자동차 사회'가 되어 그 음침한 증후군에 고민하며 사람들의
실질적 생활은 현저히 가난해지고 그 문화적 수준은 매우 열악해졌
다. 요약하면, 일본은 자동차의 사회적 비용이 이상할 정도로 높은
데도 불구하고 사회적 비용의 내부화를 전혀 고려하지 않았다는 현
상이다.

사회적 비용의 내부화를 고려하지 않는 데에는 몇 가지 요인이

있다.

일본에서 자동차 보급은 자동차도로를 비롯한 도로 및 관련 시설의 건설에 의해 촉진되었다. 공공사업으로 시행되는 자동차도로 건설은 한편으로는 토목·건설 산업에 대해서 효과적인 유효 수요를 창출하여 높은 이윤을 확보하는 역할이다. 다른 한편으로는 정치적 정실을 교묘하게 이용하여 자민당의 전제 체제를 유지하는 역할을 했다.

자동차도로 건설은 자동차산업 자체 발전에 대해 커다란 효과를 초래하면서 자동차 관련 산업의 고용형성을 유발하고 더 나아가 일본 경제 전체의 성장을 촉진하는 효과를 지니고 있다. 이것은 또한 사람들의 정신구조에 무시할 수 없는 영향을 끼쳤으며, 자동차가 이룩한 긍정적인 부분에만 주목을 하고 그 부정적인 측면에 대해서는 눈을 다른 곳으로 돌리는 풍조로 되었다. 원래 사람들의 정신구조 속에는 자동차 보급이 사회 진보를 측정하는 가장 중요한 척도라고 하는 잘못된 방식을 갖고 있어서, 일본에서 자동차도로 건설이 매우 급속한 형태로 진행된 배경에는 이 방식이 지배적이었다는 점과 관련이 있을 것이다.

이 점과 관련해서 언급해야 할 점은 바람직한 도시와 어떤 형태를 갖추어야만 하는가에 관한 사회적 합의(consensus) 결여라는 현상이라기보다는 비인간적인 근대적 도시 이념이 지배하고 있던 점과 깊은 관련이 있다고 생각된다.

앞에서 기술한 바와 같이, 제이콥스의 도시이념에 근거할 때 새로운 도시형태, 특히 공공 교통기관이 달성할 역할에 관해서 지금까지의 방식에서 180도 사상적 전환이 필요하다.

인간적인 매력을 갖춘 도시는 우선 무엇보다도 걷는다는 것을 전제로 조성해야만 한다. 제이콥스적인 가로는 도로 폭이 넓고 꾸불

꾸불하고 하나하나의 블록이 짧다. 더군다나 십자로 교차점에서는 T자로를 기본으로 한 보도교(步道橋)는 원칙적으로 피해서 설계해야 한다. 또한 보도와 차도를 물리적으로 분리시킨 것은 당연하지만 자동차 통행에 의해 보행자가 직접 영향을 받지 않도록 가로수 등으로 적당히 차단해야 한다. 일본 도시에서 흔히 볼 수 있는 전신주 그늘에 가린 보행자가 빨리 달리는 자동차를 간신히 피하는 광경은 일본 도시의 빈약함을 상징하는 모습이다.

공공 교통기관을 기본적 교통수단으로서 도시를 설계할 경우, 먼저 도시규모의 한계성을 고려해야 한다. 일본 대도시는 도쿄, 오사카(大阪)를 필두로 다양한 크기의 도시까지 존재한다. 이러한 규모를 가진 도시에 대해서 공공 교통기관을 중심으로 교통체계를 고려하는 것은 매우 곤란하며, 그에 따른 희소자원의 소비도 증가하였다.

'자동차 사회' 도시를 넘어서 인간적 도시를 조성하고자 할 때 제이콥스가 제시한 4대 원칙의 기본적인 방안을 고려해야 한다. 그러나 이 이념을 구체화시키기는 쉽지 않다. 특히 일본의 경우 자동차를 중심으로 한 르 코르뷔지에 도시 이념이 더할 나위 없는 사상적 차폐(遮蔽)를 형성하였다. 하지만, 일본의 대부분 대도시는 이미 '자동차 사회'의 한계에 도달하고 있어서 지금 제이콥스의 원칙을 받아들이지 않는다면 우리는 불가피하게 도시의 사회적 불안정성과 문화적인 저속함으로 인하여 불가역적인 피해를 받을 수 있다.

제2장

유럽의 도시계획에서 배운다

伊藤 滋(이토 시게루)

1

콤팩트 시티

현재, 도시계획에서 국제적으로 매우 관심이 높은 키워드는 '콤팩트 시티(Compact City)'다. 콤팩트 시티라는 말은 20세기 문명을 총괄해서 21세기의 도시 상을 표현한 말이며 선진국의 지식층 사이에서 1990년대부터 사용하기 시작했다. 영국의 저명한 건축가 리차드 로저스(Richard Rogers)도 최근 저서에서 즐겨 사용하였다.

콤팩트 시티의 대표적인 예가 파리의 옛 시가지다. 이와 비교하면 미국 문명이 만든 도시 로스앤젤레스는 콤팩트 시티가 아니다.

콤팩트 시티에 대한 논의는 20세기 후반에 발생한 다양한 세계적인 문제 중에 지구환경문제로 발단되었다. 예를 들면, 멕시코시티는 과거 약 30년간 인구가 배로 증가해서 2,000만 명이 되었다. 분지 중앙에 위치하기 때문에 그 상공에는 자동차 배기가스가 연기처럼 가로로 길게 뻗어 있다. 그 속에서 매일 출퇴근을 하고 있다.

비슷한 것이 로스앤젤레스에서도 일어나고 있다.

로스앤젤레스는 스모그 거리라고 일컫고 있다. 이렇게 만들어진 거리가 정말 괜찮을까라는 논의가 최근 10년 이후 도시계획을 하는 신진 도시전문가 사이에 진지하게 반복되었다. 자동차 배기가스에서 환경문제나 건강문제로 되돌아가서 미국형 거리 만들기에 대한 비판이 미국 지식층 사이에서 높아지고 있다.

콤팩트 시티의 제일 상징적인 점은 '혼합형 토지이용'에 있다. 이 점을 보다 구체적인 이미지로 나타내면 다음과 같다. 파리의 옛 시가지에서 눈에 잘 띄는 광경이다. 그곳에는 7층 높이의 건물이 줄지어 있고 투구 모양을 한 맨사드(mansard)라는 지붕이 얹혀 있다. 맨사드의 아래층은 말하자면 다락방이다. 원래는 하인이나 몸종이 사용하는 방 또는 헛간이었다. 그것이 차츰차츰 현대적으로 바뀌어 도시주택이 되었다. 이곳은 비교적 다 큰 성인의 방이므로 다양한 용도로 이용할 수 있다. 말하자면 스튜디오와 같은 원룸식 방으로 그다지 풍족하지 않은 젊은 부부라든가 독신자가 많이 산다.

7층이 스튜디오 형태였다면 6층에는 집주인이 살고 있다. 5, 4, 3층이 오피스고 1, 2층은 상점이나 변호사 사무소라는 것이 전형적인 건물 이용형태다. 결국 7층 건물 자체가 혼합형 토지이용이다. 이것은 도쿄적인 감각에서 보더라도 그다지 어색하지는 않다. 왜냐하면 변두리에 많은 키다리빌딩(좁은 부지에 가늘고 높이 세운 빌딩, Pencil Building이라고 함)이 혼합형태로 이용되고 있기 때문이다. 유럽에서는 파리의 거리와 비슷한 광경을 독일이나 런던에서도 볼 수 있다. 하지만 미국에서는 반드시 그렇지는 않다. 미국 도시에서는 일하는 장소와 잠자는 장소를 각각의 공간으로 배치하려 하였다.

스튜디오 형태의 방주인은 50년 전 침대, 100년 전 카펫이나 독서용 책상 등 오래 쓴 가구를 많이 사용한다. 오래된 건물 속에서 오래 쓴 가구를 사용하며 도보로 걸어서 가게에 가고 매일 물건을 산다. 따라서 식품을 신선하게 저장할 필요가 없기 때문에 큰 냉장고가 필요하지 않다. 이러한 생활양식은 21세기에 우리가 논의할 상당히 생태학적(ecological)이고 지속 가능한 도시생활이 아닐까? 이렇게 21세기에 우리가 생각하는 콤팩트한 거리는 로스앤젤레스나 휴스턴 등 미국 대도시에는 없다. 미국에서도 보스턴 중심 시가지가 파리와 조금 비슷할 뿐이다.

파리 거리에서도 콤팩트한 곳과 그렇지 않은 곳이 있다. 파리의 옛 시가지를 나와 자동차로 환상형 도로를 지나서 교외로 가면 세르지-퐁트와즈 등 몇 군데 신도시가 있다. 신도시는 집합주택단지다. 이곳은 다수의 외국노동자가 사는 저소득층 거리다. 범죄도 많기 때문에 중산계급의 프랑스인은 살지 않는다. 집합주택단지 속으로 조금 더 걸어 들어가면 단독주택단지가 있다. 여기가 중산계급 사람들이 사는 장소. 젊은이는 경제적으로 풍요로워지면 스튜디오 타입의 주택에서 조금 더 넓은 단독 주택으로 옮기고 싶어 한다. 파리의 경우, 철도가 있기 때문에 교외의 역에서 차로 좀 더 이동한 곳에 그러한 단독주택단지가 있다. 주민은 차로 쇼핑센터에 가서 일주일 분량의 식료품을 사기 때문에 큰 냉장고가 필요하다. 또한 단독 주택의 바닥깔개는 화학섬유 계열이 많기 때문에 5, 6년이 지나면 사용할 수 없게 된다. 중고로 구입한 자동차도 7, 8년이 지나면 고장이 많아진다. 그 부근에는 폐차할 장소가 없기 때문에 지금까지 멋진 보리밭 근처의 개울가에 폐차장이 들어서게 된다. 폐차장은 환경을 오염시킨다.

프랑스인이라 할지라도 대도시에서 생활양식을 바꿀 때에는 콤팩트 시티와는 전혀 다른 도시환경에 살 가능성이 충분하다. 독일에서도 사정은 같다. 결국 유럽인 자신들도 비(非) 콤팩트 시티와 콤팩트 시티 사이에서 우왕좌왕하였다.

　유럽 도시의 중심 시가지는 직장과 거주지가 공존하는 콤팩트 시티이지만, 역사가 만든 거리이기 때문에 크게 개조하지 않아 인구 증가를 받아들일 여지가 없다. 이곳에서는 지금도 부자와 서민이 하나가 되어 생활한다. 20세기 후반, 그 외곽지역에 팽대한 집합주택단지를 조성했으며, 이곳으로 젊은 도시인구가 모여들었다. 이곳은 철도로 도심지역으로 이동할 수 있는 장소였다. 하지만 그들이 풍요로워지면서 그 바깥쪽에 만든 교외형 단독주택지로 이동한다. 이곳에서는 자동차가 없으면 생활할 수 없다. 결국 미국 중산계급형 생활공간이다. 이곳이 기분 좋은 유럽 중산계급이 사는 집이 되고, 그 안쪽에 있는 집합주택단지는 저소득층 서민과 외국에서 온 이주자가 사는 집이 되어버렸다. 집합주택은 단독주택에 비해서 콤팩트 시티다. 그러나 단지에는 사는 서민층들은 지속 가능한 도시환경에 혜택을 받았으나 지식층인 중산층은 등을 돌린 채 생활을 했다고 본다.

　일본의 경우 결론을 말하면, 어느 정도 콤팩트화는 이루어지고 있다. 왜냐하면 일본 도시는 우선 철도에 의해 만들어졌기 때문이다. 여러 선진국 중에서 이 정도 거대도시에서 철도를 사용하고 있는 도시는 없다. 거대도시에서는 철도를 이용한 고밀도 수송이 콤팩트가 되기 위해 반드시 필요한 요소다. 일본의 대도시는 철도에 의해 지탱되고 있으며 도로에 의해 유지되지 않는다.

　하지만 20세기 후반, 소득이 상승함에 따라서 사람들은 '작지만 즐거운 단독주택'을 염원하기 시작했다. 이것은 도로가 개선되어 자동차를 보유하는 것을 당연하게 여기고, 게다가 정부가 단독주택을 갖는 주택정책을 강력하게 추진했기 때문이다. 이것이 다른 국가에서 볼 수 없는 더럽고 흉물스러운 주택의 스프롤(sprawl)화가 교외지역에서 나타났다. 특히 지방도시에서는 철도이용을 꺼려하고 주택지가 교외로 확산되자 자동차 이용이 증가되었다.

대도시에서는 철도에 의존한 통근수송이 차츰 장거리로 바뀌고 지금까지 상상할 수 없었던 시골 농촌의 토지가 단독 주택지로 변모해가면서 국제적 상식을 넘는 장시간 통근이 일반화되어 버렸다. 이것도 콤팩트 시티의 방식에서 크게 벗어난 실태다. 한편 도심지역 시가지는 교외로 주민이 이동하고 지가가 상승되면서 오피스나 상업시설이 주택으로 선택되어 야간 인구밀도가 낮아졌다. 현재 도쿄 중심지역의 인구밀도는 맨해튼(Manhattan)이나 런던, 파리 중심지역과 비교해도 매우 낮은 이상한 상황이다. 다른 대도시에서도 마찬가지다. 도심지역이 지나치게 빠른 속도로 그렇게 된 것이다. 유럽 대도시 중심에 이런 저밀도 중심 시가지는 없다고 해도 좋다. 비 콤팩트 시티는 일본 대도시의 중심 시가지에서 탄생했다. 이 점에서 일본은 일본 나름대로 비 콤팩트 시티 형성이라는 과제가 존재한다.

따라서 원거리 통근에 더해진 고령사회의 도래와 더불어 교외거주는 더이상 절대적이고 이상(理想)적인 거주가 아니다. 지금 중심 시가지로 사람이 되돌아오는 현상이 각 도시에서 수년 동안 관찰되었다. 확실히, 시가지 전체를 보면 자동차로 지배된 유럽 도시보다도 일본 도시에는 어느 정도 콤팩트성이 있다. 그것이 유럽적인 도시생활을 가능하게 하면서 시가지도 복합적인 용도를 갖는다. 시가지 형태는 다르다 해도 도시기능은 유럽과 비슷하다고 보지만 도쿄 자체는 분명히 뉴욕화되었다고 생각된다.

왜냐하면 현재 일본에서 미국을 비롯한 국제사회가 상대하기에 어울리는 거리는 도쿄밖에 없기 때문이다. 따라서 도쿄의 대기업, 특히 부동산계 기업은 뉴욕과 같은 도시공간을 만들려고 한다. 도

쿄는 당연히 뉴욕화할 만하다. 지금 거대도시로 뉴욕화되는 경우는
이상하게도 도쿄, 서울, 상해, 싱가포르, 홍콩 같은 아시아 도시다.
결국 도쿄를 비롯해서 아시아 거대도시의 공통현상은 콤팩트 시티
의 기능이 있으면서 그곳에 뉴욕화 현상이 일어나고 있다는 사실이
다. 하지만 유럽 거대도시에서는 이런 현상이 일어나지 않는 사실
이 주목할 만한 일이다.

2

도시계획 개념의 변화

유럽의 21세기 도시상에 대해서 물어본다면 명
확하게 대답할 수는 없다. 20세기 사회가 남긴 몇 가지 해결해야
할 과제가 있다. 예를 들면 브라운 필드(Brown Field, 토양이 오염된 토지로
토양오염 대책비가 고액이기 때문에 토지매각이 어려운 재개발 산업용지)는 유럽 도시
의 공통적인 중요과제다. 내륙형 공장적지(工場跡地)는 토양오염으로
인하여 절대 사용할 수 없다. 그 면적은 광대하며, 어떠한 용도의
토지이용으로 전환할 수 있는가는 각 도시마다 다른 견해를 갖고
있겠지만, 토지를 이용하려면 오염된 토지 위에 오염되지 않은 흙
을 북돋아 녹화를 하는 방법이 일반적이다. 브라운 필드가 가장 많
은 지역은 옛 동독 도시다. 예전부터 대규모 화학공장들의 결합
(kombinat)이 있었기 때문이다. 옛 서독의 루르지방에서도 브라운 필
드가 존재한다.

미국의 많은 항만도시도 브라운 필드가 존재한다. 볼티모어의 내

항(inner harbor) 재개발은 역사에 남을 만한 매우 성공한 재개발이라고 말해지고 있다. 그러나 내항의 외곽지에 펼쳐진 원대한 매립지가 수십 년간 방치된 채로 남아 있다.

두 번째 과제는 옛 부두지구의 하역하던 장소나 창고 집적지, 공장용지가 유휴지(사용되지 않고 있는 토지)이다. 이 오래된 매립지의 면적도 광대하다. 각 도시에서는 주택지로 용도 전환을 계획하고 있지만 매립지라는 토지의 특성상 저소득자를 대상으로 한 주택지가 되는 경향이 있다. 문제는 브라운 필드와 마찬가지로 토지이용 전환수요가 없다는 점이다. 오랫동안 공지인 채로 방치되어 있는 곳이 많다.

세 번째 과제는 이미 조성된 시가지 일부와 교외에 조성된 집합주택단지가 외국에서 이주한 저소득계층 빈민지구(ghetto)로 되고 있다는 점이다. 이 문제는 오래되었지만 항상 재기되고 있다. 실업률증가와 이에 따른 빈번한 범죄발생이라는 사회불안이 이들 빈민지구에 그림자를 드리우고 있다. 유럽 여러 도시의 재발견은 이들 지구의 거주환경을 개선하는 데 중점을 두고 있지만 그 실태는 파악할 수 없다.

네 번째 과제는 20세기 후반 공공 주도로 대량 건설된 고층의 대규모 집합주택과 그 단지의 비인간성 문제이다. 기계적으로 가정을 종적으로 수용하고, 집합주택 건물 주변을 넓은 녹지가 둘러싸고 있지만 이 거주공간은 시민이 즐겁게 사는 장소가 되지 못했다. 그 전형적인 예가 파리의 중심 시가지를 둘러싸고 있는 주택단지와 예전의 동유럽 대도시에 건설된 사회주의 주택에서 나타난다. 보다 저층으로 소규모로 건축되었지만 거주밀도로 보면 포위형 집합주택이나 장방형 저층 주택으로 개축하려는 시도를 많이 볼 수 있다.

콤팩트 시티나 브라운 필드의 토지이용 문제에서 보는 바와 같이

21세기 도시계획 개념은 상당히 변화되었다. 20세기 도시계획은 도시 토지를 구분하고, 구분된 토지를 범주화하여 오피스 빌딩, 주택지, 공장용지, 공원 등으로 배분하였다.

이렇게 토지를 구분하는 방식은 21세기에는 의미없는 일이다. 오피스 거리만을 조성한다면 그곳은 무인 지구가 되며, 도시의 흥청거림과 관련 없는 장소다. 또한 혼잡한 통근을 생각한다면 오피스 거리와 주택지라는 구분 자체가 시민의 자유를 구속한다. 통근에 지친 도시를 만드는 것은 좋지 않다. 지속 가능한 환경을 만들려면 오피스 거리와 주택지를 별도로 조성하는 것보다 용도를 혼합시키는 편이 냉·온방이라는 에너지 이용의 효율성을 높인다. 자전거를 타고 사무소에 갈 수 있는 것이 도시의 바람직한 모습이 아닌가.

교통망체계도 마찬가지다. 고규격의 도로를 도시의 한 가운데에 건설하고 자동차의 운행을 편리하게 하는 방식이 도시계획의 기본원칙이었다. 그러나 이 방식은 20세기 후반에 이르러 파국을 맞았다. 사람과 자전거 이동을 자동차 교통과 공존시키는 방안이 제기되었기 때문이다. 시가지를 분단하거나 파괴하지 않고 도로를 건설하라는 요구의 목소리가 커졌다. 기존의 자동차 교통과 도로에 관한 기본적인 생각은 논리상 맞지 않게 되었다.

이렇게 도시계획 개념은 새로운 사회적 요구에 부응하면서 바뀔 수밖에 없다. 예를 들면, 도시계획에서는 건설하는 것보다 건설 후에 어떻게 관리하고 유지하느냐가 중요하다. 특히 이 문제는 여러 선진국들이 높은 관심을 가졌다. 20세기 후반 구미와 일본은 모든 경제활동을 도시에 집중시켰다. 대량생산 방식의 공장 건설과 대규모 주택단지, 그리고 항만 산업용 매립지는 그 상징이다. 도시는 과대하게 팽창했다. 21세기에는 팽창한 도시, 쓸데없이 비대해진 도시의 미비점을 보완할 목적으로 도시계획을 진행했다. 또한 도시를

확대시키는 계획도 중지해야 한다. 쓸데없는 계획은 생략하고 시가
지 내부를 충실하게 조성하여 살기 좋은 도시를 창조해 나가는 일
이 여러 선진국 도시의 과제이다.

　일본의 도시에서는 쓰레기 처리와 자원 리사이클의 대응, 에너지
절약이 도시계획의 중요한 대상이 된다. 또는 하천에서도 어린이들
이 안심하고 놀 수 있는 도시공간을 조성해야만 한다. 이러한 관점
에서 볼 때, 도시를 생태학(ecology)적으로 보고 생각을 바꾸는 관점
이 21세기의 도시계획이다.

3

전문성 상실

　　　　　　도시계획 개념의 변화와 함께 도시계획 전문가
의 입장도 변화했다. 여기에서는 영국을 예로 들어 변화를 소개하
고자 한다.

　영국의 2002년 도시계획 변경에서는 '계획'이라는 말이 없어졌
다. 전에는 구조계획(structure plan)이라는 도시의 광역적 기본계획이
있었고, 이 구조계획이 도시전략(urban strategy)처럼 되었다. 영국의
도시계획 기본은 구역(district)으로, 지금까지는 구역을 단위로 도시
의 미래상을 결정하는 개발계획(development plan)을 수립했다. 이 개
발계획에서도 '계획'은 없고 단지 프레임 워크만을 제시하고 있다.
따라서 도시의 미래상은 지방계획(local plan)에서 제시하고 있을 뿐이
다. 지방계획은 쉽게 시역(市域) 내의 마을을 대상으로 한 상세계획

으로 우리가 집을 지을 때에 필요한 도면이라고 볼 수 있다. 지방
계획에는 '당신의 건물은 이 부지 여기에 세워야 한다'고 정확히 지
도 위에 표시되어 있다. 이 외에는 계획이라는 말이 사용되지 않았
다. 이 해석은 다양하지만, 우선 융통성 없이 지도 위에 토지이용
의 미래상을 색으로 칠한 표현은 현실성을 잃었다고 생각한다. 도
면보다도 구체적인 업무를 명기한 문장으로의 표현과 수치적 기준
의 중요성이 존중되어야 한다.

영국은 유럽에서도 도시계획 운영에 있어서 약간 특수한 상황이
다. 유럽은 도시계획가의 입장이 전문가로서 매우 분명했다. 모든
계획은 도시계획가가 수립한다는 전문적 지위가 보장되었다. 그러
나 영국에서는 계획가(planner)보다 감독관(surveyor)라는 전문직 쪽이
사회적 지위가 높다. 감독관은 단순히 측량사가 아니었다. 토지의
모든 권리를 조정하는 자격을 갖추고 있는 사람이다. 영국에서는
카운티(county)가 없어지고 있지만 카운티(county)보다도 넓은 지역인
광역도시권(Metropolitan Area)의 도시계획은 선임 계획가로 감독관을
임명한다. 감독관이라는 전문가는 재량권과 전문성을 갖고 올바른
평가와 방향성을 제시한다.

이 전문성 자체는 오랫동안 도시계획 개념을 떠받쳐 왔다. 이 개
념은 교외거주가 도시계획 최후의 이상향이었다. 아파트 거주보다
는 단독주택에 거주하기가 좋다는 사회통념, 거주형태에 따라 시민
계층(classification)이 분명히 드러난다는 사고방식이 전문성에 따라붙
었다. 도시 속에서 녹지는 반드시 환상형으로 조성해야만 한다는
사고도 오래된 개념이다. 한마디로 20세기 초의 형태적인 도시계획
교육은 전문가의 자격과 재량권에 강하게 의지하고 있다. 그 결과
오늘날 시민사회에서는 시대의 흐름에 역행(anachronistic)하고 있다는
말이 전문가와 시민 사이에 오가고 있다.

　영국의 사례에서 흥미로운 것은, 대처(Margaret Thatcher) 전 수상은 감독관, 계획가처럼 협동조합(guild)과 노동조합이 함께 어우러진 관료제(bureaucracy)에 대해서 '이것은 이상하다'고 의문을 던졌다. 이를 계기로 런던 광역시의회(GLC: Greater London Council)가 해체되었다. 세계의 도시계획가는 GLC의 존재가 매우 중요하고 도시계획상 가치 있는 조직이라고 생각했다. 그런데 어느 날 갑자기 광역시의회가 해체되었다. 광역시의회가 해체된 의미는 실제로 도시계획 밖에 있었다. 대처 정권은 노동조합과 협동조합 관료제의 상징인 GLC를 폐지한 직후 정면으로 대립하였다.

　그 결과 영국에서는 재량권을 가진 전문가에게 큰 의문을 던졌다. 대화형 도시계획을 실행해야 한다는 점이다. 그래서 도시계획에서는 중간 규모인 카운티가 사라지고 국가와 구역(district)과의 조정이 이루어졌다. 중간인 카운티의 도시계획이 사라졌다. 일본에서도 오래 전부터 도시계획은 현청(県庁)이 실행하는 것이 아니고 기초자치단체인 시정촌(市町村)이 실행해야 한다고 주장해 왔다. 일본에서 국가와 시정촌의 협력으로 도시계획을 시행하면 현(県)의 지침에 의한 도시계획은 필요 없다고 볼 수 있다. 실제로 영국의 대처정권에서 이런 식으로 도시계획을 실시하였다.

　그러나 구역 도시계획 기능의 실체는 빈약했다. 이것은 감독관과 계획가라는 전문가가 소수라는 데 원인이 있었다. 소규모 시정촌은 유능한 전문가를 고용하지 못했다. 도시계획가를 집단으로 고용하고 이 업무의 성과를 거두기 위해서는 어느 정도 행정조직의 규모를 키워야 한다. 블레어는 수상이 되어 시정촌의 도시계획부터 카운티만이 아니라 몇몇 구역을 정리한 광역도시 계획을 수립하고 그곳에 도시계획가를 집약시키는 방안을 생각했다. 그러나 이 대규모 도시계획의 조직 변동과정을 통해 분명해진 점은 도시계획의 전문성 유지가 정말로 좋은 것인가라는 근본적인 질문이었다.

유럽 대륙 쪽에 영국의 영향력이 파급되었는가에 대해서는 반드시 그렇지 않았다. 대륙 쪽은 대처(Margaret Thatcher)의 움직임 여하에 관계없이 매우 정통적(orthodox)이지만 어느 정도 유연성이 많은 도시계획을 지속적으로 추진하였다. 그 전형적인 예가 독일의 토지이용계획(F plan)과 지구상세계획(B plan)이며 프랑스의 토지이용계획(POS: Plan d'Occupation des Sols)이다. 대륙 쪽에서는 도시계획의 전문성을 유지하고 있었다. 하지만 대륙 계획가(도시계획 행정관)에게는 영국의 감독관만큼 강한 재량권이 없었다. 독일의 주 정부는 조례나 기준에 대해 명확한 지침을 만들었고, 그것을 시정촌 직원이 운영하는 방식으로 일본과 같은 행정이 이루어지고 있다. 하지만 그 근거로 내세운 사례가 건물의 부지에서 형상, 위치, 높이를 명시하는 B 플랜이기 때문에 일본의 지역지구제라는 제도와 크게 다르다. 이런 점에서 시민참여를 전제로 하는 도시계획의 수립과정 중에 규범적인 계획과 재량적인 계획의 조정을 어떻게 할 것인지가 21세기 도시계획가의 큰 과제로 되었다.

4

규범과 재량

일본은 지금까지 규범적이고 매뉴얼적인 도시계획을 실시해 왔다. 현재 도쿄도의 도시계획도 마찬가지다. 수치로 정리하고 가능한 한 애매한 사항을 줄였으며, 시민과 시청의 논의

가 헛돌지 않고 진전될 수 있게 배려하였다. 예를 들면, 민간 개발
자가 맨션 건설계획을 시청에 가지고 가면 해당 담당자는 도청이
작성한 안내책자에 기초해서 '당신의 부지는 주변 도로가 2차선밖
에 없고 용도지역은 상업지역입니다. 종합설계 제도에 따르면 용적
은 이 정도입니다'라고 안내받는다. 안내책자는 행정이 인가하는
조건을 즉시 명시할 만큼 잘 만들어졌으며, 안내책자를 시민과 기
업은 규칙으로 간주한다. 공무원은 이 규범성에 준거하여 기업에게
설명할 필요가 있을 때 매우 편하다.

그러나 시민사회는 융통성이 없는 공무원의 대응에 강하게 반발
했다. 공무원은 시민에게 명쾌하게 설명한다고 하더라도 규범성의
완화나 변경을 되묻는 경우가 종종 발생한다. 왜냐하면 시민은 지
역마다 도시계획의 대응이 다르다고 생각하기 때문이다. 이 점에
대해 시청 측은 일반적 규범을 넘어 지역 고유의 특성에 따른 법
운영을 생각하지 않을 수 없다. 이것은 시민의 간청을 받아 도시계
획가가 전문적 재량권의 수행을 의미한다. 이 요청에 부응한 현재
의 도시계획 제도가 지구계획(地區計劃)이다. 지구계획은 주민이 합의
하는 사항으로 현재의 보편적인 지역지구제와 다르며 전문적 재량
에 의해 토지이용 규제를 결정한다. 지구계획의 출현에 의해 일본
도 제도적으로는 시민이 주도하는 구미 도시계획 제도와 동등하게
견줄 수 있게 되었다.

지금까지의 설명한 여러 선진국의 도시계획 공통성을 정리해 보
자. 선진국의 도시계획은 대체로 세 가지 내용으로 구성되어 있다.
도시계획의 대상인 지리적 규모에 대해 3단계를 설명하고자 한다.

첫째는, 영국의 개발계획(development plan), 미국의 기본계획(general
plan), 그리고 독일의 토지이용계획으로 대표된다. 시(市) 전체 영역
에 대해서 10년 내지 15년 후의 미래상을 책정하는 작업으로 도시

기본계획이라고 한다. 도면 축적(scale)은 1만분의 1 단위다. 어느 정
도 전문성에 준거하여 시민참여 속에서 토론과정을 거쳐 이상적인
모습을 정적으로 도면상에 표현한다. 구체적으로는 주거, 상업, 비
즈니스, 공업이라는 토지이용을 도면에 색으로 구분한다. 여기에는
법률적인 건축행위에 대한 구속력이 없다.

둘째는 지역제, 즉 지구상세계획이다. 독일에서는 B플랜, 프랑스
에서는 POS, 영국에서는 지방계획(local plan), 미국에서는 용도지역
제(zoning code), 일본은 지역지구제라고 한다. 이 대상은 전자의 기
본계획과 같은 장소인 경우도 있고, 그것보다 좁은 시가지 부분에
한정시킨 경우도 있다. 이 단계가 되면 한 부지에 세워진 건축물이
나 공작물(굴뚝 · 광고탑 · 고가 수조 · 옹벽 · 엘리베이터 등)에 대해서 수치로 명
확하게 나타내야 할 의무가 있다. 예를 들면, 독일에서는 건축선이
라는 방식이 있다. 일본의 경우는 건폐율과 용적률을 수치로 명시
한다. 여기에 고도제한이라는 엄격한 규제가 있다. 건축선이 지정
되면 예를 들어 '여기에 세워지는 건축물은 도로에서 4m 떨어져야
하고 높이는 12m다'라고 명시하고 있다. 독일의 B플랜이 이것에 해
당한다. POS도 마찬가지다. 이것을 완벽하게 설명서로 만들어 매
우 기계적으로 적용하고 있는 방식이 세계 공통적인 특징이다. 일
본의 지역지구제에는 이러한 건축선이 없는 만큼 엄격함도 덜하고
있다. 앞에서 기술한 지구계획은 이 분야에 포함된다. 작성과정에
서 재량성이 부여되었다고 해도 일단 작성된 후에는 그 구속력이
법적으로 엄격하게 행사되기 때문이다.

셋째는 개발허가(development permission)다. 이 내용은 두 가지로 나
뉜다. 하나는 영국에서 나타나는 유형이다. 엄격한 구속력을 갖고
있는 도시기본계획(district plan)이 있다고 하더라도 여기에 기초한 건
축행위는 하나하나 심사과정을 거친 후 허가를 받는다. 허가 여부

는 도시계획가의 판단에 맡겨진다. 결국 재량권이 도시계획가에게 부여된다. 또한 도시계획가는 단순한 기술자가 아니고 생활공간을 바꾸는 전문가로서 높은 사회적 지위를 부여받는다. 두 번째는 새로운 농림지를 주택지로 변경하거나 현재 부지의 구획형태를 바꿔서 건물을 건축하는 경우의 허가제도다. 그들은 심사를 거친 후 허가를 받지 않으면 건물을 건축할 수 없다. 이것은 완전하게 기술적인 판단에 맡겨진다. 부지를 둘러싼 도로의 형태나 공원의 여부를 대상으로 한다. 이 전형적인 사례가 일본이다. 개발허가는 무슨 일이 있더라도 전문가의 일정한 재량성을 포함한다. 영국에서는 이 재량권의 범위에 따라 전문성도 다르다는 의문을 갖게 되고, 시민참여형으로 공동체(community)를 중시하는 대화형 도시계획을 실시하는 방향으로 전환되었다. 대륙형 도시계획에는 아직까지도 전문성이 있다. 하지만 일본은 개발허가에 대해서 재량권이 거의 없다. 지형지물이라는 자연적 조건을 상세하게 분류하고 수치화해서 개발허가 기준을 설정하였다.

제1의 기본계획과 제2의 지구상세계획 사이에 또 다른 하나의 토지이용 규제가 있다. 건축을 허가하는 지역과 금지하는 지역을 정하는 제도다. 일본은 시가화(市街化: 도시의 발전, 팽창 등으로 기성 시가지 주변의 농지나 산림이 택지로 전용되어 시가로 형성되는 있는 현상) 구역과 시가화 조정구역이라고 부른다. 이 시가화 구역 내부에는 지역지구제가 이루어지고 있어 원칙적으로 건축행위는 어느 곳에서라도 자유롭게 이루어진다. 다만, 이 구역에서도 농지를 택지로 바꾸거나 부지를 없애고 또는 매립하거나 형상을 바꾸는 경우 개발허가가 필요하다. 개발허가를 받았다고 해도 이 허가는 건축물 형상이 아니라 부지의 형상만을 정하는 것이다. 건축물은 건축 확인이라는 절차와 다른 허가를 받아야 한다.

이 두 가지의 절차 사이에는 관련성이 없다. 따라서 부지와 건물 전체의 모습을 곧바로 알지 못한다. 이 점에서 일본의 도시가 아름답지 못하다는 큰 원인이 있다. 이와 유사한 제도가 프랑스의 POS다. 일본은 이 제도를 도시계획의 근간이라고 부르고 있다. 왜냐하면 이 구역 설정에서 시가지의 확장규모를 결정하기 때문이다. 그러나 영국과 독일에서는 이 지역구분이 없다. 건축의 허가 여부는 앞에서 기술한 개발허가에 의해 결정된다. 결국 영국과 독일에서는 건축을 원칙적으로 어느 곳이라도 금지하지고 있으며, 건축을 허가하는 경우에 전문가의 판단이 필요하다. 어쨌든 일본의 시가지는 2가지 구분에도 관계없이 확산되고 있는 실정이다. 예외적으로 건축을 금지하는 시가화 조정구역에서 대규모 주택이나 공장단지, 쇼핑센터가 개발허가를 받아 인정되고 있기 때문이다. 또한 관공서 시설, 하수처리장이나 학교는 이 조정구역에서 자유롭게 건축된다. 이것이 일본의 교외 풍경을 보기 흉하게 만들고 있다.

지방도시에서도 시(市) 구역은 시가화 구역과 시가화 조정구역으로 구분된다. 그런데 최근 시가화 구역 중에서 건물이 신축되지 않고 농지나 택지 그대로 남아 있는 사태가 일어나고 있다.

시와 촌(村)이 인접하는 경우를 생각해 보자. 주택을 건축하려는 사람은 시가화 구역의 지가가 상대적으로 높고, 시가화 조정구역에서는 건축을 할 수 없기 때문에 인접한 촌으로 가서 주택을 건축한다. 도시계획은 시 구역만을 대상으로 하고 인접한 촌은 비도시계획구역이기 때문이다. 촌에서의 건설은 도시계획적인 구속조건이 없다. 젊고 유능하며, 향후 납세자로 기대되는 사람들은 시에 살지 않고 인접한 촌에 거주한다.

이러한 현상에 대해서 시에서는 도시계획적으로 문제가 있지는 않은지, 시가화 구역과 시가화 조정구역으로 구분하는 경계선을 없앨 수 있도록 국가에 요청하였다. 왜냐하면 시청은 지가가 저렴한 시가화 조정구역에 젊은 사람들이 주택을 건축하도록 하여 이들이 인접 마을이나 촌으로 이동을 막을 수 있다고 보기 때문이다. 지금까지는 시가화 구역과 시가화 조정구역의 경계선을 어떤 이유로 이끌어낼 것인지가 도시계획담당 공무원의 가장 중요한 일이었다. 여기에 덧붙여 앞에서 설명한 개발허가를 지금까지 존재하는 시가화 조정구역에서 어떻게 운영해 나갈지가 그들의 새로운 과제로 된다.

경계선이 없어지게 된다면 교외에 병원이나 주택단지를 건축하거나 구획정리로 단독 주택단지를 건설하게 된다. 교외 잡목림 지대에 특별 양호노인의 집 건축도 가능하다.

도시계획구역에서는 민간이 제출한 '개발행위'를 건별로 심사하고 허가·불허가를 결정한다. 하지만 실체는 상당히 지방 정치적이다. 허가와 관련하여 이상한 소문이 들리기도 한다.

그런데 이상하게도 개발허가는 일본의 도시계획법 속에 들어 있지 않다. 개발허가는 택지개발에 필요한 행정으로 구분되어 있어 택지개발 관련 법규에 의해 결정된다. 구체적으로 건물형상을 결정하는 다양한 수치는 건축기준법에 의거한다. 이 법규 또한 도시계획과는 구별된다. 이렇게 도시계획 행정이 수직적으로 세분화된 국가는 선진국 중에도 일본뿐일 것이다.

선진국의 도시계획에는 또 하나의 중요한 공통적 사명이 있다. 그것은 해외에서 들어온 이주자도 포함한 저소득계층 거주지를 개선하는 것이다. 도시계획에는 다양한 측면이 있다. 오스만(Georges Eugene Haussmann)에 의한 파리 대개조(Paris Transformmed), 르 코르뷔지에의 초고층 도시, 그리고 뉴욕의 배터리 파크 시티(Battery Park city) 등 국가, 천재적 예술가, 거대자본에 의한 화려한 도시계획이 등장한다. 하지만 도시계획에는 사회 밑바탕에 관련된 분야가 있다. 이 분야는 19세기 산업혁명이 초래한 비참한 공장노동자의 거주문제에서 출발한다. 이 분야야말로 계속적으로 추진되고 있는 공공부문에 의한 주택환경개선 도시계획이다. 빈곤한 주택지 거주자는 공공부분에 의해서 결정된 도시계획을 만족스럽게 보지 않는다. 자신들이 거주하는 거리의 개선방법을 공공부문과 소통하려 한다. 1970년부터 유행하게 된 미국의 지역사회(community) 재생운동은 저소득자층이 많은 거주지역의 거리 조성에 적극적으로 참여하는 형태였다. 이 사회운동적 도시계획은 쇠퇴할 기미 없이 왕성하게 활동하여 실제로 이 분야야말로 선진국 도시계획의 주류라고 생각한다.

5

주민참여

영국은 도시계획 내용이 변화하여 이루어진 지방계획 즉 지구상세계획을 매우 중시한다. 이러한 변화는 도시계획 전문가와 노동조합이 일체화된 노동당체제의 대처 정권하에서 이루어졌다. 이때 일반시민이 도시계획에 더욱 쉽게 접근할 수 있도록 하는 움직임도 시작되었다는 점도 주목해야 한다. 이러한 움직임은 유럽 대륙으로도 파급되었다.

최근 영국이나 유럽의 도시에는 실업자, 노인, 해외이민자, 모자가정 등 저소득계층으로도 분류되지 않은 하층(under class) 시민이 많이 있다. 이들은 범죄율이 높고 반체제적인 움직임도 심하다. 그들이 거주하는 시가지는 체제적으로 볼 때 문제가 많은 지역이다.

이러한 하층민들이 거주하는 시가지에 어떤 안정성을 부여할 것인
가에 대한 고민은 유럽 도시의 중요한 정치적 과제가 되어 왔다. 그
것은 대도시 중심 시가지를 재개발하거나 공원을 조성하는 일도 멋
진 도로의 건설도 아니다. 정치적인 면에서 하층민의 시가지 속에
거주하는 사람들을 위한 커뮤니티 센터(community center)를 만들고,
재교육 학교를 설립하고, 살기 좋은 집합주택 건설을 도시계획에
요구하였다.

이러한 요청에 부응하기 위해 하층민들의 의견을 수렴하고, 이를
기초로 규모는 작더라도 알기 쉬운 도시계획을 수립해야 한다. 그
러나 다른 한편에서 하층민들을 배제하고 자신의 지역사회를 일정
한 질로 유지하기 위한 방위조치인 지역제의 기본도 도시계획이다.

정리하면 구미의 여러 나라 지역제는 풍요로운 사람을 지키기 위
한 구분이다. 그들이 살고 있는 거리환경을 어지럽혀 부동산 가치
를 손상시키는 '침입자'를 배제시키는 데 그 본질이 있다. 그러나
이 점에서는 도시 하층민의 주거환경 개선을 오랫동안 고착된 이
지역제로 대처할 수 없다. 따라서 규범적인 지역제에 구속받지 않
고 시민과의 대화로 새로운 거리를 만들어가는 방법을 모색해 간다
는 공공 측의 생각도 이상하지 않다. 이 점에서 일본처럼 명확한
하층민이 없는 사회와 구미국가는 주민참여의 관점이 다르다.

'풀뿌리(grass-roots) 마을 만들기의 등장'은 상당히 일본적인 표현
이다. 하지만 이것은 주민참여와 관계가 있다. 독일은 도시재개발
을 수행할 때에 사회계획(social plan)을 수립한다. 일반적으로는 사회
계획과 도시계획은 전혀 다르다고 본다. 하지만 사회계획은 도시계
획의 소프트화, 즉 어떻게 거리의 불안을 감소시키고 운영할 것인
가에 관한 계획이다. 예를 들면 사회계획의 내용에는 임상심리 전
문가를 하층민이 거주하는 장소에 파견한다거나, 보육원을 만들어

24시간 개방하거나, 청소년비행 방지 전문가를 커뮤니티 센터에 배치하거나 지역사회에서 비영리단체(NGO)의 고용을 창출하는 등을 수록한다.

실제로 독일의 도시계획은 일본과 다르며 기본적으로 매우 강한 계획고권(計劃高權, '고권'이란 지방자치법과 관련하여 지방자치단체의 권한을 위미)을 갖추고 있다. 이것은 영국, 프랑스, 네덜란드도 마찬가지다. 이에 비해 일본은 고권이 아닌 '계획저권'인지도 모른다. 계획고권이라는 것은 시민참여에 의해 다양하게 의논한 후, 시청이 해당 계획이나 사업을 확고히 결행하는 것이다. 그것은 시민을 위해, 국민을 위해 당연히 공적인 행위라고 모두가 생각한다. 독일은 이러한 점을 매우 명확히 하고 있다.

사업이나 계획을 결행할 때에 당연히 그로부터 배제된 저소득층이 있다. 상징적으로 말하면 주택을 부수어 철거할 때 철거된 주택에 살고 있던 사람을 어딘가 다른 장소로 이주시키고 주택을 제공하는 일이 사회계획이다.

'주민마을 만들기'는 당연히 그 정도의 준비는 해야 한다. 그러나 일본의 주민마을 만들기의 실상은 이와 다르다. 일본에서는 내일 해야 할 일이나 식사조차 하기 어려운 하층민이 대량으로 시가지의 일부를 점거하는 사태는 존재하지 않는다. 주민마을 만들기 운동은 전형적으로 비교적 유복하게 혜택을 받던 사람들에 의한 활동이나 발언에 의해서 이루어진다. 유럽의 내용과는 다르다.

다양한 '작은 도시계획'과 사회의 관계에 대해서 화제를 전개했지만, 세계의 흐름에서는 국가가 시정촌(市町村)에 막대한 도시계획 권한을 부여하도록 되어 있다. 이것은 도시계획을 시민화하는 것이다. 도시계획 개념이 변했기 때문이다. 예를 들면, 초등학교까지 어린이가 안전하게 걸어서 등교할 수 있는 도로 조성이 역 앞에 대규모 상업이나 비즈니스로 재개발을 시행하는 것보다도 도시계획이 중요하다고 대부분의 시민들은 생각한다. 이러한 주민마을 만들기의 의미를 받아들여, 시정촌(市町村)의 도시계획은 이에 대응해야 한다. 이것은 매우 작은 도시계획이라고 볼 수 있다. 시청과 구청은'작은 도시계획'을 지금부터라도 중요한 업무로 받아들여야만 한다.

　지금까지 도시계획은 규범성에 중점을 두었다. 기본계획이나 개발계획에서는 색을 칠한 장소나 선(線)으로 미래의 오피스 빌딩가나 어떤 종류의 주택지와 미래의 확장규모, 상점가의 재개발계획, 앞으로의 도로계획, 새로운 공원의 배치를 시 전역에 표현한다. 그런데 이 그림대로 도시를 변화시킬 수 없다는 사실이 시민사회의 공통적인 인식으로 받아들였다. 이러한 실태를 고려해서 영국에서는 도시 기본계획이 필요없다는 논의가 일어나고 있다. 도시 전체의 모양을 만들 필요는 없다. 오히려 행위가 일어나고 있는 곳, 일어나고자 하는 곳에 대해서 어떻게 대처할 것인가가 도시계획의 중요한 과제로 되었다. 도시 전체가 어떻게 변할지 도시계획에 의해 파악할 수 있는 시대는 끝났는지 모른다. 그때그때의 상황에 어떻게 대응하는지, 그리고 그 연속선상으로서 도시계획을 이해하는 시대로 돌입했는지 모른다. 작은 도시계획의 집합체로서 전체를 파악하는 규범성의 중요함이 차츰차츰 퇴색해 가면서 시민과의 대화로 태어난 민주적 재량성을 존중하는 시대가 도래했는지도 모른다.

6

커뮤니티론에 대한 의문

　　　　　　그러면 '주민마을 만들기'를 전제로 한 시정촌(市町村)의 도시계획이 일본에서는 성립될까? 현상대로 진행된다면 성립되지 않는다. 왜냐하면 지금도 도시계획에서는 참석자 '전원 합의'가 전제되기 때문이다. 관료제는 전원합의라는 상태를 요구하고 있다. 전원이 합의하면 도로를 건설하고, 전원이 합의하면 공원을 조성하고 전원이 합의하면 재개발 판단을 결정하는 형편이다. 전원 합의가 정말 가능한 것인가라는 점이 커뮤니티론에 대한 의문점이다.

　일본의 도시사회는 소수자의 의견을 존중하려는 사회적 통념이 있다. 물론 그것은 깊이 생각해야 한다. 하지만 소수의 반대자 중에는 자신의 이익을 최대한 반영하려고 반대하는 주민도 있다. 또는 자기의 이유가 절대적으로 옳다고 주장해서 다수를 적으로 만드는 주민도 있다. 시민참여에 의해 주민의 5분의 4가 찬성을 한다고 하더라도, 이 주장을 시청이 받아들이지 않는 것은 현장을 담당하는 지방자치단체가 나머지 5분의 1의 절대적 소수 의견에 주저하여 자신들이 책임지고 법적 조치를 내리는 결단을 내리지 못했기 때문이다. 또한 일본 사회 속에는 '결정된 사항은 반드시 실행한다'는 통념이 없다. 계약이라는 개념 없이 '원칙'으로 한다는 예외 규정을 갖고 있다. 이 예외 규정을 방패삼아 법에 의해 결정된 계획이나 사업을 관공서가 집행하길 주저하는 경우가 종종 있다.

　예전에는 변두리에 커뮤니티가 있었다고 한다. 스미다 구(墨田区)나 아라카와 구(荒川区)에 가면 골목에 나무가 심어져 있고 처마 끝에서 동네 아저씨가 '어이~'라고 말하며 손을 흔드는 모습을 볼 수 있었다. 이러한 광경은 지금도 츠키시마(月島) 근처에 존재한다. 하지만 그러한 골목형 커뮤니티가 스미다 구나 아라카와 구에서 지금은 볼 수 없다.

골목형 지역에도 작은 임대 맨션이 건축되고 임대 아파트 건설도 가능하다. 이것은 비교적 날림공사이기 때문에 집세도 싸다. 그곳에 들어와 거주하는 사람은 지금까지 아라카와 구나 스미다 구와는 관계가 없던 젊은이나 독신자다. 지금 변두리에는 좋은 근린사회와 전혀 관계없이 생활하는 젊은이가 새로 전입해 거주하는 일이 나타나고 있다. 대부분의 변두리형 커뮤니티 사회에는 이질적인 측면이 많이 유입되기 때문에 커뮤니티가 형성되지 않는다. 아직도 커뮤니티가 성립한다는 환상을 가지고 도시계획을 수립하는 것이 여전히 좋은 것인지는 걱정으로 남는다. 여기에서는 전원 일치의 찬성은 있을 수 없다. 확실히 다수결 원리를 집행하는 사회가 성립되었으면 한다.

일본 대도시에 살고 있는 시민은 지금 무엇을 바라고 있는 것일까. 결국 개인과 가정의 공간을 잘 꾸미고 살려고 애쓰지는 않을까. 이러한 이유로 주택이나 맨션을 구입하려고 열심히 노력하지만, 막상 주택을 구입해서 살아도 도로 건너편 맨션이나 옆집 사람들과 사귀는 일은 거의 없다. 이런 시가지에서 전원이 일치해서 찬성이나 반대를 하는 경우는 전혀 있을 수 없다. 이것이 21세기 일본의 도시 실태다.

7

무엇이 도시를 바꾸는가 - 추상에서 현실로

　　　　　　지금까지 살펴보았던 도시계획에 관한 추상적인 논의를 대신해서 '무엇이 도시를 바꾸는가'라는 현실적인 측면을 생각해 보려고 한다. 도시를 변화시키는 것은 대규모 부동산회사가 아니다. 도시를 바꾸는 것은 연간 120만 호에 달하는 주택 신축이다. 일본 전체의 주택 총 수는 5,000만 호 정도다. 신축하는 건축물 총수는 주택 120만 호를 비롯하여 오피스 빌딩과 상점 등을 포함하면 150만 호 정도다. 총 5,000만 호의 주택 중 120만 호가 신축되고 있다고 보면 약 40년 주기로 일본의 주택이 갱신되었다고 볼 수 있다.

　거대한 오피스 빌딩 건설에 의해서도 도시가 변모한다고 본다. 경관적으로 대규모 초고층 빌딩도 있고, 이들 오피스 빌딩과 상업 건축물 출현이 도시공간의 변화를 지배하게 되었다. 하지만 그들이 건축하거나 앞으로 건축될 부지는 전체 시가지 부지의 2~3%에 해당된다. 나머지 99%의 부지를 변화시키는 것은 120만 호에 달하는 일반 주택과 기타 수만 호의 상점, 영세한 빌딩, 소규모 공장의 신축과 증축이다. 일상적으로 도시가 변화했다고 느끼는 것은 시선 범위 내에서 시시각각 변화하는 저층과 중층 건축물이다. 실제로 우리는 초고층 건축물의 출현은 별개로 받아들인다. 하지만 근처의 주택이나 상점 건설은 주관적으로 집안일처럼 받아들인다. '저 집은 여전히 블록 담을 세우고 있다'라든가 '저 상점 자리는 작은 맨션으로 바뀌었어'라는 대화가 가정에서 오간다.

　어쨌든 일본의 주택이나 상점의 신축 주기가 짧다는 점은 앞에서 지적하였다. 대부분의 주택과 상점은 규모가 작고 경량구조인 목조 건축물이라 쉽게 파손될 수 있기 때문이다. 현재 이 점에 대해 경종을 울린 학자가 있다. 지구 환경보호, 쓰레기 리사이클, 에코 시스템 등을 생각하면 주택의 수명은 100년 동안 지탱해야 한다고 주장하는 학자와 기술자다. 최근 건축된 주택의 질은 현저히 좋다. 특히 콘크리트계열 주택은 말할 것도 없이 구조 자체가 튼튼하다.

하지만 이런 주택은 가격이 비싸다. 콘크리트 강도를 올리거나 지진 대책에 맞게 지진에 견딜 수 있는 내진 설계를 하거나 실내 온도를 일정하게 하고 온기를 유지하기 위해 페어 유리창을 설치하는 등 건물의 질이 높아지기 때문이다. 100년 주택이라는 집합 주택도 나왔다. 건물골조(skeleton), 즉 기둥, 대들보, 마루는 견고하게 하고, 내부 장식은 30~40년에 교환한다는 방안을 고민해왔다. 문제는 이러한 양질의 주택과는 달리 여전히 질 낮은 주택도 많이 건축되었다. 소규모 원룸 맨션과 소규모 부지에 가득 건설된 주택으로 주택의 외관이 좋아도 구조적으로 열악한 건물을 많이 세우고 있다.

다시 살펴보면, 도시를 변화시키는 것은 120만 호의 주택 신축 현상이다. 이러한 현상을 만드는 곳이 거리의 공무점(工務店 ; 지역 밀착형 건축업자)이다. 공무점 경영자는 도시계획에 관한 지식이 없다고 해도 과언이 아니다. 커뮤니티론(論)도 알 리 없다. 다만 싼값으로 건축법규에 따라서 시공자의 주문에 응해서 건설하고, 이익을 창출해야 한다. 이러한 공무점이 30만 개소 정도 활동하고 있다. 따라서 일본의 도시를 개선하려면 이 30만 개 공무점에 물어보아야 한다. 공무점 직원을 가르치는 학교 선생들에게 거리조성, 도시계획의 필요성을 호소해야 한다. 대학 교수에게 물어볼 필요도 있다. 건축분야의 대학교육에서 도시계획의 근본론을 가르치는 경우는 존재하지 않는다. 건축은 예술지상주의라는 측면이 모든 대학에 널리 퍼져 있다. 공무점은 얼마나 자각해서 보다 나은 좋은 주택을 건축할 것인가라는 관점을 바꾸지 않는 한 일본의 도시 개선은 잘 되지 않을 수 있다. 누가 도시를 바꾸고 있는가 - 120만 호의 주택을 건설하는 시공자와 공무점이 도시를 만들어나가고 있다.

흥미 있는 사례를 들어보자. 오사카 부의 히가시오사카시(東大阪市)나 가도마시(門真市)에는 질이 낮은 목조 임대 아파트가 밀집해 있다. 그곳의 골목은 구불구불한 미로와 같고 거리경관은 솔직히 열악한 상태다. 그런 거리가 목조 3층 주택 건설이 증가하면서 조금씩 바뀌기 시작했다. 특히 틀 공법(2×4 / 枠組み工法)의 목조 3층 건물은 일반적으로 목조 2층 건물보다 내진성이 우수한 목조 건축물이다.

지금부터 20년 전에 미국은 저렴하고 내화성이 우수하다는 선전문구로 two-by-four(단면 2×4인치) 재목을 일본에 판매하기 시작한 적이 있다. 이에 대해 일본 건설성은 저항했다. 일본에는 '축조공법(軸組み工法)'이라는 건물 건축방식이 있었다. 축조공법이란 삼나무와 노송나무의 유심재를 기둥과 대들보, 도리(桁)의 횡목으로 해서 일본풍 건물을 짓는다. 이러한 공법이 지방도시에서 주도적으로 시행되었다. 일본의 삼나무나 노송나무 재목을 지키기 위해 2×4인치의 재목 수입에 저항한 일이다.

이 협상이 한창일 때, 쌀 관세화 문제가 야기되었다. 일본은 우루과이라운드에서 쌀 관세화에 관해 일본의 주장을 통과시켰다. 이 통과 대가로 목재 수입을 인정해야만 했다. 바꾸어 말하면 '쌀로 이기고 나무로 졌다'는 것이다. 일본에 목조 3층 건물 건축을 인정하게 되었다. 물론 건축된 지역으로부터 방화지역(防火地域)은 제외했다.

이때 일본 공무원은 목조 3층의 설계 명세서에 축조공법에 비해 상당한 비용이 소요된다는 항목을 정하는 것을 생각했다. 따라서 2×4 목조 3층 주택은 기초가 견고하도록 미국 재료를 사용한 대들보와 기둥, 도리의 횡목을 서로 빈틈없이 고정하는 쇠 장식물을 많이 사용하였다. 이 유형의 목조 3층은 한신 아와지 대지진(阪神淡路大震災) 때에도 무너지지 않아 견고함을 증명하였지만 축조공법의 건물은 무너졌다. 이것은 커다란 충격이었다. 그 후 일본의 대표적인 주택 메이커는 축조공법과 2×4 목조 3층에 뒤지지 않는 내진성 있는 기술을 개발했다. 지금은 일본의 축조공법으로 지은 건물도 강도를 높였다.

오사카부의 히가시오사카시나 가도마시 주변에는 현재 2층 목조 임대 아파트를 대체하는 목조 3층 건물이 증가하였다. 목조 3층 건물은 부지가 2층 건물보다 좁아 상면적이 더 넓은 건물을 건축한다. 이 때문에 그렇지 않아도 좁은 부지분할이 진행되었다. 목조 3층 건물을 어떻게 평가할 것인지는 어렵다. 엄격하게 지적하면 부지 규모가 너무 작다는 것이다. 일본 도시경관의 추악성은 좁고 영세한 부지 규모에 기인한다. 목조 3층 건물과 단독 2층이 뒤섞여 늘어선 거리의 모습은 난잡하게 보인다. 하지만 목조 3층 건물이 연립주택으로 건축되면, 건물의 높이나 표면은 통일되고 세련된다. 이 연립주택이 나란히 줄지어 있으면 거리의 모습은 바뀐다. 언뜻 유럽의 서민형 주택 시가지를 떠올리게 하는 길이 만들어질지 모른다. 이것은 필자의 기대다. 현실은 그렇게 이루어지지 않겠지만 목조 3층 건물이 거리를 추악하게 만든다고 판정하는 것은 조금 경솔한 생각인지도 모른다.

최근 이 건물에 살았던 사람에게서 들은 이야기가 있다. 그는 목조 3층 건물이 고령자에게 적합한 주택이라고 한다. 구체적인 이미지를 그려보기 위해 3층 건물 1층에는 자동차가 2대 들어가고, 2층에는 고령자 부부가 살며, 3층에는 그 자녀들이 살고 있다고 가정해 보자. 1층이 주차장이기 때문에 고령자는 자동차로 직접 집안까지 들어올 수 있다. 시장을 보거나 물건이 있어도 운반이 즐거워진다. 1층과 2층을 연결하는 소형 엘리베이터는 최근 저렴한 비용으로 만들 수 있다. 맨션에는 주차장이 떨어져 있다. 물건을 들고 맨션 계단을 뛰어올라 집안에 들어오는 것은 쉽지 않다. 지하주차장이 있어도 각 세대마다 1대라고 볼 수는 없다. 이렇게 목조 3층은 견고하고 튼튼해 지진에 강하고 자녀들도 가까이에 있고, 노인이 안심하고 살며 편리하게 이용할 수 있다고 말했다. 게다가 목조 3층의 주택매입 원가는 맨션 구입비용보다 저렴할지 모른다. 고령자용 리프트는 1750만 원(150만 엔) 정도면 설치할 수 있고 목조 3층에 설치하면 한층 쾌적하다. 이 점은 '무엇이 도시를 바꾸고 있는가'라는 물음에 대해 현재 오사카가 처한 현실을 말해주고 있다.

도쿄에서도 지주가 유산상속의 일환으로 소규모 부지를 나누어 3층 건물 주택을 지어 팔거나 또는 오래된 목조 임대 아파트를 작은 맨션으로 개조하였다. 이러한 복합적인 움직임이 도시를 바꾸고 있다.

시오도메(汐留)나 시나가와(品川)에 현재 총 200만㎡의 오피스 빌딩 군(群)이 건설되었다. 그러나 오피스빌딩들은 모든 시민이 잠시 들려보는 객관적 존재에 불과하다. 시민들은 주관적으로 '양호한 주택'과 '양호한 주택 시가지'의 필요성에 대해 느끼고 있다. 이에 반하여 유럽의 도시계획은 전통적으로 '주택을 좋게 만들어야 한다'는 주관성을 갖고 있다.

8

도시계획과 지적(地籍)조사

유럽의 여러 도시는 분명히 일본의 도시보다도 뛰어난 도시계획 관련 분야가 있다. 그것은 지적조사(地籍調査)다. 독일이나 네덜란드의 시청에서는 500분의 1의 시가지 지도를 구입할 수 있다. 이것은 국가가 정한 지적조사에 근거한 지도다. 부지경계 뿐만 아니라 건물의 형상도 명확하게 기입되어 있다.

나폴레옹 5세의 통치 아래, 지금부터 150년 정도 이전부터 프랑스, 독일, 네덜란드에서는 대대적으로 지적조사가 추진되어 사유지의 정확한 형상과 규모가 공공지도(official map)로 작성되었다. 현재에도 이에 기초한 건축법에 의해 건축허가가 집행되었다. 이것을 일본에서는 '나폴레옹의 토지조사(檢地)'라고 말하였다. 일본은 도요토미 히데요시(豊臣秀吉) 시대, 무논(水田 ; 물을 쉽게 댈 수 있는 논)을 대상으로 다이코우 토지조사(太閤檢地)가 이루어졌지만, 메이지(明治) 이후 도시를 대상으로 한 지적조사는 이루어지지 않았다. 등기소에 가서 지적대장과 공공지도를 조사해 보면, 에도 시대의 조절한 곡선으로 묘사된 부지 지도가 무수히 등록되어 있다. 면적도 규모도 의심스럽다. 하지만 이 대장의 도면이 공식적인 일본 주택지의 부지다. 물론 토지를 매매할 때에는 정정하여 정확히 측량한다. 이 결과가 공공지도로 지적 대장에 등록된다. 하지만 토지권리가 달리 이전되지 않으면, 이 공공지도는 몇 백 년 전의 오래된 지도에 종종 존재한다. 실제 '선진국 그룹'인 OECD 가맹국 중에 시가지에서 사유지 지적이 방치된 나라는 일본뿐이라고 듣고 있다. 실제의 경우, 건축 착공의 근거법, 건축기준법이 정한 부지가 지적조사에 기초한 공공지도와는 전혀 관계없다는 사실에 놀란다.

　지적조사가 이런 상태의 시가지에서 도시계획의 신속한 진행은 전혀 불가능하다. 이 국토조사법에 기초한 지적조사는 전 국토 면적의 35% 정도 추진되었다. 하지만 그 대부분은 삼림과 농지(특히 경지정리가 이루어진 무논)이며 시가지는 거의 손이 미치지 않았다. 오사카시에서는 모든 사유지의 5%, 도쿄 23구에서도 전 사유지의 12% 정도의 지적조사밖에 완료되지 않았다. 그것도 공적으로 실시된 구획정리 구역이 대부분이다. 실제로 구획정리나 재개발사업이 실시되지 않은 기존 시가지는 지적조사의 손이 전혀 미치지 않았다. 도시계획을 재개발이나 가로 축조사업으로 추진하는 경우, 사유지와 공유지 또는 사유지 상호간의 경계를 확정하는 것이 중요하다. 경계를 접하는 토지 주인의 상반된 이해 조정이 그 근본원인이다. 이 업무는 도시계획 업무를 수행하기 전에 미리 해두는 것이 중요하다. 최근 이야기지만, 토지소유권자(地權者)가 300명을 넘는 대규모 재개발(면적 약 10ha)을 완료했다. 이 일은 구상단계부터 건축 착공까지 17년 걸렸다. 실제로 17년 중 약 7년 반 정도는 토지소유권자 상호간 지적의 확정, 즉 경계선을 확정하는 데에 소비했다. 이런 이야기가 사실이라면 재개발이나 거리 조성, 도로 조성(보행자 전용도로 포함)은 지지부진하고 전혀 진전되지 않을 것이다. 그렇기 때문에 여기에서 도시계획의 기반으로서 지적조사의 중요성을 강조하고자 한다.

9

네덜란드의 도시계획에서 배운다

마지막으로 유럽 특히 네덜란드의 최근 동향을 소개하고자 한다. 네덜란드는 도시계획적으로 우수한 국가다. 왜냐하면 계획고권이 명확히 되어 있기 때문이다. 인구 1,500만 명당 국토면적이 4만㎢로 상당히 고밀도 국가이기 때문에 일본처럼 중앙정부가 국토 전체를 통찰해서 이해할 수 있다. 암스테르담, 헤이그, 노트르담, 유트레이트 등 대도시가 있다. 중앙정부와 이들 대도시와의 커뮤니케이션이 매우 원활하게 기능하였다. 중앙정부와 지방 대도시 사이에는 상하관계가 없고 수평관계로 행정이 운영되었다.

최근 네덜란드의 도시계획에서 흥미 있는 세 가지가 있다. 첫째는 네덜란드의 농촌지역이다. 유럽의 다른 나라와 같이 네덜란드의 도시계획은 농촌지역도 포함하였다. 네덜란드의 지역계획과 도시계획의 원칙은 도시화를 이룬 면적만큼 어딘가에 녹지를 늘린다는 것이다. 말하자면 환경의 보완(mitigation)이라는 생각이 기본이다. 도시를 만들기 위해 1ha의 숲을 베었다면 어딘가에 1ha의 숲을 만든다. 도면상에 녹색은 자연이고 적색은 도시화라고 하면, 녹색과 적색이 항상 일정량으로 변화하지 않는다. 실제운영에서는 주택개발을 할 때 녹지비율을 높게 지정하도록 지도하였다.

둘째는 조경(landscaping)의 개선이다. 도로에서 볼 때 볼품없는 농촌의 헛간, 창고, 담 등 그다지 조화스럽지 못하고 어색한 건물이나 공작물은 지방정부가 사들이고 있다. 지방정부가 매입해서 대상물을 철거하고, 그곳에 새로운 경관과 어울리는 디자인을 해야 한다고 국가의 방침으로 명시하였다. 이것은 독일의 계획과도 같다. 이러한 시책에 의해 전원경관이 크게 개선된다고 생각한다.

일본에서도 이것은 가능하다. 왜냐하면 일본의 농림수산성의 공공사업 예산은 1조엔 정도다. 이 중 농업토목 예산은 약 7,000억엔이다. 현재의 경우, 농림토목 공공사업은 농업생산에 한정되어 있다. 국토교통성이 현재의 제도를 고쳐서 행정인구 3만 명 이하의 시정촌 도시계획 사업을 농림수산성에 위임했다고 하자. 그렇게 되면 농림토목 전문가는 당연히 아름다운 경관으로 조성한다. 농업토목은 수로개수, 농촌 공원 건설, 하수도 부설 등 사업을 많이 실시하였다. 농업토목 전문가의 지혜를 모으면 일본도 현재 독일과 네덜란드에서 추진되는 전원경관 개선을 실현할 수 있다. 이것을 방해하는 것이 '도시계획법에 농업토목을 관여시키지 않는다'는 사실이 아닐까?

예를 들면, 인구 3만 명 이하의 시정촌에서 농업토목 사업비를 활용하면서 마을의 울타리 수선, 도로의 채석장, 보기흉한 헛간이나 간판 철거, 전선 지중화를 수행하면 경관은 크게 개선된다. 일본의 취락정도 만큼 멋진 취락은 없다. 특히 농촌 취락에 전신주를 지중화(地中化)하는 사업을 농업토목의 예산으로 실시하면 큰 효과가 발생하지 않을까?

네덜란드에서 흥미 깊은 세 번째 점은 도시에서의 철도 중시다. 2004년 무렵 고속철도가 암스테르담까지 개설되었다. 중앙정부의 도시계획에서 중요한 것은 고속철도 역 6곳 건설이다. 이 6개의 역은 가능한 중심시가지에 건설하여 도시를 변화시키는 사업의 일환으로 계획하였다. 그 계획 대상으로 암스테르담의 남쪽, 헤이그, 유트레이트, 노트르담 등이다. 일본은 신간센(新幹線) 역의 건설을 시초로 역전 시가지를 재개발했다. 네덜란드도 이와 같은 사업을 하고 싶어 한다. 철도에 의존한 도시계획의 실시이다. 이렇게 볼 때

철도에 의존한 일본 도시계획은 의외로 앞으로 재개발로 인하여 선진국 대도시의 안내자가 될지 모른다.

다만 일본 재개발에서 큰 결점은 아름답지 않은 것이다. 아름다움을 창출한다는 점에서는 유럽 국가들이 뛰어나다. 일본인은 아름다움에 대해서 민감하다고 한다. 하지만 도시미화(city beautiful) 운동은 왜 둔감한 것일까. 일본이 유럽 국가에 공감한다면, 일본도 도시미화운동을 철저히 한다면 일본과 유럽 문화의 공유, 융합을 이룰 수 있다. 유럽의 거리는 도시미화 운동이 철저하다. 예를 들면, 이탈리아의 토리노는 사각형 격자형(grid) 도시이지만 거리 중심에 역사지구를 설정해서 오래된 역사적 유적을 철저히 발굴하거나 18세기에 만들어진 당당하고 아름다운 시가지 전체를 보존하였다. 멋진 일이다. 자연을 적극적으로 활용하면서 거리를 아름답게 가꾸는 운동을 일본에서도 반드시 실행에 옮겼으면 한다.

제 3 장

도시의 성장관리
- 진정한 도시재생에 이르는 길 -

原科幸彦(하라시나 사치히코)

1

진정한 도시재생이란 무엇인가

한신 아와지 대지진이 일어난 지 8년이 지난 2003년 1월, 정부는 대지진의 따른 재해 교훈을 잊었는가 싶다. 도시재생 추진을 주장하지만 그 내용은 도심지역을 고밀도로로 이용하는 단순한 계획이다. 도시재생이란 단순히 고층 건축물의 조성이 아니라 도시의 르네상스라고 말할 수 있듯이 인간적 매력을 갖춘 도시를 만드는 일이다(宇沢, 2002). 매력적인 도시를 조성하기 위해서는 공간의 여유와 녹지가 풍부하고 지역의 역사와 문화를 살린 개성적이고 매력적인 도시를 조성할 필요가 있다.(原科, 2002).

주민이 적극 참여한 환경영향평가(assessment)는 도시재생을 위해 사용할 수 있는 중요한 수단이다. 그러나 2002년 7월 도쿄는 환경영향평가 조례를 개정해서 도시재생 추진지구에서는 고층 건축물의 평가대상 요건을 대폭 완화하고 평가절차도 간소화했다. 현행 평가는 사업실시 직전에 이루어지기 때문에 환경을 배려하지 않는다는 비판을 받고 있다. 그렇지만 사업자는 평가절차상 환경을 배려한 사업계획을 수행한다. 평가가 이루어지면 환경에 최소한의 배려를 기대할 수 없을 뿐만 아니라 시민이 참여한 매력적인 도시공간을 창조할 가능성은 낮아진다.

종래 도쿄도의 평가대상 규모는 '상면적 10ha 이상, 고도 100m 이상'이었으며 그 결과 평가대상은 연평균 2건 정도밖에 되지 않았다. 도(都)의 규정은 상당히 완화되었다. 통상적으로 총 상면적 5ha 이면 고도 100m 이상의 빌딩을 건설할 수 있다. 그리고 나고야시(名古屋市)의 평가는 3ha, 60m 이상의 건축물이 대상이며 도쿄도 항구(東京都港区)의 제도에서는 총 상면적이 5ha 이상의 건축물은 고도에 관계없이 모두가 대상으로 된다. 이에 비하면 도쿄도의 지금까지의 규정이 어떻게 완화되었는지를 알 수 있지만 도쿄도는 지금 평가대상 규모를 '15ha 초과, 180m 이상'으로 완화했다.

이로 인하여 평가대상 건수는 연 1건 정도로 줄어들었다고 예상된다. 놀랍게도 마루빌딩(丸ビル. 도쿄 지요다 구 마루노우치에 소재한 국제적 비즈니스 건물) 신관조차 새로운 규정에서는 대상 밖이다. 대부분 고층 건축물 건설에서 사업자는 주민참여를 통한 환경배려를 할 의무는 없다. 사업자의 자주적 판단만으로는 적극적인 환경배려를 따르지 않기 때문에 도시의 평가 완화는 환경악화를 초래함으로써 도시재생상 커다란 마이너스를 야기한다. 도의 평가규정 완화는 도시조성의 철학이 결여된 대응이다. 눈앞의 경제이익만을 우선시 하는 정책은 매력적인 도시조성과 연계되지 않는다. 도시재생을 위해서는 오히려 평가규정을 강화해야만 한다.

도쿄는 이미 초과밀 도시다. 하지만 요즘 도시재생에 대한 논의를 듣는다면 얼마나 많은 사람이 이 사실을 명확하게 인식하고 있는지 의문을 갖게 만든다. 현재 도쿄 23구의 오피스 상면적은 뉴욕시의 2배 이상이다. 실제로 1980년경 두 도시는 거의 같은 수준이었지만, 버블 경제 이후 20년 동안에 도쿄의 오피스는 배로 증가했다. 오피스가 과잉 공급되어 불량채권도 처리할 수 없을 지경으로 되었다.

  사업단계에서 이루어지는 사업평가에서 건물용적을 줄이는 일은 거의 없다. 근본적으로는 지역의 용적설정을 검토할 수 있도록 사업에 앞서서 지구계획 단계에서 평가가 필요하다. 이를 계획평가라고 하는데, 도쿄도는 계획평가를 도입하면서 가장 중요한 민간개발에 대한 계획평가를 보류했다. 초과밀 도시 도쿄의 밀도를 낮추고 재해로부터 위험을 감소시킬 기회를 도쿄도 스스로가 놓쳐 버린 격이다.

2

도시의 밀도관리

한신 아와지 대지진의 교훈

        1995년 1월의 한신 아와지 대지진으로 인하여 우리는 고밀도 도시의 위험성을 인식시켰다. 재해를 입었을 때뿐만 아니라 복구시의 임시 주택건설과 부흥계획을 실시할 때에도 고밀도 도시의 결함이 드러났다. 거대도시 도쿄도 지금 이대로의 상태가 괜찮을까라는 걱정이 앞선다. 그 당시는 많은 사람들이 이러한 의문을 가졌다. 한신 아와지 대지진으로부터 얻은 교훈은 기술력에 한계가 있기 때문에 도시구조 자체를 재해에 강하도록 바꿀 필요가

있다.(石川, 1995 ; 原科, 1995)

이를 위해서는 녹지를 확보하면서 도로체계를 정비할 필요가 있고, 양자를 포함한 오픈 스페이스(open space)의 조성계획이 필요하다. 도시계획 전문가와 행정담당자는 이러한 필요성을 잘 이해하겠지만 계획은 수립되지 않았다. 오픈 스페이스 조성에 필요한 토지를 산출하기 위한 계획의 대한 합의가 어려웠다는 데 큰 원인이 있다.

방재의 기본인 오픈 스페이스를 충분히 확보하려는 토지이용계획을 위해서는 지역의 밀도관리가 필요하다. 이것은 도시의 성장관리를 고려하고, 경제활동과 생활의 질(QOL; Quality of Life)의 균형을 어떻게 맞출까에 관한 문제다. 그렇지만 최근 '도시재생이라는 명목으로' 도심지역에서 고도를 이용하기 위한 움직임을 볼 때 이러한 관점은 결여되어 있는 상태이다.

도시환경 안정성과 밀도

도시의 거주환경은 안전성, 건강성, 편리성, 쾌적성 그리고 지역의 개성으로 평가할 수 있다(內藤 외, 1986). 게다가 최근에는 지구환경 부하를 생각한 지속 가능성도 첨가했다(浅見, 2001). 이 중 우선인 것은 뭐라 해도 안전성이다.

안전성은 다양한 측면에서 평가된다. 우선 자연재해에 대한 안전성이다. 지진에 대한 안전성은 구조물의 설계기준 강화라는 기술력에 의한 대응만이 아니라 붕괴에 도달했을 때 주변 영향을 고려해서 여유 있는 공간 확보가 필요하다. 필자도 지진 직후 한신(阪神)지구 피재(被災)상황 조사를 위해 연구실 학생을 데리고 자원봉사에 참여했지만, 폭이 3~4m 미만인 지세가 좁고 험한 도로는 건물이나 블록 담이 붕괴해서 접근할 수 없는 경우가 압도적으로 많은 것을 확인했다. 적절한 도로 폭을 유지하기 위해서는 지역의 토지이용 밀도 관리가 필요하다. 수해나 낭떠러지 붕괴에 대해서도 기술력을 발휘하여 토지이용을 하지 않고 위험한 장소는 녹지 등 오픈 스페이스를 조성하도록 하는 토지이용상의 여유가 필요하다.

자연재해만이 아니라 화재나 교통사고 등 인위적 재해도 토지이용 밀도관리가 필요하다. 특히 지진이 발생했을 때 동시다발형 화재는 연소(延燒)를 방지하기 위해 폭 넓은 도로를 체계적으로 정비해 피난용 공간으로 확보할 필요가 있으며, 이 점에서도 토지이용 밀도는 당연히 제한해야 한다. 하지만 도쿄를 비롯하여 일본의 대도시나 기타 중소도시에서는 전과 다름없이 밀집된 시가지가 존재하며 방재상 위험한 지구가 상당히 남아 있다.

역으로 방범상 너무 밀도가 낮으면 사람의 눈에 띄지 않기 때문에 위험성이 증가한다. 따라서 단순히 밀도가 낮으면 좋은 것이 아니라 안전성을 확보할 수 있는 적정한 밀도의 범위를 유지해야 한다. 도시는 많은 사람이 모여 살며 활동함으로써 도시적 매력이 나타나기 때문에 오로지 밀도를 낮춘다고 해서 좋은 것이 아니다. 문제는 어느 정도의 밀도가 바람직한가? 라는 데 있다.

총 밀도 관리

여기에서 중요한 것은 토지이용 밀도는 부지 단위의 순밀도(net density)가 아니라, 오픈 스페이스 등 공공용지도 포함한 지구단위나 도시단위의 지역 총 밀도(gross density)에 대한 관리가 필요하다. 도시의 방재성을 높이기 위해서는 총 밀도의 적정치를 찾고 이를 기초로 현재의 건폐율과 용적률을 검토해야 한다. 이 총 밀도의 목표치 설정은 쉽지 않으며 또한 연구도 충분치 않지만 대략 짐작할 수 있다.

다른 사회의 존재방식과 비교하는 것이 한 방법일 수 있다. 예를 들면 도쿄보다 도시환경이 더 매력적인 도시와 비교하는 것이다. 물론 각 국가는 사회적·문화적 배경이 다르고 기후풍토도 다르기 때문에 단순히 비교할 수는 없지만, 경제 선진국의 대도시 중 세계도시라 불리는 도시는 참고가 될 것이다. 특히 토지이용 밀도라는 도시의 기본적 존재방식은 개개의 소지구가 아닌 어느 정도 이상의 넓은 지구에서 보면, 사회·문화적인 조건에 의해 나타나는 차이는 흡수되고 공통적 부분이 추출되어 나타난다.

이러한 관점에서 도쿄의 현상을 살펴보고자 한다.

3

도쿄는 밀도가 낮은가

도쿄권의 토지이용 밀도

직장과 주거가 과밀하게 분리된 곳이 도쿄권의 토지이용이다. 또한 자연이나 자연경관을 즐길 수 있는 대규모 녹지와 농지는 원격지에만 존재한다. 이것은 충분한 도시계획 없이 자유경쟁 경제의 원칙 아래에서 이루어진 결과이다. 경제활동의 자유는 어떤 규칙 속에서 향유되며 도시는 적절한 도시계획하에 비로소 진정한 자유경쟁이 이루어진다.

도쿄 도시권의 스프롤은 지구상에서 최대이며 선진국 대도시권의 거주환경으로는 가장 나쁘다고 말해도 과언이 아니다. 이를 가장 이해하기 쉬운 지표가 인구밀도다. 예를 들면, 행정상 대도시권의 정의에 따라서 도쿄와 뉴욕을 비교하면 도쿄권의 약 3,200만 명에 비해 뉴욕은 약 1,800만 명 정도밖에 안 된다. 보다 정확하게 비교하기 위해 도쿄권과 같은 정도의 반경 60~70㎞ 범위에서 보면 뉴욕은 약 1,600만 명으로 도쿄의 절반밖에 안 된다. 즉, 도시권의 인구밀도는 도쿄가 뉴욕의 2배 정도이라는 사실을 알 수 있다. 이 차이가 의미하는 바는 크다.

필자는 도시환경 평가의 관점에서 본다면 대도시 배후지(後背地: 도시나 항구의 경제적 세력권에 들어 밀접한 관계를 갖는 주변 지역)도 포함된 범위에서 보아야 한다고 생각하지만, 도쿄권 1도 3현의 범위에서는 너무 넓다는 견해도 있을 수 있다. 여기에서 시가화가 진전된 부분, 도쿄 23구(617㎢)를 문제삼아 그 비교대상으로 뉴욕 시(833㎢)에 맞추어 인구밀도를 비교한 것이 표 3-1이다. 도쿄의 132명/ha에 비해서 뉴욕은 88명/ha밖에 안 된다. 표와 같이 런던이나 파리 같은 대도시도 도쿄보다 상당히 낮은 밀도를 보이고 있다. 이들 도시에서는 도쿄의 절반에서 3분의 2 수준의 밀도다.

이 차이는 매우 큰 의미를 갖는다. 거주환경이 양호하게 형성된 밀도는 도시수준에서는 100명/ha가 표준이다. 예를 들면, 다마(多摩)뉴타운이 이 밀도이지만, 면적은 23구의 20분의 1 이하인 30㎢밖에 되지 않는다. 광역에서의 적정밀도는 더욱 낮아지기 때문에 100명 이하가 될 수밖에 없다. 뉴욕 등의 각 도시밀도는 어느 곳이나 90명 이하이며, 23구 정도의 넓이에서는 90명 정도가 한계라고 생각된다. 도쿄의 밀도가 이상할 정도로 높다는 사실은 도쿄에서 삶의 질이 낮다는 점이 근본적인 원인이다.

┃표 3-1┃ 대도시의 인구밀도 비교 : 도쿄(東京) 23구(區)와 동일한 정도의
지역

	면적(km²)	인구(만 명)	밀도(명/ha)
도쿄 23구	617.4	816.3	132.2
뉴욕	833.5	735.2	88.2
런던*	593.2	378.9	63.9
파리**	762.8	613.7	80.4

주 : 1) *Inner London + 외국의 6개 구   ** 파리 + 외국의 3개 카운티
    2) 뉴욕, 런던은 1988년 도쿄, 파리는 1990년 통계
출처 : 東京都都市白書, '91.

도쿄와 뉴욕 비교

이와 같이 데이터를 비교하면, 도쿄의 두드러진 고밀도는 명확하게 나타나지만, 일반적인 의견을 보면 직감에 기초한 것이 의외로 많다. 경제학자의 논의는 뉴욕과 도쿄의 도심 일부를 보고 고층빌딩이 쭉 늘어서 있는 뉴욕 쪽이 훨씬 밀도가 높다고 오해를 불러일으킨다(宮尾, 1991; 八田, 1992). 그러나 실제로는 위에서 기술한 대로다. 직감적인 논의로 직감에 호소하는 방법도 필요하다. 여기에서 필자는 두 도시의 토지이용구조를 공중사진 촬영으로 비교해 보았다. 10여년 전 항공사진이지만 이러한 시도는 처음이었다. (原科, 1994; 坂下, 1994)

먼저 도심은 확실히 뉴욕 쪽에 고층빌딩이 많지만 이는 일부에 지나지 않는다. 맨해튼의 마천루가 압도적으로 보이지만 이 지구는 도심의 일부다. 뉴욕 도심지역과 맨해튼의 도로율은 4% 가깝게 높아지고 센트럴 파크(Central Park)라는 광대한 공원도 있다. 이 공원은 히비야(日比谷) 공원의 20배 넓이로 황궁과 비교해도 2배 가까이 된

다. 즉, 도심지역 전체의 총 밀도는 외관상보다는 높지 않다.

도심에서 5㎞ 벗어나면 도쿄와 뉴욕의 밀도 차이는 거의 없어진다. 오히려 뉴욕 쪽이 도로가 넓고 오픈 스페이스가 많아 밀도는 낮아진다. 10㎞ 지점에서 두 지역의 차이는 명확해져 뉴욕은 오픈 스페이스가 많고 녹지도 도쿄보다 훨씬 넓다. 도쿄에서 볼 때 녹지대는 세타가야구(世田谷区) 가운데 메이지 대학 앞 부근 정도이다. 또한 도심에서 서쪽으로 20㎞ 정도 가면 도쿄는 쵸후(調布) 주변에 해당하지만 뉴욕은 이미 녹지 한가운데라는 느낌을 받는다. 뉴욕은 도심에서 차로 30분 정도 달리면 녹지 속으로 들어가는데 그 밀도는 토지이용 구조에서 볼 때 압도적 차이가 난다.

이렇게 도쿄와 뉴욕은 교외 녹지의 평가가 결정적으로 다르다. 뉴욕은 도심에서 20㎞ 정도 외곽으로 나가면 녹지 지역이다. 어느 쪽으로 가더라도 10㎞ 지점에는 풍요로운 녹지대이다. 한편, 도쿄는 도심에서 30㎞ 떨어져 있든지 40㎞인 하치오지(八王子)에 있든지 간에 토지를 고밀도로 이용하고 있고, 50㎞ 떨어진 곳은 산지로 개발할 수 없기 때문에 자연 그대로 남아 있다. 도쿄는 사용할 수 있는 토지가 단절된 상황이다.

4

방재를 위한 성장관리

도시환경 조성에서 자유경쟁 경제의 실패

도쿄 도시권과 뉴욕 도시권의 이러한 결정적 차

이를 확인했다고 해도 계획이 불필요하다고 말할 수 있을 것인가. 자유경쟁 경제는 스모 경기가 벌어지는 일정한 모래판 위에서 어떤 정해진 규칙 속에 이루어진다. 경제사회 시스템에 대한 관료의 통제인 규제는 가능한 한 완화해야 한다는 데 필자도 동의하지만 도시계획에서 토지이용 규제까지도 완화해야 한다고 생각하지는 않는다. 사회적 규제와 경제적 규제를 일률적으로 논해서는 안 된다. 그러나 일부 경제학자는 용적 완화론을 계속 주장해 왔다.(岩田 외, 1997)

지금까지 일본의 도시계획과 토지이용의 규제가 매우 완화된 결과, 위에서 살펴본 바와 같이 도쿄와 뉴욕 사이의 결정적 차이를 만들었다. 계획 부재에 의한 실패, 이것은 결국 시장의 실패다. 왜냐하면, 토지이용의 자유도가 너무나 높고 불충분한 계획의 틀 내에서 자유경쟁이 이루어진 결과, 도심에는 주택이 내몰려 거주환경이 사라졌다. 또한 너무 경제효율성만을 추구한 결과 교외지역의 녹지와 농지는 사라졌다. 이렇게 도쿄권은 양호한 거주환경이 형성되지 않았다. 이러한 점을 잘 인식해서 향후의 계획 수립을 고려해야만 한다.

제2차 세계대전 후 50년 가까운 세월 동안 완성된 현재의 도쿄권 모습은 사람들의 기본적인 생활의 질 측면에서 보면 성공했다고 할 수 없다. 앞에서 뉴욕과도 비교했었지만 다른 대도시인 런던이나 파리와 비교하더라도 인구밀도의 차이를 예상할 수 있듯이 도쿄와의 토지이용 밀도 차이는 더욱 벌어진다.

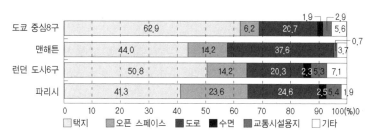

┃그림 3-1┃ 토지이용 비교

자료 : 동경-토지이용상황조사(1986); 뉴욕-IBS 데이터(1988); 런던-GLCC
     (1971); 파리-IAURIF(1982).
출처 : 東京都都市計画局(1981).

   23구의 규모에서 도시의 토지이용 구조를 비교한 자료는 안타깝
게도 남아있지 않지만 버블이 붕괴한 1990년 무렵 도쿄도는 도심
8개 구의 범위 약 100㎢를 대상으로 각 도시의 토지이용을 비교한
자료를 작성했다(東京都, 1991). 그림 3-1과 같이 도쿄 도심의 8개
구 토지이용은 주택과 오피스, 상업시설 등의 건설용지인 택지로
이용되는 부분이 6% 이상으로 현저하게 나타난다. 그 결과 녹지·
공원, 도로, 수면 등 오픈 스페이스의 비율은 3%에도 미치지 않는
다. 다른 세 도시는 오픈 스페이스가 4~5% 정도 점유하였다.
   이렇게 도쿄는 녹지나 도로 등 오픈 스페이스로 사용해야 할
공간을 택지로 사용했음을 알 수 있다. 따라서 안전하고 보다 쾌
적한 좋은 거주환경을 창조하기 위해서는 토지이용을 강하게 규제
할 필요가 있으며 용적률 규제는 완화해서는 안 된다(大方, 1997 ; 福
川, 1997). 오히려 일본은 분명한 계획 하에 용적규제의 강화가 요
구된다.

성장관리

이렇게 도쿄의 현실을 확인해 보면 방재를 위해서는 도쿄의 도시밀도를 관리할 필요가 있으며 이를 실현하기 위해서는 반드시 계획이 필요하다고 이해할 수 있다. 지금까지 도시를 조성하면서 겪었던 자유경쟁 경제의 실패를 되풀이해서는 안 된다. 이용할 토지를 모두 사용한다는 것이 아니라, 방재성을 높이는 데 필요한 오픈 스페이스를 확보할 수 있도록 성장관리를 기본으로 하는 계획이 필요하다.

성장관리는 경제력을 저해할 수 있다는 반론으로 자주 제기된다. 그러나 도쿄도가 23개 구의 오피스 상면적을 조사한 바에 의하면 1989년 시점에서 5,101ha 정도로 뉴욕의 3,097ha, 파리의 2,852ha를 훨씬 웃돌았다. 또한 1986년 자료이지만 런던은 2,197ha였다(東京都, 1991). 도쿄의 경제활동을 위한 공간은 충분하였다. 도쿄는 오피스를 감소시켜도 좋은 상황이었다. 실제로 그 후 10년간 도쿄와 뉴욕의 차이는 더욱 확대되었다. 2001년 시점에서 도쿄 23개 구의 오피스 상면적은 약 8,100ha가 되었다(東京都 2002). 한편 뉴욕은 4,000ha 이하로 추측된다. 지금 도쿄의 오피스 면적은 뉴욕보다 2배 이상 넓다. 도쿄 23개 구의 넓이는 뉴욕의 4분의 3에 지나지 않는다. 도쿄는 이미 뉴욕을 크게 능가한 초고밀도 공간으로 되었다.

또한 경제활동을 위한 조건으로 대도시가 필요하다고 해도, 도쿄 이외의 대도시의 인구규모는 1,000만에서 1,500만밖에 안 된다는 사실이 중요하다. 경제적 활력을 유지하기 위해 인구규모가 3,000만 이상이 되어야 할 필요성은 있는가? 필자는 그 필요성이 없다고 생각한다. 3,000만 명 정도의 인구규모가 필요하다는 합리적인 근거를 찾지 못했다. 방재성만이 아니라 도쿄 도민의 생활의 질과 균형을 생각하면 현 상황에서 여유 있는 공간 확보가 우선되어야 한다.

통계적으로 말하면 위에서 살펴본 바와 같이, 도쿄만이 예외이며 세계의 추세는 1,000만에서 1,500만 정도의 도시규모가 세계도시의 조건이다. 도쿄의 현재 모습은 단순히 계획이 없이 스프롤이 이상하게 확대된 결과에 지나지 않는다. 세계의 도시는 일본보다도 토지이용 규제가 강한 계획을 적극적으로 반영하였다. 뉴욕, 런던, 파리와 같은 세계 대도시의 현 상황이 이를 잘 대변해주고 있다. 이들 도시는 세계도시로서 경제활동도 활발하며 직장과 거주지의 근접성과 높은 방재성, 풍부한 녹지 등 도시주민의 생활의 질은 도쿄보다 높다. 도쿄도 근대 도시적인 매력은 있지만 종합적인 도시의 매력은 이들 도시에 뒤쳐져 있다.

필자도 정보생산기지로서 대도시의 중요성을 잘 이해하고 있지만 단순히 크다고 좋은 것이 아니다. 예를 들면, 학술연구의 메카인 보스턴의 도시권 인구는 300만 명이다. 10배 정도인 3,000만 명이 사는 도시이어야 할 필요성은 전혀 없다. 도시규모는 도시용량이라는 관점에서 환경부하 등도 포함하여 다차원적으로 평가해야 하지만 방재성과 생활의 질이라는 주민생활과 관련된 기본적인 사항을 고려한다고 해도 도쿄의 도시규모를 억제할 필요가 있다.

5

성장관리와 환경계획

환경계획 도입

안전하고 풍요로운 도시환경을 형성하기 위해서는 적정밀도가 되도록 성장관리를 기본방침으로 한 계획을 수립해야 한다. 이 계획은 개별 도시계획이 아니라 광역적인 관점의 환경계획이다. 일본에서도 성장관리에 관한 제안은 상당히 받아들이고 있다.(大野, 1994)

하지만 지역적 합의가 이루어지지 않았다면 구체적인 계획을 수립할 수 없다. 환경계획의 기본은 광역적 토지이용계획이다. 광역적 토지이용계획 하에서 자유경쟁 경제의 메커니즘을 발휘함으로써 보다 나은 지역환경을 창조할 수 있다. 지금까지 일본의 도시문제나 환경문제는 계획에 의한 접근이 너무나 미약했다.

환경계획의 기초인 광역적 토지이용계획은 전문가와 행정이 아무리 제안해도 사회적 합의를 얻지 못하면 실현되지 않는다. 예를 들면, 전쟁이 끝나고 얼마 안 되어 도심에서 반경 20km 지역에 계획된 도쿄의 그린벨트 계획은 위반건축물이 속출되면서 녹지지역의 지정을 해제하는 것뿐 아니라 당시 확보했던 대규모 녹지까지도 농지로 풀기 위해 민간에게 불하함으로써 실현되지 못했다(越沢, 1991 ; 石田, 1992). 더구나 그린벨트 계획은 적절한 계획도 없이 개발이 추진된 결과 그 당시 녹지대는 현재 도로 등 기반시설이 정비되지 않은 채 저층고밀의 주택지로 형성되었다. 도쿄 시내 중심지에서 20km 지점이 여기에 해당하는 지역이다. 그 결과 도쿄의 토지이용은 뉴욕과 비교할 때 토지이용 밀도가 현저하게 높다. 이러한 상황을 영국의 어느 도시계획가는 '비참하다'라는 말로 표현했을 정도로 방재 측면에서 보면 매우 위험한 지역이다. 지역의 개별적이고 단기적 이해관계만 생각했을 뿐 광역적 시점은 전혀 고려하지 않았다.

광역적 시점에서 환경계획은 미래의 환경상을 분명하게 제시할 필요가 있다. 이를 문장과 그림으로 표시할 수도 있지만, 그 이미지에 관련되어 있는 다양한 이해관계자(stackeholder)와 공유해야만 한다. 그리고 가능하면 지표로 제시를 하는 방법이 계획의 목표설정과 진행관리에 유용하다.

구체적 지표의 예를 살펴보자. 예를 들면, 방재에 필요한 토지이용의 여유를 나타내는 지표로서 오픈 스페이스의 비율을 들 수 있다. 이 지표는 위에 기술한 뉴욕, 파리, 런던 등 세 도시의 현상을 참고할 수 있다. 지진의 나라 일본이라는 조건을 생각하면, 방재를 위해서는 이들 지진이 없는 세 도시의 오픈 스페이스율의 수치를 최저한 확보해야 한다. 구체적으로 40~50%는 필요하다. 역으로 택지율은 50% 이하로 억제해야 한다. 다만, 이 수치는 100㎢ 면적의 목표수치이기 때문에 그보다 넓은 범위에서는 보다 높은 오픈 스페이스율을 목표로 정해야 한다.

이러한 목표달성은 현행 부지 단위의 용적률과 건폐율이라는 순밀도에 의한 통제만으로는 불가능하다. 지역에 부족한 도로와 공원·녹지를 조성하기 위해서는 위에 기술한 바와 같이 지역 전체의 순밀도를 통제하는 계획이 필요하며 이를 위한 새로운 대책을 강구해야 한다. 예를 들면, 우선 현행 용적률을 인하한 다운 지역제(down zoning)를 시행하고 다음으로 지역에 필요한 오픈 스페이스 조성 계획에는 어느 정도 용적률 할증을 인정하는 계층 용적제(石田, 1988)와 같은 대책이 필요하다.

이 용적률 할증을 인정하는 경우 반드시 의무적으로 환경평가를 받도록 하여 환경적 배려를 해야 한다. 다만, 개별 개발행위 단위로 수행되는 평가만으로는 그 효과에 한계가 있다. 개별 건축물 단위가 아니라 개별 건축물들이 도로에 둘러싸인 가구(街區) 수준 또는 그 이상의 지역적 넓이 단위로 평가하지 않으면 지구(地區)에 필요한 오픈 스페이스 확보는 어렵다.

환경계획과 전략적 환경평가(SEA)

　　　　　이것은 개별사업별로 그다지 큰 영향은 없어도 이들이 누적되면 환경영향이 크게 발생할 수 있다. 즉, 토지이용상 누적적 영향이 발생한다. 그러나 개별적 개발계획의 수립시 누적적인 영향을 고려한다면 도쿄권으로 대표되는 스프롤을 피할 가능성은 있다. 이를 위해 앞에서 설명한 바와 같이 개별사업이나 계획 수립을 위한 계획단계의 평가가 필요하다. 이 때 광역적인 관점에서 체크해야만 한다.

이를 위해서 광역적 환경상을 분명하게 제시한 지역 환경계획이 필요하다. 환경에 미치는 영향은 사업이나 계획 대상지의 주변 환경뿐만 아니라 광역적인 영향도 고려해야 한다. 예를 들면, 방재상으로는 오픈 스페이스를 어느 정도 확보할 수 있는가?가 중요한 문제였지만, 오픈 스페이스는 보행자나 자전거 등의 교통시설로 활용할 수 있고 여유 있는 도시공간을 확보하는 수단이다. 이뿐만이 아니라 녹지대와 역사적 공간 확보를 위해서도 중요하다. 지역의 범위를 계층적으로 받아들인 다음 토지이용 상황을 다단계로 체크하는 것이 필요하다.

일본의 환경평가는 현재 사업단계에서 이루어지는 '사업평가'를 시행하고 있다. 다만 충분히 환경에 대한 배려를 위해서는 계획 대체안 검토가 필요하다. 사업의 상위계획이나 종합계획 단계에서 하는 '계획평가'의 필요성이 분명하다. 여기에 보다 상위단계의 의사결정인 '정책평가'도 필요하다. 이들 사업 이전의 계획이나 정책이라는 전략적 의사결정 단계에서 이루어지는 환경평가를 총칭해서 전략적 환경평가(SEA : Strategic Environmental Assessment)라고 한다(Sadler and Verheem, 1996; 환경평가연구회, 2000). 일본도 전략적 환경평가를 도입할 필요성이 높아지고 있으며 이미 몇몇 자치단체는 전략적 환경평가를 도입하여 시행하고 있다.(Harashina, 2001)

성장관리 개념은 전략적 환경평가를 시행할 때 필요하다. 왜냐하면 계획평가 단계에서 이 계획을 시행할 것인지 시행하지 않을 것인지에 대한 검토를 하기 때문이다. 또한 종합계획은 지역의 미래상을 그리는 단계에서 환경과의 조화를 어떻게 도모할 것인가. 지속 가능성의 관점에서 인간활동을 관리해야 한다. 이는 도시와 지역성장을 어떻게 고찰할 지를 판단하는 것이다. 전략적 환경평가에서는 이 판단을 내리기 위하여 주민들이 참여한다.

그리고 계획·정책단계에서의 참여는 주민들에게 의사결정 단계의 정보를 공개해야 한다는 의미이다. 일본은 지금까지 계획·정책단계의 참여는 대부분 이루어지고 있지만 상위단계에서 정보공개는 이루어지지 않았다. 정책이나 계획의 판단에 필요한 정보가 제공되지 않으면 참여는 불가능하다. 전략적 환경평가의 실시에는 정책·계획단계라는 의사형성 과정의 정보가 공개되어야만 한다. 일본은 2001년 4월에 정보공개법이 제정되어 이러한 의사형성 과정에서 정보공개도 점차 정비되었으며, 전략적 환경평가 도입 가능성도 이루어졌다.

실제로 전략적 환경평가는 본격적으로 실시가 이루어지고 있다.

2003년 4월부터 나가노(長野)현에서 폐기물 처리시설의 입지선정에서 전략적 환경평가를 적용했다(長野県, 2003). 일본은 1990년대 중엽부터 가와자키시(川崎市), 도쿄도, 미에현(三重県) 등 선진 자치단체와 국가에서 전략적 환경평가에 몰두하기 시작했다. 2002년 4월 사이타마현(埼玉県)은 전국 최초의 전략적 환경평가 요강을 제정했으며, 도쿄도도 평가조례를 개정하면서 계획평가를 도입했다. 하지만 어느 곳에서나 정보공개와 의사결정과의 연계성 측면에서 볼 때 불충분하다. 다만 나가노현의 다나카야스오(田中康夫) 지사가 정보공개에 대하여 상당히 적극적으로 추진한 결과 전략적 환경평가를 본격적으로 실시할 수 있었다. 앞으로의 전개가 기대된다.

6

마치며 – 환경계획에 대한 주민참여

1968년 신 도시계획법에서 시외화(市外化) 구역과 시외화 조정구역을 구분하기 위해 지도 위에 선을 긋고 지역을 설정하는 것도 광역적 관점에서 볼 때 환경계획의 한 수단이라고 볼 수 있다. 환경계획을 도입하여 스프롤을 방지하려고 했지만 성공하지 못했다. 이러한 결과도 지역주민 의지 여부에 따라 달라진다고 할 수 있지만, 의사결정 과정에서 주민이 얼마만큼 참여할지는 의문이다. 생활인으로서 관점이나 환경배려보다도 경제활동을 우선시하는 생각이 시가화 구역의 과대한 설정을 초래했다.

신 도시계획법이 제정된 1960년대는 고도 경제성장의 시대이며 공해문제에 대한 관심이 높았지만, 현재처럼 환경중시 사상은 강하지 않았는지도 모른다. 하지만 오늘날에는 환경중시라는 생각이 국민들에게 널리 침투되어 새로운 발상으로부터의 환경계획 조성이 가능하게 되었다.

참된 도시재생의 기본인 오픈 스페이스 확보를 위한 토지이용계획은 환경계획을 상위계획으로 작성해야 한다. 일본의 현행 계획제도상으로는 이것을 자동적으로 할 수 없지만 환경기본계획이 자리잡아가고 있는 형편이다. 환경기본계획이 토지이용계획의 기본 틀을 정할 수 있는 조례를 제정한다면 가능하다. 환경기본계획을 기초로 지역의 토지이용계획을 수립하는 과정에서 전략적 환경평가를 활용할 수 있다.

그리고 환경기본계획 수립에는 지역주민의 의향을 적극적으로 반영하여야 한다. 환경계획에 대한 주민참여는 광역 주민이 대상이므로 도시 수준을 넘는 광역적 계획에 주민을 어떻게 참여시킬 것인가는 오늘날 중요한 제도적·기술적 과제다.

또한 광역적 관점의 계획은 행정이 개별 자치의 경계선을 초월한 협력체제를 형성할 수 있는 발상의 전환이 있어야 한다. 주민과 기업도 개별적인 이해관계를 넘어 광역적 관점에서 판단하기 위한 학습과정이 필요하며, 이를 위해 전문가의 협력은 불가피하다. 전략적 환경평가나 환경계획에 대한 참여는 학습장소이기도 하며 이를 통해서 지역은 진화된다.

【주】 본 장은 필자가 한신 아와지 대지진 직후에 『환경정보과학』지에 저술한 논문 「都市の成長管理と環境計画」(原科, 1995)을 기초로 2003년 시점의 상황에 입각해서 가필 수정하였다. 이 논문을 저술하고 8년 가깝게 되지만, 기본적인 주장은 지금도 변하지 않는다. 아쉽게도 사태는 조금도 개선되지 않았고, 도쿄 등 대도시에서는 오히려 나빠지고 있기 때문이다.

제4장

지방분권과 도시재생

神野直彦(진노 나오히코)

1

민주주의와 지방분권

> 지방정부에 예산을 부여하면, 지방정부는 자발적인 발전을 하게 되며,
>
> 지방분권의 견고함은 지방정부의 자생적인 발전을 초래하지만,
>
> 반대로 중앙 집중화가 가속되면 몸통만 비대해져 부실한 정책운영으로 이어진다.

이 세 개의 표어는 1928년 실시된 제16회 중의원 의원선거에서 당시 2대 정당의 하나인 정우회(政友会)가 사용한 선거 포스터 내용이다.

지방에 재원을 부여하기만 하면 지방은 자발적으로 발전해 간다.[1] 지방분권의 견고함은 지방의 자생적인 발전을 초래하는 데

---

1) 金沢史男, 「両税委譲論展開過程の研究−1920年代における経済政策の特質」 (『社会科学研究』, 第36巻(1), 1984年)을 참조하고자 한다.

반하여 중앙집권이 가속화되면 중앙에 의존을 하게 되어 지방은 부실해질 수 있다. 정우회의 선거용 포스터는 이렇게 지방분권을 강조했다. '지방에 재원을'이라고 외쳤다.

1928년 제16회 중의원 의원선거가 일본 민주주의에서 기념비적인 총선거였으며, 제16회 총선거가 일본 최초의 보통선거였기 때문이다.

다이쇼(大正) 데모크라시(Democracy)가 도시화와 함께 전개되었다는 사실도 잊어서는 안 된다. 제1차 세계대전을 계기로 공업화가 비약적으로 진전된 일본은 1920년대 도시화시대를 경험했다.

도시는 두 개의 얼굴을 가지고 있다. 하나는 '시장'이라는 얼굴이며, 다른 하나는 '자치'라는 얼굴이다.

중상주의자 제임스 스튜어트(James Denham Stuart)는 농업에서 '주거'는 '농경 장소'에 정착한다고 지적했다. 결국, 농업에서 생활 '장소'와 생산 '장소'는 일치한다.

농업사회에서 도시는 농촌의 잉여생산물이 거래되는 시장이며 주변에 배치되어 있는 농촌의 교류 '장소'라고 할 수 있다. 원래 도시는 주변 농촌과 교류하는 '시장'이다.

이러한 점에서 볼 때 도시에 공동체가 존재하기 어렵다는 것도 시장이 공동체와 공동체가 단절된 곳에서 발생되기 때문이다. 따라서 도시는 공동체적 인간의 유대가 끊어진 곳에 형성된다. 도시는 교류장소일 뿐 지속적인 인간의 접촉은 결여되어 있다. 그러므로 도시는 공동체적 인간의 유대는 취약하다. 결국 도시는 자발적인 협력을 근거로 하여 인간의 공동생활을 유지하는 상호부조와 공동작업을 하기가 어려운 장소다.

도시는 공동체적 유대의 취약함을 보완하기 위해 자치를 실현해야 한다. 즉, 도시 구성원의 공통된 의사결정에 근거하여 강제적 협력이 자발적 협력의 취약함을 보완하게 된다.

일본도 1920년대 도시화에 따라 도시 자치를 요구하는 운동이 강했다. 도시화를 배경으로 다이쇼 데모크라시가 전개되었다. 실제로 다이쇼 데모크라시에서 정책요구는 양세위양(兩税委讓), 즉 국세인 조세와 영업세라는 두 가지 조세를 지방세로 위양하는 데 있었다. 양세위양을 주장하는 정우회는 '지방에 재원을 주면 완전한 발전은 점차적으로 저절로 되네'라고 읊조렸다.

어쨌든 슬픈 현실은 이 정우회의 선거 포스터가 현재 일본에 되살아나도 당당히 통용된다는 점이다. 그렇다고 일본이 다이쇼 데모크라시기 이후에도 지방분권을 추진했다.

분명히 다이쇼 데모크라시기의 모든 시기에 걸쳐서 볼 때, 역사의 진자(振子)는 중앙집권에서 시작했다. 하지만 민주화를 목표로 한 제2차 세계대전 후의 전후 개혁에서는 지방분권을 추진하였다.

민주주의를 목표로 한 개혁이 반드시 지방분권으로 귀결해야 하며, 민주주의는 국민에게 권한 부여(empowerment)를 요구한다. 이것은 자신과 관계가 있는 공공공간의 공동 의사결정을 강화시킬 필요가 있기 때문이다. 그렇지만 일본은 아직도 다이쇼 데모크라시가 담당했던 지방분권 과제를 해결했다고 보기 어렵다.

2

지방분권의 두 도시 이야기

　　　　　일본의 행·재정제도의 모델은 프랑스라고 해도
지나친 말은 아니다. 정확히 표현하면, 프로이센을 경유해서 프랑스
의 중앙집권적 행·재정제도가 도입되었다고 할 수 있다.

　다이쇼 데모크라시가 정책과제로 한 양세위양 대상인 토지세와
영업세의 모국은 프랑스다. 토지세와 영업세 여기에 가옥세, 자본
이자세 등과 같이 제2차 세계대전 이전의 일본 세제를 구성한 수익
세는 프랑스 혁명에 의해 만들어졌다.

　프랑스 혁명의 세재개혁은 1791년에 과세위원회의 라 로쉬프코
(La Rochefoucauld-Liancourt)의 보고에 근거해서 토지세(地稅: contribution
foncière)와 대인 동산세(contribution personnelle et mobilière)를 만들었다.
1798년에는 영업세(patente)와 호창세(戶窓稅: contribution des portes et
fenetres)를 포함한 4가지 직접세를 중심으로 세제를 성립한다. 즉,
프랑스 혁명의 세재개혁은 앙시앵 레짐(ancien régime: 프랑스 혁명 전의 구
제도를 의미하기도 하지만 근대사회 성립 이전의 사회나 제도를 이르기도 한다)의 소비
세 중심 세제가 4가지 직접세를 기간세로 하는 세제로 변경되었
다.2)

　이 4가지 직접세는 수익세라고 불리며, 프랑스 혁명은 '4가지 구
세(舊稅: quarte vieilles)'라 불리는 수익세 체계를 형성했다. 수익세는
수익을 만들어내는 생산요소, 즉 토지, 가옥, 자본이라는 재산에
대한 과세다. 하지만 수익세의 특색은 수익에 과세한 것이 아니라

---

2) 졸저, 『システム改革の政治経済学』(岩波書店, 1998年), 제1장을 참조하고
　자 한다.

외형 표준으로 과세한다. 토지세라면 토지의 임대가격, 대인 동산세와 영업세인 경우 가옥의 임대가격, 호창세는 창문의 개수에 세금을 부과하는 방식이다.

수익세는 수익을 만들어낸 '물건'에 착안하기 위해 물건세(物稅)라고 부른다. 프랑스 혁명은 절대주의 국가의 이상으로서 조세인 소비세를 혐오했다. 동시에 '사람'에 착안한 소득세와 같은 인세도 혐오했다는 사실은 인세가 앙시앵 레짐(ancien regime)이 인정한 면세특권과 결부되기 쉽다고 보았기 때문이다.

그러나 제1차 세계대전 중에 프랑스도 소득세제를 도입하면서 제1차 세계대전 후 수익세를 지방세로 위양하게 되었다. 일본이 수익세를 지방세로 위양은 샤우프(Shoup) 권고(제2차 대전 후, 미국의 경제학자 C. S. 샤우프를 단장으로 한 일본 세제(稅制) 사절단이 권고한 세제 개혁안. 일본 세제의 기초가 되었음)에 대비하기 위한 것이다. 샤우프 권고에 의해 토지세와 가옥세는 합쳐지고 고정자산세로는 시정촌세가 되었다. 영업세는 사업세로서 도도부현(都道府縣)으로 위양하였다.

그렇지만 전후 개혁에서 일본이 지방분권에서 프랑스를 앞섰다고 보는 것은 프랑스 제도를 도입한 전쟁 전의 지방행정제도는 도부현(道府縣) 지사는 관선이며 관리였는데, 전후 개혁에서 지사를 포함한 지방정부의 수장을 공선(公選)했기 때문이다.

하지만 1980년대부터 유럽은 지방분권이 크게 물결쳤다. 유럽에서 중앙집권의 대표국가인 프랑스도 미테랑 정권하에서 지방분권을 강력하게 추진하였다. 1982년 프랑스에서는 지방분권법이 제정된다.

1982년 이전까지 프랑스 지방자치단체는 코뮌(市町村. commune: 파리 시민과 노동자들이 수립한 혁명적 자치 정부), 데파르트망(縣. departement: 프랑스에서 쓰는 지방 행정구역의 가장 큰 단위)의 2층제를 채용했다. 코뮌, 데파르트망 등 2계층의 지방자치단체에 지금까지 중앙정부의 행정구획에 지나지 않았던 레지옹(州)을 지방자치단체로 변경했다. 즉, 코뮌, 데파르트망, 레지옹이라는 3층제로 변경했다.

예를 들면, 레지옹에 고등교육과 직업훈련 등을 행정임무로 배당해서 지방자치로 권한위양을 단행했다. 지사도 그때까지는 관리, 즉 제2차 대전 이전의 일본처럼 중앙정부 관료가 파견되었지만 공선(公選)으로 변경하였다.

일본의 제2차 세계대전 이전의 행·재정제도는 프러시아를 경유한 프랑스 제도를 도입했다. 하지만 일본은 제2차 세계대전 후 '전후 개혁'에서 지사를 공선으로 변경했다. 이 점으로 보아 1982년 지방분권 개혁은 지체되었던 '전후 개혁'의 과제를 떠맡아서 뒤늦게나마 수행했다고 볼 수 있다.

1982년 지방분권 개혁은 뒤처진 '전후 개혁' 이상의 의의를 지니고 있다고 할 수 있다. 이 지방분권 개혁은 글로벌화와 보더레스(borderless)화에 대응해서 1980년대에 전개한 '한정적 의의'를 가진 지방분권 개혁이라는 성격을 아우르고 있었기 때문이다.

프랑스도 일본처럼 '세입 자치'를 빼앗겼던 지방자치단체에게 '세입 자치'를 부여했기 때문이다. 지방자치단체가 재정 면에서도 자기결정권을 부여받고, 지역재생을 자주적으로 시행하지 못한다면 시장 메커니즘에 의존하지 않은 지역재생은 불가능하기 때문이다. 결국 지방자치단체가 국민국가를 대신하여 지역주민에게 인간적인 생활할 수 있는 '장소'를 제공하지 못한다.

1982년 프랑스의 지방분권 개혁은 지방자치로의 권한위양만이 아니라, 국세에서 지방세로 대폭적인 세원위양(稅源委讓)을 실시했다. 즉, 중앙정부와 지방자치단체와의 세원배분을 혁신적으로 개혁했다.

3

환경과 문화에 의한 도시재생

　　　　　이러한 지방분권의 움직임에 이어서 유럽에서
도시재생은 시작되었다. 유럽 지방도시 재생의 키워드는 환경과 문
화다. 공업에 의해 파괴된 환경을 개선하고 지역의 전통문화를 부
흥시켜 공업을 대체할 수 있는 지식산업을 창조하려는 데 그 목적
이 있었다.

　유럽 도시재생의 모범사례인 프랑스 스트라스부르(Strasbourg)에서
는 오염된 대기를 정화하기 위해 시민 공동사업으로 차세대 노면전
차를 부설하고, 자동차의 시내 진입은 원칙적으로 금지시켰다.[3]

　이러한 시민 공동사업은 시민들의 공동부담을 전제로 해야 한다.
스트라스부르에서는 차세대 노면전차 부설이라는 공동사업을 추진
하기 위해 기업 지불임금의 1.75%까지 과세하는 교통기관세를 도
입했다.

　설명한 바와 같이 유럽 도시재생은 자연환경 재생과 지역문화 재
생이 함께 추진되었으며, 도시재생은 자동차의 양 바퀴와 같다. 유
럽의 도시재생도 지역분쟁에서 분출되는 지역자립에 대한 열정이
있었기 때문에 가능했다.

　결국, 국민국가가 성립하기 이전에 해당 지역사회가 육성했던 지
역문화의 부흥을 목표로 한 듯하다. 특히, 지역문화의 부흥은 국민
국가의 틀을 벗어난 지역 축으로 유럽과 세계에 퍼져나갔다.

　스트라스부르의 목표는 프랑스와 독일의 문화를 융합한 알사스

---

3) 스트라스부르의 도시재생은 宇沢弘文, 「ヨーロッパにおける都市と自然のル
　ネッサンス」(『民主』創刊号)를 참조한다.

로렌(Alsace-Lorraine)의 고유문화 부흥이다. 스트라스부르와 함께 도
시재생에 성공한 도시로 비교되는 스페인의 빌바오(Bilbao)도 오염된
수질정화라는 자연환경 재생과 함께 전통적인 바스크(Vasco) 문화를
재생하였다.

문화부흥은 인간을 성장시키는 교육부흥과 동시에 이루어진다.
결국에는 문화부흥 공동사업은 교육진흥 공동사업과 융합하여 이루
어진다.

스트라스부르 대학은 5만 5천 명의 대학생이 공부하고 있다. 스
트라스부르 인구는 23만 명에 지나지 않는다. 스트라스부르 시민 4
명 중에 1명이 대학생인 셈이다. 도시를 인간의 생활공간으로 재생
한다면 교육기관과 국제기관도 유치할 수 있다.

유럽의회도 스트라스부르에 설치되었다. 여기에 미테랑 정부는
지방분권 정책의 일환으로 프랑스에서 초 엘리트 양성기관인 프랑
스 국립행정학교(ENA)도 스트라스부르로 이전시켰다.

물론, 구텐베르크나 파스퇴르 같은 위인을 배출한 스트라스부르
는 고유문화에 기반을 둔 연구기관도 정비하여 바이오 분야의 연구
가 꽃피고 있다. 이렇게 '자연적·문화적·인간적' 도시의 매력을
가진 스트라스부르는 도시경제도 활성화되었다.

자동차가 진입하지 않아 '인간이 걷고 싶은' 시가지의 토지가격은
상승하고, 고급 브랜드 상점이나 프랜차이즈점이 진출하여 상점가
는 활기차게 되었다. 시장주의에 의한 도시재생으로 시가지의 지가
는 하락하고 동시에 상점가가 황폐한 일본의 현상과는 좋은 대조를
이루고 있다.

여기에 '인간적인' 도시에 우수한 인재가 결집하여 새로운 산업이
싹터 스트라스부르는 고용도 증가하였다. 일본은 시장주의에 근거
한 구조개혁이 진전되는 증거로 도산이 잇달아 일어나고 실업은 격

증하였다. 이러한 현실도 좋은 대조를 보이고 있다.

우자와가 지적한 바와 같이 유럽 도시재생의 비밀은 시민이 공동부담에 입각해서 공동사업을 실시할 수 있는 재정상의 자기결정에 있다. 시민이 지배하는 재정에 의해 시민 공동사업으로 도시재생을 실시한다면 토지 위에서는 인간생활을 구축할 수 있다는 점이다.

▌표 4-1▌ 스트라스부르 시의 세입구성 (1999년)

(100만 프랑, %)

경상감정(經常勘定) 수입	1,950	(90.2)
4직접세	915	(42.3)
간접세	36	(1.7)
국가 교부금	384	(17.8)
감세보상	97	(4.5)
재산수입	216	(10.0)
도시공동체 위탁비	28	(1.3)
수수료수입	40	(1.8)
기타수입	137	(6.3)
금융수입	13	(0.6)
예외수입	84	(3.9)
자본감정(資本勘定)수입	213	(9.8)
국가자본 보조금	25	(1.2)
기타 보조금분담금	34	(1.6)
기타수입	4	(0.2)
지방채	150	(6.8)
합계	2,163	(100.0)

그러나 프랑스 지방자치단체의 세출규모는 크지 않다. 일본은 정부세출 전체의 60%를 지방세출이 점유하고 있지만 프랑스는 20% 정도에 지나지 않는다. 프랑스 지방자치단체의 수입에서 보조금 할당의 점유비율은 현저하게 작다. 스트라스부르 시의 보조금 비중은

20%에 지나지 않는다.

여기에 4가지 직접세, 즉 수익세인 비건축세(농지세), 기건설세(택지세), 주거세, 직업세가 세입의 40%를 차지하였다(표 4-1). 경영수입의 비중은 90%로 시(市)가 제공하는 공공서비스는 시민생활을 유지하는 교육, 복지 등 대인사회 서비스라고 볼 수 있다. 프랑스 지방재정 규모는 크다고 할 수 없지만 일본처럼 중앙정부의 지시 하에 실시하는 사무의 자기결정권은 적다고 할 수 있다.

또한 지방자치단체 간 협력이 진행되었다. 스트라스부르는 27개 시정촌(코뮌)과 도시 지역공동체를 편성하고, 광역적인 문제를 공동사업으로 대응함으로써 중앙정부에 의존하지 않는다.(표4-2)

┃표 4-2┃ 스트라스부르 도시지역 공동체의 세입구성 (1999년)

(100만 프랑, %)

지방세수	1,609	(40.6)
직접세 (4稅)	891	(22.5)
공공 교통기관세	427	(10.8)
가정 쓰레기수집세	291	(7.3)
재원이전	1,315	(33.2)
경상감정 교부금	210	(5.3)
자본감정 교부금	43	(1.1)
감세보상	85	(2.2)
공공사업특정 보조금	152	(3.8)
코뮌위탁비	825	(20.8)
사업회계	392	(9.9)
상수도	239	(6.0)
하수도	140	(3.5)
축산처리장	0	(0.0)
지구정비	13	(0.3)
합계	2,163	(100.0)

LRT(Light Rail Transit)를 비롯한 공익사업은 도시 지역공동체가 담당하였다. 세입은 코뮌 위탁비를 제외한 수익세와 공공 교통기관세라는 독자적인 과세가 중심이었다.

이렇게 도시재생 사업은 주민 공동사업으로 실시하기 때문에 중앙정부가 강제로 실시하지 못한다. 이를 위해서는 지방분권을 전제로 하는 동시에 지역사회의 자립이 필요하다. 특히 도시재생은 재정적 측면에서 시민의 공동경제를 중심으로 시행하여야 한다.

4

공공공간과 생활공간

재정학적 접근으로 볼 때 인간은 지역공동체 커뮤니티에서 생활하였다. 19세기 말 독일에서 탄생한 재정학은 독일이 낳은 위대한 경제학자 리스트(Friedrich List)의 사상을 계승하는 역사학파 경제학의 흐름 속에 자리잡고 있다.

리스트는 인간이 고립된 개인으로서 존재하지 않고 '게마인데(Gemeinde)', 즉 공동체에 귀속해서 생활한다고 보았다. 이러한 리스트 사상에 의하면 국가는 고립된 개인의 집합체가 아니다.

지역주의를 제창한 다마노이 요시로(玉野井芳郎)가 지적하는 것처럼, 리스트는 코포라티즘 제도(Korporation system)로서 정부조직을 생각했다.4) 리스트는 '게마인데'라는 지역공동체를 기초로 한 아래에

---

4) 이러한 점에 대해서는 玉野井芳郎, 『エコノミーとエコロジー― 広義の経済学への道』(みすず書房, 1978年/新装版, 2002年)을 참조하고자 한다.

서 위로 디스트릭트(Distrikt), 프로빈쯔(Provinz), 그리고 국가(Staat)라는 계층구조로서의 정부조직을 생각했다.

이러한 리스트의 사상은 유럽뿐만 아니라 세계로 널리 퍼져서 수용된 보완성의 원리로 통한다. 1985년에 제정되어 현재 유럽 30개국이 비준한 유럽 지방자치헌장 제4조 제3항에서는 보완성의 원리를 다음과 같이 규정하였다.

> 공공부분이 담당해야 할 책무는 원칙적으로 시민과 가장 밀접한 공공단체가 우선적으로 집행한다. 국가 등 다른 공공단체에 그 책무를 위임할 경우 해당 책무범위, 성질, 효율성 및 경제상의 필요성을 감안한 후에 수행해야만 한다.

여기에 2001년 미국과 중국의 반대로 제정되지 못했지만, 제정 직전까지 갔던 세계자치헌장 제4조 제3항에서 다음과 같이 보완성의 원리를 규정했다.

> 일반적으로 행정의 책무는 시민에게 가장 밀접한 행정 주체가 수행해야 한다고 의미하는 보완 및 근접의 원리에 입각하고, 지방자치단체의 책무인 중앙정부 등 다른 행정 주체로의 이전은 기술적 · 경제적인 효율성의 요청에 근거하며 또한 시민의 이익에 의해 정당화 되어야 한다.

물론 리스트의 주장은 '국민국가'의 확립이었다. 세계정부가 존재하지 않는 이상, 개인과 시장경제와의 연결고리로써 국민경제가 필요하며, 국민경제를 제어할 수 있는 '국민국가'의 확립을 주장하였다.

　따라서 리스트는 게마인데라는 지역공동체의 우선을 주장했지만 상위의 통치력을 결여한 스위스와 같은 연방 국가를 이상적이라고 보지 않았다. 리스트는 코포라티즘을 승인한 통치력을 갖춘 국민국가의 확립을 제창하였다.

　이러한 지역사회를 중시한 리스트의 사상은 와그너(Adolf Wagner)가 대성시킨 재정학으로 계승되어 왔다. 리스트로부터 재정학이 계승된 사상은 크게 두 가지로 정리할 수 있다.

　첫째 시장경제의 외부에 있는 비시장경제를 고찰의 대상으로 삼았으며, 둘째 커뮤니티, 즉 지역공동체를 중시한 점이다.

　재정학에서는 국민경제가 시장경제에 의해 포섭된다고 생각하지 않는다. 그것은 사회 전체가 시장적 인간관계만으로 조직되지 않는다는 점을 의미한다.

　와그너, 슈타인(Lorenz von Stein)과 함께 '독일재정학의 세 거성'으로 불리는 쉐펠(Albert Schäffle)은 재정학에 사회학을 접목시킨 재정사회학 제창자다. 쉐펠에 의하면, '경제사회'는 '시장사회'와 '공동경제'라는 두 개의 경제조직으로 구성된다. 여기서 쉐펠은 '공동경제'에는 조합이나 자선단체와 같은 '자유 의지적 결합'에 의거한 '공동경제'가 있다고 주장한다.

　'강제적 결합'에 입각한 '공동경제'를 공공부문(public sector)이라고 한다면 '자유 의지적 결합'에 근거한 '공동경제'는 자원봉사 섹터라고 할 수 있다. 와그너는 쉐펠의 사상을 전개하면서 국민경제는 3가지 조직화 원리에 따른 경제로 구성된다고 보았다. 첫째는 시장경제 또는 개인주의적 경제조직이다. 둘째는 공동경제조직이며, 셋째는 자선적 경제조직이다.5)

---

5) 이러한 점에 대해서는 졸저 『財政学』(有斐閣, 2002年) 제3장을 참조하고자 한다.

쉐펠의 사상을 근거로 와그너는 공동경제를 자유 의지적 결합에 의한 자유 공동경제와 강제적 결합에 의한 강제 공동경제로 분류했다. 와그너는 자선적 경제조직에 대해서 개인주의적 경제조직과 공동경제조직의 간극을 메우는 역할을 한다고 했다. 와그너의 자선적 조직은 가족이나 커뮤니티라는 비공식 섹터의 기능에 가깝다고 보았다.

둘째로 재정학의 분석대상으로 공동체를 중시하는 것은 재정학에서 비시장경제를 중시하기 때문이다. 비시장경제의 기저에는 비시장적 인간관계, 즉 공동체적 인간의 유대를 인정하고 있기 때문이다.

지역공동체의 중시는 지역공동체의 개성을 중시하는 것이다. 즉, 각 지역사회의 차이점을 중시한다.

여기에서 재정학이 중시하는 게마인데는 단순한 공동체가 아니다. 즉, 게마인데는 자연적인 마을을 의미하지 않는다. 게마인데는 '인간생활」의 '장소'다. 하지만 '인간생활'의 '장소'가 되려면 공동생활에 관련된 공동문제를 자립적으로 결정할 수 있는 공공공간의 단위이어야 한다.

재정학적 표현으로 말하면, 지역사회는 공동경영이라는 토대가 있어야 한다. 물론 지역사회를 기초로 성립한 기초자치단체를 기초로 하여 광역자치단체, 더 나아가 중앙정부와 계층적 구조를 형성해야 한다.

5

지역공동체 파괴

프랑스 코뮌도 게마인데와 마찬가지다. 행정 마을(行政村)인 동시에 자연 마을이다. 일본은 근대화 과정에서 자연마을을 해체했다.

지방분권이 추진된다면 게마인데 없이도 지방분권을 진전시킨다. 지방분권의 기본을 말하면 항상 대규모 지방 '행정체'이지 지역 '공동체'는 아니다. 자연 마을 없는 지방분권은 일본의 지방분권을 항상 우물 안의 싸움, 즉 행정 간의 싸움으로 만들어 버렸다.

게마인데를 상실해 버리면 결국 생활공동체가 사멸하게 되고 대지 위에 전개되는 인간과 인간이 접촉하는 모습을 감추는 정도가 아니라 지역사회에서 이루어지던 인간과 자연과의 접촉도 적어진다. 인간생활은 아이덴티티(identity)를 잃고 방황한다.

인간생활은 대지에서 이루어진다. 대지 위에서 행해지는 인간생활은 공간 축으로는 지역성을 시간 축에서는 계절성을 동반한다. 대지 위에서 이루어지는 인간생활을 둘러싼 지역사회는 지역성과 계절성이 있는 인간생활 양식이 존재한다. 즉, 각각의 지역사회는 고유 지역문화에 근거한 인간생활을 하였다.

어쨌든 일본의 지역사회는 고유의 지역문화를 상실하였다. 흔히 '긴타로 아메(金太郞飴)'라고 표현하듯이 획일적 지역사회의 집합체로서 동질사회가 형성되었다.

유럽은 그렇지 않다. 이질적이고 개성적인 지역사회에서 국민국가를 형성하였다. 스페인의 예를 들면, 바스크는 바스크스러운 것이며, 안데시아는 안데시아스러운 것이며, 가르시아는 가르시아스러운 장소이다. 지역문화의 상징인 언어도 중요하다. 바스크어, 안데시아어, 가르시아어를 지켜감으로써 지역 정체성(identity)도 가질 수 있다.

물론, 유럽의 국민국가는 민족적으로 서로 다른 다양한 지역이 집합한 복합국가로 형성되었다. 그러므로 유럽에서는 지역분쟁이 끊이지 않는다.

그렇지만 일본이 동질 사회인 이유는 광역적인 의미에서 지역이 자립적이기 때문만이 아니다. 독일의 바이에른, 프로이센, 헤센 주와 같은 광역지역도 지역(邦; 란트)이 자립하였다.

지금 일본에는 게마인데가 남아있지 않다. 게마인데는 자연 마을이면서 행정 마을인 지역공동체다. 그러나 일본은 메이지 국가를 형성하는 과정에서 자연 마을을 붕괴시켰다. 즉, 인간생활의 단위인 지역공동체가 붕괴해 버렸다.

지역공동체, 즉 커뮤니티는 인간의 포괄적 생활기능을 충족할 수 있는 생활공간이다. 인간이 지상에서 삶을 시작하면서 성장하고 늙어 죽기까지 모든 생활기능을 포괄한다.

지역공동체가 붕괴된다면 지역사회에서 포괄적인 생활기능을 충족시킬 수 없게 될 것이다. 포괄적인 생활기능을 완결할 수 없어 일부 생활기능이 다른 지역사회로 이동하여 충족한다면 결국 주민은 유출이 이루어진다.

일본의 심장부인 도쿄도 치요다구(千代田区)도 인구 과소화가 진행되었다. 인구는 3만명을 하회하는 상황이다. 편의점은 있지만 일용품을 구입할 수 있는 주변 상점가는 치요다구에 없다. 어린이들이 걸어 다닐 수 있는 거리는 좀처럼 발견하기 어렵다. 어떤 지역에서 태어나고 아이를 낳아 기르고 늙어가는 인간의 기본적 일을 완결지울 수 없다면 지역사회는 공동화된다.

파리의 20개로 구분된 구(區)는 각각 업무지구와 사업지구라는 특색을 갖고 기능을 담당하였다. 큰 길에서 조금 들어가면 어린이가 놀 수 있는 골목이 있고 어떤 길이라도 심야까지 열려 있는 작은 상점과 그 거리에 거주하는 사람들이 하루에 몇 번이라도 얼굴을 마주치는 카페가 있다. 카페는 찻집이 아니다. 카페는 지역사람들이 모여 정보를 주고받는 하나의 공공권권이며 생활에서 없어서는 안 될 장소다. 하나하나의 구가 다마노이 요시로가 표현한 '생활세포'다.

그런데 일본은 전국 어디를 가더라도 편의점과 패밀리 레스토랑 투성이의 지역성 없는 풍경이 펼쳐진다. 지역공동체가 붕괴되어 버렸기 때문이다.

스웨덴 스톡홀름에서 100㎞ 정도 떨어진 작은 마을에 자리한 직업훈련소를 방문한 적이 있다. 유럽 어느 곳에서라도 있는 농촌마을의 소규모 상점가에 대해 모든 마을주민들은 농촌이기 때문에 물가가 비싸다고 푸념하였다. "여기에서 스톡홀름이 멀지 않은 데 왜 쇼핑하러 가지 않는가요?"라고 물었더니, "스톡홀름으로 쇼핑을 하러간다면 자신들이 살고 있는 곳의 상점가는 문을 닫을 거에요."라고 대답했다. 마을의 상점가가 사라진다면 곤란을 겪는 것은 마을 사람이고, 마을 사람 중에서도 차를 운전할 수 없는 어린이와 노인들은 더욱 불편해질 것이다. 따라서 조금 비싸더라도 일용품은 자신이 살고 있는 곳의 상점에서 구입한다고 마을에 사는 사람들은 말한다. 지역공동체가 생동하고 있으면 마을이 공동화되는 일은 없다.

6

집권적 분산 시스템에서 분권적 분산 시스템으로

일본에서 지역공동체의 모습이 사라지는 것은 개인의 자립문제 때문은 아니다. 그 반대이다. 인간은 자립하므로 연대한다. 일본은 개인이 자립하지 못했기 때문에 커뮤니티가 붕괴되고 메이지 국가는 중앙집권 체제를 구축했다.

중앙집권 체제는 지역공동체를 붕괴시켰고, 지역사회는 동질화되어 버렸다. 동질화는 정치 시스템뿐만이 아니라 경제 시스템과 사회 시스템까지도 중앙지향성을 갖도록 일본사회를 변모시켰다. 따라서 지역사회 재생은 지방분권 없이는 실행될 수 없다.

지방분권은 인간에게 권리를 부여해 주는 것(empowerment)이다. 정치 시스템의 의지결정 공간을 아주 가까운 데에서 창출한다면 개개인의 권한은 틀림없이 확충된다. 정치 시스템의 의지결정 공간이 아주 가까운 곳에 설정된다면, 지역주민은 정책결정 과정뿐만 아니라, 정책집행 과정에도 참여할 수 있기 때문이다.

제2차 세계대전 후 선진국들이 추구해 온 복지국가는 앞에서 설명한 바와 같이, 중앙집권적 국가였다. 중앙집권적 국가는 참여가 이루어지지 않은 소득재분배 국가였다.

프랑스 경제학자 리페츠(Alan Lipietz)는 '완전히 화폐에 의해 매개 역할'을 하게 되고, '자발성을 배제'한 '국가가 조직한 포드주의 (Fordism: 제한된 노동 시간 내에 일정한 생산량을 확보하기 위해 노동 강도를 높이고, 노동 과정 안에 남아 있는 자유공간을 제거하여 자본가의 통제를 확고히 한 체제)적 연대'를 복지국가라고 보고 있다.6) 이런 정부가 중앙집권적 소득분배를 대신해 '자립성과 연대와의 새로운 동맹'을 창출한 것이 지방분권이며, 지방분권의 결과로 발생한 것이 지역사회의 재생이다.

일본의 정부 간 재정관계를 살펴보면 분권형처럼 보인 점도 중앙정부의 세출에 비해 지방자치단체의 세출이 압도적으로 크기 때문이다.

지방자치단체의 세출은 정부 총 세출의 6%에서 7%인 것에 비해 중앙정부의 세출은 4% 내지 3%밖에 되지 않는다는 사실이 일본의 공공서비스가 지방자치단체를 중심으로 공급되고 있기 때문이다.

아주 가까운 정부인 지방자치단체의 경우, 세출비중이 높더라도 분권적이라고 할 수 없다. 그것은 지방자치의 세출이 크더라도 세출과 관련된 자기결정권이 없기 때문이다. 즉, '결정과 집행의 비대응이 발생한다면 아주 가까운 정부인 지방자치단체의 세출비중이 높더라도 정부 간 재정관계는 분권적이라고 할 수 없다.

지방자치단체가 중심으로 공공서비스를 공급한다 하더라도, 중앙정부의 결정대로 지방자치단체가 공급하였다면 지방자치단체는 중앙정부의 지부로서 공공서비스를 공급하는 단체에 불과하다.

집권인가 분권인가를 볼 때, 중앙정부가 결정권을 장악하고 있으면 집권이고 지방정부가 책임지고 있는 경우를 분권이라고 한다면, 일본의 정부 간 재정관계는 분명히 중앙, 집행은 지방이라는 집권적 분산 시스템이다.

일본의 정부 간 재정관계를 분권형으로 보는 집권적 분산 시스템을 분권적 분산 시스템으로 바꾸었기 때문이다. 이는 자기결정권이 일본의 지방자치단체에게 부여되었다는 점이다.

---

6) Lipietz, Alain, *Choisir L'Audance*, 1989(リピエッツ/若森章孝 訳, 『勇気ある選択-ポストノォーディズム・民主主義・エコロジー』, 藤原書店, 1990)을 참조한다.

7

열린 지역공동체의 재생

　　　　주민들과 가장 가까운 곳에 창출된 '공공공간'인 지방자치단체가 재정적 자기결정권을 갖는 것이 지역사회의 재생조 건이다. '공공공간'이란 '민(民)'이 지배하는 공간이다.

　사전에 의하면 '민'은 '통치받는 자'라는 의미다. '주(主)'란 '지배하는 자'라는 의미다. '민주(民主)'는 '민', 즉 '통치받는 자'가 '주', 결국 '지배하는 자'가 된다. 즉, '공공'영역이란 사회의 구성원인 '통치받는 자'가 지배하는 영역이다.

　지역경제는 지역의 시장경제이며, 지역재정과 수레의 두 바퀴처럼 움직이어야 발전할 수 있다. 역으로 지역주민이 재정적 자기결정권을 장악한다면 지역사회 재생에 필요한 공공서비스를 지역주민의 공동 의사결정 하에 공급할 수 있다.

　재정학을 대성시킨 와그너(Wagner)는 정부기능을 '법과 권력목적' 기능과 '문화와 복지목적' 기능 등 2가지로 분류하였다.

　전자의 '법과 권력목적' 기능은 정부 자체의 존재를 유지하기 위한 기능이다. 와그너에 의하면 시장경제가 발전하면 '국내 및 국제적 분업'과 '자유경쟁 시스템'의 진전에 의해서 사회적 마찰이 격화되기 때문에 시장경제의 원활한 기능을 위해서는 '법과 권력목적' 기능을 확대해야만 한다고 주장한다. 그러나 '법과 권력목적'은 '법치국가'로서의 기능을 확대할 뿐만 아니라 이를 초월한 정부는 '문화와 복지목적' 기능을 갖춘 '문화국가 또는 복지국가'가 된다고 지적하였다.

　와그너는 '법과 권력목적'에 지출된 경비는 기업경영에서 '공통관리비'라고 하였다. 기업조직 자체를 유지하기 위해 필요한 경비는 유추할 수 있다고 보았다.

와그너는 '문화와 복지목적'의 경비를 기업경영에서 사업부문 사업비라고 보고 있다. 와그너는 정부가 '법치국가'로서 기능뿐만이 아니라 정부로서의 사업을 준비하고 복지국가를 형성치 못하면 사회결합은 불가능하다고 보았다.

그러나 정부사업은 기업의 사업과는 다르다. 정부사업은 가족과 커뮤니티 등 공동체가 담당했던 기능이다. 즉, 정부사업이란 공동체가 담당하고 있던 기능의 변형이다.

그렇다면 정부는 정부 그 자체를 존재시키는 공공서비스와 공동체 기능을 변형한 공공서비스를 공급한다. 이 중 공동체 기능을 변형한 서비스는 주로 지방자치에 의해 공급된다.

공동체라는 사회 시스템 내부에서는 구성원의 생활이 자발적 협력에 의해 보장된다. 즉, 공동체 구성원이 생존해 나가기 위해 필요한 욕구는 구성원 상호의 공동작업과 상호부조 그리고 자발적 협력에 의해 처리된다.

물론, 가족이나 커뮤니티 등과 같은 공동체 기능이 축소된다면 정치 시스템, 즉 정부가 공동체 기능을 제공해야만 한다. 즉, 공동체 기능의 변형인 공공서비스는 공동체의 공동작업과 상호 부조에 의한 대체 서비스다.

공동체의 공동작업은 공동체 구성원의 생산활동을 위하여 공동으로 이용하는 시설 건설과 유지·관리를 하기 위해 실시한다. 즉, 공동체의 공동작업은 공동체의 생산활동을 전제조건으로 삼아야 한다. 농촌에서 보면 수리(水利)시설을 공동으로 건설해서 공동으로 관리하거나 도시에서는 가로를 공동으로 건설해서 공동으로 유지하는 등 공동체가 공동적으로 작업을 실시하는 경우이다.

이렇게 공동작업의 대체로써 공공서비스가 실시된다면 생산활동의 전제조건 형성이 임무가 된다. 사회적 자본은 철도·항만·도로·공항 등 교통수단, 전신·전화 등 통신수단, 여기에 전력·가스 등 에너지 수단을 떠오르게 한다. 자본이란 자연에 작용하는 수단인 기계설비를 뜻하기 때문에 사회자본을 공동 이용수단인 교통수단·통신수단·에너지 수단이라고 생각한다.

유럽 사회경제 모델에서 사회적 자본(social capital)은 인간의 유대를 의미한다.[7] 사회경제, 즉 사회 경제(social economy)를 발전시키기 위해서는 인간의 유대인 사회적 자본이 결정적인 요인이다.

인간의 능력을 재고시키기 위해서는 쌍방향 지식전달시스템이 중요하다. 일반적으로 공업사회에서는 물질과 재화의 축적이 매우 중요하지만, 불경기가 초래되는 공업사회의 쇠퇴기에 접어들게 되면 반대적으로 물질과 재화의 방출이 필요하다.

인간의 능력을 높이기 위해서는 개인이 배워야 한다. 하지만 인간은 누구든지 성장하고 싶은 욕구를 갖고 있다. 이를 위해 인간의 능력은 인간 상호간의 동기를 부여를 통해서 지식을 상호 교류해야만 한다. 이것은 인간의 유대로서 사회적 자본이 결정적인 의미를 갖는다.

인간이 인간으로써 능력을 높이기 위해서는 인간이 생물적 존재로서 건강해야만 한다. 그러나 인간이 생물적 존재로서 건강하기 위해서는 자연환경이 보전되어야 한다. 자연환경의 보전도 사회 구성원의 공동작업에 의한 생산이 전제되어야 한다.

물론, 인간의 굴레 속에서 인간을 육성하고 인간의 건강 향상을

---

7) Ministry of Industry, Employment and Communications, Sweden, *Social Economy : A Report on the Swedish Office's Work on a New Concept*, 2001.

도모하기 위한 자연환경을 보전하려면 지역사회에서 준비해야만 한다. 이러한 인간의 유대 형성을 위해서는 지속적인 인간적 접촉이 필요하기 때문이다.

그렇지만 일본은 정보수단이 고도화된 지식사회에서 인간의 유대는 약해진다고 보았다. 정보가 이동하면 인간은 심하게 이동한다고 생각하기 때문이다.

그러나 이러한 인식은 타당하지 않다. 정보가 움직인다면 인간이 이동하지 않아도 해결할 수 있다는 것보다도 인간이 이동하지 않아도 정보를 제대로 옮기게 된다. 그래서 지식사회는 자연환경에 도움이 된다. 인간이 이동하면 자연환경을 파괴할 수밖에 없기 때문이다.

정보의 이동이 가능하면 인간은 이동할 필요가 없다. 멀리까지 자동차를 타고 쇼핑하러 가지 않고 인터넷으로 주문해서 유니버설 서비스(universal service) 우편으로 배달받으면 된다. 인간의 이동성이 낮아지면 지속적인 인간적 접촉이 증가해서 인간의 유대는 강해진다.

지식사회의 사회적 기반시설은 지역사회의 자발적 협력을 기반으로 자기결정권을 장악한 지방자치단체가 공급하는 인적 투자와 자연환경이다. 그러나 사회적 기반시설은 동시에 사회적 안전망도 된다.

사회적 기반시설도 인적 투자든 자연환경이든 인간생활을 보장하기 때문이다. 다만, 지방자치단체가 공급하는 사회적 안전망에는 자연환경과 인적 투자 외에 복지와 의료가 있다. 이러한 현물급부에 의한 사회적 안전망은 지역공동체에 기초한 지방자치단체밖에 공급할 수 없다.

앞에서 설명한 바와 같이 글로벌화와 보더레스(borderless)화에 따라 중앙정부가 강행한 현물급부(생활보호 및 사회보장급부 중 물품의 지급 또는 대여, 의료급부, 시설이용, 서비스 제공 등 금전 급부 이외의 방법으로 제공되는 교육)에 의한 사회적 안전망은 멀어지기 시작한다. 이것을 지방자치단체가 현물급부에 의한 사회적 안전망으로 새롭게 바꾸지 않으면 산업구조를 전환시켜 지역사회를 재생시킬 수 없다.

지방자치단체가 재정적 자기결정권을 갖게 된다면 지역주민이 민주적으로 토의하여 지역경제의 사업전환에 대한 방향성을 정하고 지역사회에서 영위하는 생활에 밀착되었음을 확인하고 지역경제의 전환에 필요한 공공서비스를 공급할 수 있다. 새로운 인간의 욕구가 발생하기 때문에 기존 중화학공업의 산업구조는 벽에 부딪치고 새로운 산업 창출 요구에 따른 산업구조의 전환이 필요하다. 새로운 산업을 창출하기 위해서는 인간생활에 밀착된 새로운 욕구 파악이 필요하다.

무엇보다도 인간의 새로운 욕구는 인간생활에서 만들어졌기 때문에 생활과 밀착해서 관찰하면 쉽게 파악할 수 있다. 그러나 인간생활과 떨어진 중앙정부는 이러한 새로운 욕구를 파악하기 어렵다. 물론, 인간생활과 밀착된 아주 가까운 정부인 지방자치단체라면 파악이 가능하다.

물론 새로운 산업구조로의 전환 추진은 시장경제 주체인 민간기업의 임무다. 그렇다고 하더라도 사회적 기반시설은 지방자치단체의 지원으로 정비해야만 한다.

그뿐만 아니다. 새로운 산업구조를 창출하는 혁신의 담당이 인간 그 자신인 점을 잊어서는 안 된다. 인간은 인간생활과 밀착해서 새로운 산업전환의 방향성을 찾아야만 한다. 정치 시스템으로 할 수 있는 것은 인간을 육성해서 생활을 보장하는 공공서비스의 제공에 불과하다. 하지만 인간생활에 밀착된 지방정부는 대학과

같은 고등교육기관과 연구기관 등 지역사회에 뿌리 내린 기업을
조정(coordinator)할 수 있다.

8

풀뿌리에 의한 지역재생

　　　　　　스웨덴은 전통적으로 존재하는 대중운동(Folkrorelse
; popular movement)을 발표하여 지역사회재생을 위한 지방개발그룹(local
developing group)을 전개하였다. 8)

전술한 바와 같이, 유럽은 고용과 복지를 중시하는 전통을 살리
면서 새로운 유럽 사회경제모델을 추구하였다. 스웨덴이 유럽공동
체에 가입한 이후 사회경제라는 개념을 도입하여 전통적 국가운동
과 사회경제를 연결했으며, 1990년대에 지방개발그룹을 전개했다.
공업이 쇠퇴하는 지역은 실업자의 증가로 지역경제는 황폐해졌다.
지역경제를 재생시키기 위해 실업자를 중심으로 지역주민이 자발적
으로 조직한 그룹이 지방개발그룹이다. 이 지방개발그룹은 사회 시
스템과 경제 시스템의 경계선상에 존재하는 협동조합적 조직이다.

지방개발그룹은 자주적이고 주민(grass root)으로 조직되어 그 수는
약 4,000여 개에 달한다. 스웨덴 인구는 약 600만 명이며 시정촌
(코뮌)의 수는 약 300개다. 즉, 지방개발그룹은 서브코뮌이라는 생활
단위마다 조직되어 있다. 일본식의 노동자 생산협동조합(worker's
collective)으로 보면 된다.

---

8) 졸저, 『人間回復の経済学』(岩波書店, 2002년), 제5장을 참조하고자 한다.

그러나 지방개발그룹이 창조하는 '직무'의 범위는 크게 세 가지로 나누어진다.

첫째, 복지나 가사, 주택의 유지·관리 등과 관련된 가족 내의 무상노동으로 담당하는 것 같은 기초적 서비스다 둘째, 지역관광사업과 이에 관련한 도로정비와 시설정비, 지역문화 이벤트 사업이다. 셋째, 소프트웨어 개발과 응용, 또는 데이터 처리 등 정보처리(IT)를 구사한 지식집약형 산업이다.

이러한 국민운동의 전통에 의거한 학습 서클과 지방개발그룹에 대하여 스웨덴 정부는 렌(län)마다 지원센터를 설치해서 지원하였다.

게다가 지원센터는 위에서부터 지방개발그룹을 조직화하지 않았다. 어디까지나 지역주민이 기초로 '직무'를 창조하려고 조직한 지방개발그룹을 지원했다.

지방개발그룹의 목적은 지역경제 재생뿐만이 아니라 '사회적 자본'의 정비에도 있었다. 사회경제 모델에서 말하는 '사회적 자본'이란 인간의 유대를 의미한다. 즉, 인간의 유대를 강하게 하면 '지식사회'로의 전환을 도모하며 경제 활성화도 가능하다고 생각한다.

스웨덴에서 배워야 할 점은 지역주민의 자발성과 정부의 정책, 기업의 경제민주주의적 경영이 유기적으로 관련하여 산업구조를 전환시켰다. 더구나 그 원동력은 어디까지나 지역사회 구성원인 주민에 있다는 점을 잊어서는 안 된다.

물론 일본도 환경과 문화를 키워드로 한 지역재생을 시작하였다.[9] 1990년대부터 시행한 오이타현(大分県) 유후인정(湯布院町)의 '윤택한 마을 만들기 조례'는 '아름다운 자연환경, 매력 있는 경관, 양호한 생활환경은 유후인정의 매우 소중한 자산이다. 주민(町民)은 이

---

9) 졸저 『地域再生の経済学』(中央公論新社, 2002년), 마지막장을 참조하고자 한다.

자산을 지키고 활용하며 보다 우수하게 만드는 일에 오랜 세월 동안 전력을 쏟았다. 이러한 역사를 근거로 환경과 관련된 모든 행위는 환경 보전과 개선에 공헌하고, 주민의 복지향상에 기여해야 하는 것을 기본이념으로 한다'고 역설하였다.

신무라 준이치(榛村純一) 시장의 독창력으로 생애학습 도시를 목표로 하는 가케가와시(掛川市)도 '쾌적한 양질의 도시 조성'을 내걸고 '시민을 위해 한정된 생태계와 관련된 귀중한 자원'이며, '지역사회를 존립시키는 공통의 기초'로 토지가 차지하는 중요성을 강조했다. '가케가와시 생애학습 토지 조례'를 1991년에 제정하였다. 시장 메커니즘에 의하지 않은 가케가와시의 '도시 조성'은 보덕운동(報德運動)이라는 가케가와시의 전통적 문화에 기인한다.

니노미야 손토쿠(二宮尊德)는 일본이 낳은 위대한 지방자치 사상가다. 니노미야 손토쿠의 사상을 계승하고 보덕운동의 메카로서 가케가와 시는 인간이 인간으로서 성장할 수 있는 도시 만들기를 목표로 하였다.

고우치시(高知市)도 인간의 생활공간으로서 도시 조성을 목표로 하였다. 마츠오 데츠토(松尾徹人) 시장은 인간과 자연, 인간과 인간의 공생장소로서 도시를 대상으로 한 쇼핑센터 기능을 겸한 시네마 콤플렉스(cinema complex) 건설을 단호히 거부했다.

고우치 시의 풍부한 자연환경은 살기 위해 찾아오는 사람들에게 윤택함과 평온함을 주는 동시에 도시경관을 형성하는 중요한 요소로서 '자연과의 공생을 기본으로 도시 조성을 추천할 필요'가 있다고 분명히 밝혔다. 이러한 점도 지역사회가 '친밀한 자연환경으로 둘러싸여야만 성립한다'고 생각했기 때문이다. 이러한 방식에 의거하여 고우치시는 교토시(京都市)에 이어서 오래 전부터 노면전차를 부설했다. 이러한 전통 속에서 마츠오 시장은 스트라스부르시의 시찰을 마치고 공공 교통체계 정비를 추진하였다.

자연과의 공생을 목표로 한 고우치 시는 2000년 4월부터 '고우치 시 사토야마(里山) 조례'를 시행하였다. '사토야마'는 현재 죽은 언어에 가깝다. 하지만 사람이 사는 마을 가깝게 존재하고 인간의 생활과 밀접한 삼림을 의미하는 사토야마에는 '삼림의 주민'인 일본인의 지혜가 살아있다. 그들의 생활과 끊을 수 없는 삼림 가까운 곳에서 일본인은 생활을 꾸려나갔기 때문이다.

사토야마의 보호는 자연환경 보호에 그치지 않았다. 자연과 공생해 온 일본 문화의 보호도 하였다. 즉, 사토야마 조례는 '윤택함과 평온함이 있는 도시환경을 형성'할 목적에서 '사람과 자연의 풍부한 접촉을 유지한다'는 사항과 사람과 사람의 접촉을 유지시키는 '역사 및 문화를 전승하기 위하여'라는 사항도 있다.

앞에서 지적한 바와 같이 지역사회 재생의 포인트는 지역사회 구성원에 의한 풀뿌리운동이다. 즉, 인간의 생활공간으로서 도시를 재생하는 거리 조성은 그곳에서 생활하는 주민에 의한 풀뿌리운동으로 추진해야 한다.

고우치 시는 시내를 35개 지구로 구분하고 있지만 그 중 25개 지구에서 주민들에 의한 거리 조성으로서 커뮤니티 계획을 수립하였다. 즉, 주민이 자발적으로 공원 청소, 화초 식재(植栽), 교육활동계획을 만들었다. 시(市)는 그와 같은 자발적 커뮤니티 계획을 지원하였다. 스웨덴의 지방개발그룹에 널리 보급된 운동이다.

홋카이도(北海道) 삿포로시(札幌市)의 가즈라 노부오(桂信雄) 시장(당시)은 환경과 문화를 중시한 도시 조성에 의욕적으로 몰두하였다.

삿포로 시는 도시환경재생을 위하여 도심에 보행자 중심의 공간으로서 트래픽 셀(traffic cell)을 형성하고, 도심교통의 4%를 차지하는 통과교통을 배제시켰다. 즉, 도심교통 개념을 '자동차 교통의 원활화'에서 '보행자와 환경 중시'로 전환하였다. 특히, 대기와 함께 환경의 두 바퀴인 물에 대해서도 소우세이강(創成川)을 정비하는 수변 공간 재생에 몰두하였다.

이러한 환경을 중시할 뿐만이 아니라 문화시설의 충실도 도모하였다. 공원도 환경과 문화의 복합시설로 자리를 잡고 있다. 더구나 도시의 오픈 스페이스는 예술과 문화의 이벤트 광장으로 활용되고 오픈 스페이스를 남겨둠과 동시에 문화진흥을 목표로 한다.

이상과 같이 일본도 환경과 문화를 키워드로 인간이 생활하는 '장소'로서 지역사회 재생을 목표로 하는 움직임이 전개되었다. 하지만 이러한 움직임은 항상 벽에 부딪힌다. 그것은 일본 지역사회가 지역사회의 공동경제인 재정에 대해 부족한 자기결정권밖에 가질 수 없기 때문이다. 지방자치단체가 재정의 자기결정권을 확충하는 것은 경기회복과 동시에 재정재건을 달성하는 길이다. 실제로 유럽에서는 지방재정의 자립성이 높을수록 재정재건에 성공한다는 사례를 실증적으로 분명히 보이고 있다.

지역사회를 인간생활의 '장소'로서 재생하는 것이 지역사회의 생산활동도 활성화시킨다. 공업사회는 생산기능을 생활기능의 자기장(磁場)으로 되어 지역사회를 발전시켰다. 그런데 지식사회는 생활기능이 생산기능의 자기장이 되어 지역사회를 재생시키기 때문이다.

제5장
교육의 장소로서 도시

間宮陽介(마미야 요스케)

1

인간의 공간적 성장

놀이와 배움

어머니 뱃속에서 태어난 아기가 1년 정도 지나면 놀이를 생각하기 시작한다. 주어진 장난감을 수동적으로 사용하여 즐거워하는 단계를 서서히 벗어나 자신의 의지로 놀기 시작한다. 짐을 풀어서 내팽개쳐진 마분지 상자에 들어가서 기뻐하거나 이불 속에 숨어 가만히 몸을 숨기는 행위도 놀이의 하나다. 마분지 상자나 이불 속은 딸랑이나 오뚝이 같은 장난감은 아니지만 어린이들은 이들을 장난감으로 여기고 논다. 즉, 다양한 물건을 사용해서 노는 것이다. 어린이들이 좀 더 성장하면 놀이수단의 범위도 더욱 확대된다. 과자상자, 짐 꾸리기용 비닐 끈, 판자 조각, 길에 떨어진 새 깃털에서 돌 주사위에 이르기까지 놀이에 사용할 수 있는 모든 물건이 대상이 된다.

수단이라도 달리 목적을 갖고 있는 것은 아니다. 목적 – 수단의 제한된 놀이가 있다는 설을 그대로 받아들여도 된다. 어린이들이 수집벽(蒐集癖)을 갖고 있다는 사실은 동서고금 어디에서도 같지만, 어린이들이 도구상자나 책상서랍을 무엇인가 정체를 알 수 없는 물건으로 가득히 채우는 행위는 어떤 목적을 달성하기 위한 것은 아니다. 은행예금처럼 무엇인가를 위해서 사용하려는 목적을 갖고 있지 않다. 말하자면 모으는 행위 자체가 하나의 놀이다. 목적-수단을 연관해서 보면, 어린이들이 지닌 물건은 잡동사니 덩어리지만 어린이들에게는 어떤 다른 물건으로도 대체할 수 없는 보물이다.

놀이문화론을 설명한 요한 호이징거의 '호모루덴스(homo ludens)' (Huizinga, 1938)는 놀이(유희)가 목적-수단의 관계 밖에 있고, 놀이가 독자적 세계 = 문화를 형성한다고 주장한 서적으로 알려졌지만, 호이징거는 놀이의 형식적 특징으로 다음 3가지를 열거하였다.

첫 번째 특징은 '자유로운 행동이다'. 타인으로부터 명령을 받아서 노는 놀이는 없다. 놀이는 완전히 어린이의 자발성에서 출발하며 어린이들은 오로지 즐거움 때문에 놀지 않고는 견딜 수 없다. 이와 관련한 두 번째 특징은 '비일상성'이다. 놀이는 '위해서 하지'는 않는다. 결과적으로 놀이는 무엇인가의 역할-예를 들어 심신 발달을 위하여-에 유용할지라도, 외부로부터 목적을 설정하여 수행하는 놀이는 놀이로서 성격을 크게 왜곡시킬 수 있다.

비일상성으로서 놀이는 벽에 걸린 액자 속의 그림과 비슷한 경우다. 배후인 벽은 칸막이로서의 벽, 또는 외부 공기를 차단하기 위한 벽이며 일상성 속에 있다. 만약 액자가 없다면 그림은 일상성 속에 매몰되어 있다. 액자가 있는 덕분에 일상세계(필요나 필연의 세계)가 한데 섞이지 않고 그림은 일상세계 속에서 비일상의 자율적 세계를 그린다. 놀이가 비일상성을 지닌다는 것은 단적으로 말해 필요·필연으로부터 자유롭고, 수수께끼와 같은 어린이들의 언어놀이와 다르며, 상금을 경쟁하는 텔레비전 퀴즈 프로그램은 어떤 의미에서도 놀이라고 할 수는 없다.

놀이의 세 번째 특징은 '완결성과 한정성'이다. 놀이에는 스포츠나 게임처럼 승부를 겨루는 경우가 많지만, 놀이는 놀이일 뿐 시간과 공간에 의해 한계를 긋고 있다. 놀이란 '기껏해야' 놀이라서 게임에 지더라도 인생이 패배한 것은 아니며 전쟁처럼 먹느냐 먹히느냐, 지게 되면 국가가 잿더미로 바뀌지도 않는다. 그렇지만 놀이는 놀이라는 측면을 갖고 있기 때문에 시간과 공간으로 한정시킨 완결된 놀이공간 속에서 사람들은 놀이를 진지하게 즐기게 된다.

시간은 놀이의 시작과 끝의 경계를 짓고, 공간은 놀이장소와 그 범위를 정한다. 이 2가지의 한정성 가운데 특히, 호이징거는 놀이 속에서 특유한 것은 공간의 한정성이라고 설명한다. 어떤 놀이도 사전에 정해진 공간을 가지며, 놀이는 그 놀이공간 속에서 이루어진다. 이 공간이 의식적으로 설정된 곳도 있지만 스스로 성립된 곳도 있다. 또한 구획화가 지도 위에 선을 긋듯이 확실한 구분에 의해 현실로 이루어지는 경우도 있지만 관념상으로만 성립한 경우도 있다. 아레나(투기장), 트럼프 테이블, 신전, 무대, 스크린, 법정 등은 어느 곳이나 놀이장소를 형성하지만, 놀이장소를 일상성 가운데 비일상성의 공간으로 하는 경우는 그들 세계의 질서를 부여한 규칙이 존재하기 때문이다.

오늘날 놀이는 일과 공부 등의 활동에 대한 잔여(여가) 활동이라는 의미로 많이 이해한다. '그렇게 놀고 있지만 말고 때로는 공부도 하세요, 그렇게 하지 않으면 훌륭한 어른이 될 수 없어요'라고 공부에 대한 다그침을 당하는 어린이들, 여기에서 말하는 '훌륭한 어른'이란 분별과 도량을 가진 어른보다는 높은 지위와 소득을 수단으로 하는 어른이며, 공부는 그런 지위를 손에 넣기 위한 수단이라기보다 '공부'라는 말은 원래 어떤 목적을 달성하기 위해 무리하게 하는 것을 의미하고 한다고 사토(佐藤学)는 기술한다(佐藤, 2000). 또한 사토는 '손님, 공부해서 남 주나요'의 '공부'는 모든 목적을 달성하기 위하여 무리해서라도 해야 한다는 원래 뜻이 어린이들의 공부를 강요시키는 의미로 바뀌었다고 주장한다.

사토는 억지로 강요된 '공부'를 대신하여 교육의 중심으로 '배움'을 눈여겨보았다. 그는 공부와 배움의 다른 점 2가지를 다음과 같이 설명했다.

> '공부'와 '배움'의 차이는 '만남과 대화'의 유무에 있다고 보았다. '공부'는 누구와도 만나지 않고 누구와도 대화하지 않고 수행할 수 있는 데 반하여, '배움'은 물건이나 사람, 사건과 접하고 대화하면서 하는 일이며, 다른 사람의 사고나 감정과 만나 대화하는 일이며, 자기 자신과 만나 대화하는 일이라고 생각한다.

바꿔 말하면 '배움'이란 물건(대상세계)과의 만남과 대화에 의한 '세계 만들기', 다른 사람과의 만남과 대화에 의한 '동료 만들기', 자기 자신과의 만남과 대화에 의한 '자기 만들기' 등이 삼위일체가 되어 수행하는 '의미와 관계를 다시 짜는' 영속적인 과정이다.(同上, 56~57쪽)

'의미와 관계를 다시 짠다'는 의미는 분명하다. 유럽 열강의 세력 다툼 속에서 근대화를 추진한 일본은 부국강병과 국민국가 형성이라는 목적과 관련하여 교육을 고안한다. 제국헌법과 동시에 포고된 교육칙어는 국민=신민형성을 위한 지주가 된 한편 서구의 선진 기술을 적극적으로 도입하여 초등학교는 읽기와 쓰기, 계산 등 기본

기능 습득을 중시했다. 근대화라는 목적을 위한 수단으로서 역할을 담당할 학교교육의 말단에 학급이 있었다. 학급은 국가행정 시스템 속의 현과 시정촌이 책임지도록 하는 역할을 완수했다. '학급왕국'이라는 말이 적절히 표현해 주듯이 학급은 다른 것으로부터 개입을 허락하지 않는 폐쇄적 영역을 의미함과 동시에 교사를 천황으로 간주한 '국체(國體)의 미니어처'판이었다. 야마가타 아리토모(山県有明)가 추진한 지방 '자치제'에서 자치단체는 천황제의 지배구조 속에 들어가 있었다. 학급도 또한 학생들의 집단적 자치(학급회)를 포섭한 지배구조를 가지고 있었다.

국민국가의 통일을 도모하고 여러 선진국 수준에 도달할 목적으로 한 근대화를 위한 교육은 획일화에 의한 효율을 목표로 삼는 교육이 되었다. 생산공정을 합리화하고 제품을 획일화함으로써 대량생산을 추진하는 기업처럼 교육도 획일적인 제품을 생산하는 교육공정으로 바뀌었다. 구체적인 교육목표에서 과제를 설정하고, 수업과 배움의 과정을 생산성과 효율성 기준으로 달성하며, 그 결과를 테스트하여 수량적으로 평가하는 '목표·달성·평가' 모델은 대규모 공장의 조립라인(assembly line)을 유추하여 성립한 커리큘럼의 틀이었다(佐藤, 1999). 이와 관련한 '목표·달성·평가' 모델이 미국에서 개발되었고 그 모델이 테일러(Tayor)의 근대적 노무관리 이론이다.

교육의 근대화 모델은 얼마 안 있어 일본의 고도경제성장을 이루었고, 뒤이어서 한국, 중국, 대만, 싱가포르 등 동아시아 국가와 지역도 교육의 근대화를 이룩했으며, 교육을 도약의 발판으로 경제성장을 추진했다. 그러나 이 모델은 지금 전환기에 접어들어 부작용이 속출하기 시작했다. 일본은 1980년 전후(前後)가 분기점이며 학교폭력을 비롯하여 왕따, 등교 거부, 학급 붕괴, 원조교제 등 여러 문제가 용암처럼 분출하기 시작했다. 사토는 기존 교육 시스템에 잠재된 모순이 분출한 배경으로 '공부'에서 '배움'으로의 전환이 급선무라고 설명한다.

'공부'에서 '배움'이라는 형태로 교육의 '의미와 관계를 다시 짜는' 것은 한 마디로 말하면 교육을 수단으로서의 교육 — 교육을 하는 사람은 교육을 국가 목적의 수단으로 하고, 교육을 받는 사람은 입신양명의 수단으로 한다 — 에서 해방시키고 목적 — 수단과 관련되지 않은 '배움의 공동체'를 창설하려는 데 있다. 여기에서 우리는 앞의 '놀이'가 여기에서의 '배움'과 상당히 유사한 관계에 있다는 것을 알 수 있다. 놀이도 또한 (호이징거에 의하면) 필요 = 필연 밖에 있는 자유의 공간이기 때문이다.

'놀고만 있지 말고 때로는 공부하세요'라고 말할 때, 공부는 쓸모 있으나 놀이는 어떤 쓸모도 없는 것으로 대비된다. 쓸모 있는 것 바꾸어 말하면 쓸모가 있어서 추구된 활동도, 예를 들어 재미로 추구했다면 보통은 부정적인 뉘앙스를 풍긴다. 이에 대해 '잘 배우고 잘 놀며'라는 말을 할 때, 놀이라는 말에는 부정적인 의미는 없다. 배움은 지력을 연마하며 놀이는 신체를 단련하듯이 여기에서 놀이는 긍정적으로 받아들여진다. 그러나 배움과 놀이가 대립이라고까지는 말할 수 없어도 대비 내지 병립된다는 점에서는 놀이와 공부의 경우와 동일하다. 정말로 놀이와 배움이 그렇게 이질적일까.

공부와 대비시킨 놀이는 유용하지 않은 쓸모없는 활동이지만, 어린이의 입장에서는 재미있고 즐거운 것이 놀이다. 놀이가 고통이라고 들어본 적이 없다. 아마 즐거움이 놀이의 가장 본질적인 요소를 이루고 있다.

즐거움이 놀이의 본질적 요소라면 도대체 무엇이 즐거움을 초래할까. 그 근원을 밝혀내기는 어렵다. 호이징거도 놀이의 재미에 대해서는 어떠한 논리적 해석도 하지 않고 놀이와 재미는 그 이상의 근원적인 관념으로 환원시킬 수 없는 본질적·본성적이라고 말할 정도다.

확실히 '웃음'이라는 현상이 철학자들의 두뇌를 괴롭히듯이 '즐겁다'라는 현상도 분석적인 고찰을 받아들이지 않는 경우가 있다. 그러나 놀이의 즐거움의 근원적 출처가 아닌 부대상황이라면 생각을 돌릴 수 있다. 다름이 아니라 앞에서 설명한 3가지 특징이 즐거움을 구성하는 상황이라고 생각된다. 호이징거는 놀이를 총괄적으로 정의하여 다음과 같이 설명하였다.

> 놀이는 '진심으로 하는' 것이 아니라 일상생활 밖에 있다고 느껴지지만, 그럼에도 불구하고 노는 사람을 마음속까지 몽땅 사로잡는 일도 가능한 하나의 자유로운 활동이다. 이 행위는 어떠한 물질적 이해관계와도 결부되지 않고, 그들로부터는 어떤 이득도 초래하지 않는다. 그것은 규정된 시간과 공간 속에서 결정된 규칙에 따라 질서정연하게 진행한다. 또한 놀이는 비밀로 둘러싸인 것을 즐기며, 자칫하면 일상세계와 다르다는 점을 일부러 변장 수단으로 강조하려는 사회집단을 만든다.

이를 요약하면 놀이는 목적과 수단으로 흘러넘치는 일상세계에 다른 세계를 형성하는 즐거움이다. 마분지 상자에서 노는 어린이에게 상자는 포장을 위한 실용품에서 집이나 타는 물건으로 바뀌고, 어린이가 갖고 놀지 않으면 마분지 상자는 포장재로 되돌아간다. 많은 어린이들이 어울려 노는 소꿉놀이는 가정생활을 소재로 한 연극이며, 배우의 연기 무대인 공간은 흙 위의 돗자리나 비닐 시트다.

놀이는 특별히 어린이들에게만 한정되지 않는다. 호이징거의 목적은 놀이의 문화론이며, '놀이의 모습 속에서' 문화를 볼 수 있기 때문에 놀이는 어린이의 놀이에서 어른의 놀이에 이르기까지 실로 다양하게 걸쳐 있다.

그 중의 하나가 학문이다. 고대 그리스의 학문은 (오늘날의 의미로) 학교에서 성장하지 않았으며 실용을 목적으로 하는 직업교육으로 육성되지도 않았고 국가의무, 전쟁, 제사, 기타 필요에 의해서 '자유로운 시간과 한가로움'의 결실로 이루어졌다고 호이징거는 설명한다. 베블린 풍으로 말하면, 학문은 '자유로운 탐구심(idle curiosity)'을 기초로 생겨나 발달했다고 볼 수 있다. 여기에서 말하는 'idle'은 목적－수단과 관련되지 않은 것, 자동차의 엔진을 목적도 없이 고속으로 회전시키는 아이들링(idling)처럼 실리를 목적하지 않고, 탐구자의 내면에서 끓어오르는 의심스러운 생각과 의문으로부터 시작한다는 의미다. 학문이나 연구는 본래 실리나 실용 밖에 있는 것으로 대학에 산업화 물결이 밀어닥쳐 비즈니스의 수단이 되어 가고 있다. 호이징거는 이렇게 미국의 고등교육 현상을 비판했다.(Veblen, 1918)

철학이나 과학과 같은 학문이 그 뿌리를 한가로움과 자유로운 탐구심에 두고 근대 학교(대학) 이전에 학문공동체(=「놀이」의 공간)를 형성함으로써 이루어졌다면, 어린이들의 배움은 더욱 필요하거나 필연성으로부터의 자유였을지 모른다. 어린이들이 여기저기에서 노는 그 자체가 바로 배움이다. 놀이공간과 배움공간은 대부분 겹쳐서 나타난다. 사토의 '세계 만들기'와 '친구 만들기', '자기 만들기'는 바꾸어 말하면 놀이공간을 만드는 일이다. 예를 들면 세계 만들기는 물건(대상 세계)을 자신의 만드는(이용한다) 데 그치지 않고, 자기와 대상과의 사이에 어느 쪽으로도 환원할 수 없는 제3세계 형성을 의미한다. 콜린우드(R. G. Collingwood)는 과학은 실용보다 종교에서 그 뿌리를 찾을 수 있다고 주장했지만(Collingwood, 1924), 콜린우드는 외부 세계로의 경이로움과 공포가 자연의 배후에 있는 절대자에 대한 탐색과 연결되어 있다고 말한다. 종교의 기원이 여기에 있지만, 이런 행위가 과학의 길을 열었다. 이것은 대상세계와의 만남과 대화가 세계를 만든다는 배움과도 공명을 의미한다.

지금까지의 내용을 정리하면 첫째로 교육원형으로 눈여겨 볼만한 학교는 닫힌 영역 속에서 이루어진 '공부'가 아닌 '배움'이며, 배움의 원형을 '놀이'에서 찾는 것이다. 이렇게 보면 학교는 교육을 점유할 수 없고, 학교의 교육은 다양한 배움의 일부분에 지나지 않는다. 학교의 안과 밖을 선으로 구분하여 학교가 교육을 점유한다면 교육에 커다란 왜곡을 초래하게 된다.

둘째로 배움으로서 교육은 공장과 같은 조직이 아니며 공간을 형성한다. 배움공간은 놀이공간이 그랬듯이 다양한 대상과의 만남 속에서 생겨나고 자신과 대상과의 틈새에서 창출된다. 이 공간은 단일하지 않다. 테일러 시스템과 포드 시스템(Taylor & Ford System)을 흉내낸 교육이 획일성과 대량성과 효율성으로 특징짓는 데 대해 배움으로서의 교육은 다원적이다. 학교의 안과 밖을 구분하는 것은 자의적이며, 학교 밖의 배움공간도 아직은 한결같지 않다. 이상의 두 가지 점에 입각하여 어린이의 공간적 성장에 대해 고찰하고자 한다.

성장의 공간적 측면

마분지 상자나 이불 속에서 노는 유아가 조금 더 성장하면 바깥의 광장이나 공원을 놀이터로 삼는다. 유아들은 놀이터를 선택할 때 광장이나 공원 중 어디라도 좋다고 하지 않고 무의

식 중에 고른다. 전에 필자가 살았던 단지 부근에는 4곳의 공원(광장)이 있었다. 공원들은 그다지 멀지 않은 거리임에도 불구하고 각각의 공원은 활기 면에서 차이가 났다.

가장 활기 넘치던 공원은 2개 동(棟)의 건물(남북으로 배치됨)로 협소하고 안이 철조망으로 둘러싸인 작은 코트, 바로 앞에 가깝게(단지내) 상점가가 배치된 광장(원형광장이라고 부름)이었다. 이곳은 평일에도 해질녘까지 어린이들이 놀고 있으며, 일요일에는 한층 더 떠들썩하다. 아장아장 걷는 유아들은 부모가 옆에 붙어 있고, 어린이들이 거닐며 한쪽에서는 캐치볼을 하고 다른 한쪽에서는 비행기를 날리는 등 브뤼겔(Pieter Bruegel the Elder)이 그린 〈아이들 놀이(Children's Games)〉와 거의 비슷한 광경이 전개되었다. 이곳에 비하면 수십 미터 떨어져 있는 공원에서는 사람 모습을 전혀 찾아볼 수 없다. 10년 가깝게 그곳에서 살았는데도 어린이들이 놀고 있는 광경을 한 번도 본 적이 없었다.

이 무인(無人) 광장은 단지의 주변부에 있지 않았다. 지리적으로 보면 오히려 중심지역에 있다. 그럼에도 불구하고 이 광장은 길고 좁으며 골짜기에 위치하고 있어 볕이 잘 들지 않는다. 어른조차 쳐다보지 않는 장소에 시소와 그네는 엉뚱한 곳에 설치되어 있다. 세 번째 공원도 비슷하다. 이 공원은 단지와 주택지와의 경계인 초등학교 뒤쪽에 있다. 벤치나 간단한 놀이시설이 설치되어 있지만, 놀고 있는 어린이가 없어 쓸쓸한 장소다. 네 번째 공원은 단지에서 200미터 정도 떨어진 곳에 있는 비교적 넓은 자연공원이다. 이 공원 앞의 두 공원과 다르게 잔디밭 광장에서 초등학생과 중학생이 자주 캐치볼과 축구를 하면서 놀고 있다. 봄과 가을철에는 부부가 자녀들을 데리고 돗자리에 앉아 도시락을 먹는 광경을 목격할 수 있었다. 첫 번째 광장만큼 활기는 없지만 어느 정도 안정성과 편안함이 느껴지는 장소다.

거리는 그다지 떨어져 있지 않은 원형광장과 골짜기에 자리 잡은 공원 두 곳은 차이가 매우 심하다. 차이의 원인을 찾아보기는 쉽다. 우선 원형광장에는 많은 사람들이 보고 있다. 광장을 사이에 두고 있는 두 개의 건물 중 한 동은 남쪽 광장에 접해 있기 때문에 각층 베란다가 광장을 내려다보는 모습이다. 이 때문에 놀고 있는 어린이들에게는 항상 거주자들이 내다보는 것처럼 느껴질 수 있다. 더구나 광장의 서쪽은 상점가와 가까운 거리이기 때문에 두 동의 건물 이외 지역에 거주하는 주민들로 빈번하게 이곳을 왕래하였다. 많은 사람들의 눈길이 어린이들을 안심시킨다고 볼 수 있다. 골짜기에 있는 공원은 왕래하는 사람들이 없고 기껏해야 골짜기에 설치한 다른 동으로 연결되는 육교를 건너는 사람들의 눈길이 있을 뿐이다.

두 번째 요인은 광장의 형태다. 원형광장은 전체적으로 볼 때 기하학적인 원형이 아님에도 불구하고 원형처럼 느껴진다. 이 광장은 세 방향 모두 건물과 코트로 둘러싸여 있는데도 불편한 느낌이 없다. 북쪽에 있는 건물 동이 광장에 바로 인접하고 있기 때문에 응달이 져서 압박감이 생기지만, 광장과 건물 사이의 통로로 인하여 압박감을 완화할 수 있다. 또한 동쪽 코트 철망 너머로 멀리 경치를 볼 수 있기 때문에 남북의 2개 동이 10층 이상 건물임에도 불구하고 그다지 높다고 느끼지 못한다. 이 원형광장에 비해 골짜기에 자리 잡은 광장의 압박감은 새삼스럽게 설명할 필요가 없다.

이상은 어디에서나 있을 법한 광장과 공원에 불과하다. 그러나 이 사례만으로도 어린이의 성장과 공간은 상관관계가 있음을 알 수 있다. 유아는 유아에게 어울리는 공간이 있고 어린이는 어린이에게 어울리는 공간이 있다. 이 '어울림'은 어른들 기준의 어울림이 아니

라, 유아나 어린이가 스스로(아마 무의식 속에) 느끼는 장소에 대한 감
각이다.

다만 놀이가 '재미'있듯이 장소와 공간에서 '느끼는 기분'을 분석
하고 그 출처를 몇 가지 근본요인에서 찾는다는 것은 어렵다. 하물
며 당사자가 그렇게 해석하기는 매우 어렵다. 어린이에게 '왜 거기
에서 놀고 있느냐?'라고 물어봐도 돌아오는 답변은 기껏해야 '항상
노는 장소이기 때문에 놀고 있다'라고 말한다. 이유는 분명하지 않
지만 많은 어린이들이 놀고 있는 가득 찬 공원이 있는가 하면 한
명도 보이지 않는 공원도 있다.

알렉산더(C. Alexander)는 장소나 공간의 질은 분석을 받아들이지
않는 경우가 있고, 기껏해야 좋다 또는 나쁘다는 형용사로 표현할
수 있을 뿐이라고 주장한다(Alexander, 1979). 좋다 나쁘다는 가장 일반
적인 형용사다. 약간 세분하면, 활기가 있는(alive), 통일감 있는
(whole), 편안히 지내는 느낌이 있는(comfortable), 자유롭게 하는(free),
느슨함이 없는, 잘 정돈되어 있는(exact), 익명성이 있는, 눈에 띄지
않는(egoless), 시간을 넘어서는(eternal) 등의 말은 한 방면의 질(좋음)을
형용한다. 알렉산더는 마을이나 도시의 건축공간을 논의하였다. 그
러나 공간의 질을 표현하는 형용사는 거의 대부분 호이징거의 놀이
공간을 나타내는 특징과 중복된다는 사실을 쉽게 알 수 있다. 이것
은 단순한 우연이 아니다. 알렉산더의 도시·건축공간의 질은 미적
인 질이며, 제3자가 도시와 건축공간을 외부에서 바라보고 좋은가
나쁜가를 판단하는 질이 아니라, 공간 당사자, 길을 걷는 사람, 공
원에서 노는 사람들이 몸으로 느끼는 질이다.

이 점에 관하여 알렉산더의 장소와 공간이 3차원의 물적 공간과
여기에서 일어나는 사건과의 쌍방에서 성립된다는 지적은 매우 중
요한 의미를 갖는다. 알렉산더가 말하는 공간은 그곳에서 사람들이

무엇을 하고 있는가, 무엇인가를 한다는 점이 불가분하게 이루어지고 있으며, 이러한 움직임이 없는 공간은 물적 시설과 자연, 고대의 유적으로 퇴화될 수 있다.

다만 동시에 사람들의 활동은 구체적인 3차원의 물적 공간이 필요하다. 보행과 놀이는 물론이고 독서하거나 계산문제를 푸는 활동조차 그렇다. 독서나 계산은 순수한 정신이 하는 순수한 사고인 듯이 보이지만, 자세히 보면 책을 읽는 행위는 책상 위에 놓여 있는 책의 문자를 쫓아가는 행위이며, 계산도 노트에 기록된 수식을 연필이라는 도구를 사용해서 변형하는 행위와 다를 바 없다.

놀이공간, 배움의 공간은 활동공간이며, 활동은 어린이의 내적 세계(정신, 퍼스낼러티)와 외적 세계(신체, 다른 사람, 물적 세계)가 만나는 경우에 시작된다. 이 '만남'은 내적 세계가 외적 세계에 작용하여 만나는 방법이 있으면, 외적 세계가 내적 세계에 충격을 주어 만나는 방법도 있고, 특히, 활동을 통하여 내적 세계와 외적 세계 쌍방이 이루어지는 만남도 있을 수 있다. 이 점에 관해서 고전적 교육론은 내외 이원론에 입각하여 어느 한쪽을 다른 쪽에 우선하는 교육역할을 주장하는 경향이 많았다. 내적 세계를 중시하면 루소(Jean-Jacques Rousseau) 풍의 개인주의적 교육, 본래 어린이가 갖고 있는 자발성과 개성에 역점을 둔 교육론이며, 외적 세계를 중시하면 뒤르켐(Émile Durkheim) 풍의 사회규범이나 전통을 어린이 안에 내면화시키는 사회유기체론적 교육론이다. 자발적 학습이냐 그렇지 않으면 훈련이냐는 논의도 내외이원론적 교육론의 한 부분이다.

어린이는 성장에 따라 개성과 자발성을 발전시키는 것이 중요하며, 사회규범을 내면화시키는 것도 매우 중요하다. 그럼에도 교육론의 가운데 국가의 교육정책은 개인인가 사회인가라는, 이것인가 저것인가라는 일원론적 교육론에 치우치기 쉽다. 개성과 규범, 개인

과 사회가 어떤 밀접한 관계를 갖고 있는지를 생각하지 않았기 때
문에, 내부일원론과 외부일원론이 시대상황에 따라 서로 바뀌고, 서
로 되풀이되면서, 개성중시와 규범중시 사이에서 마치 경제의 경기
순환처럼 유동적이다.

(뒤르켐처럼) 어린이를 '미숙한 어른'으로 보거나 (루소와 같이) 어른을
'퇴폐한 어린이'로 보는 것도 문제가 있다. 중요한 것은 인간이라면
누구든지 어린이 시기를 거쳐야만 어른으로 되지 않을까. 바꾸어
말하면 어린이는 어린이에게 고유한 시기가 있고 어린이 시기를
지나면서 '어린이다운' 어린이는 '어른다운' 어른으로 자란다. 어린
이는 분명히 미숙하지만, 예를 들면 교육의 힘이 있어도 미숙한 어
린이에게서 완성된 어른이 이루어진다는 생각은 어떻게 보아도 불
합리하다. 또한 미숙함을 식물에 비유해서 어린이에게 어른의 종자
가 함유되어 있고 이 종자가 자발적으로 생장한다고 생각할 수도
없다.

어린이 시기 – 우리말로 하면, 어린이의 '공간'이다. 이 공간이
놀이공간이라면 배움의 공간이라고도, 만남의 공간이라고도 할 수
있다. 만남의 공간은 또한 경험의 공간이다. 왜냐하면 경험이란 '인
간이 외부 세계와의 상호작용 과정을 의식화해서 자신의 것으로 만
드는 일', '인간의 모든 개인적·사회적 실천을 포함하여, 인간이
외부 세계를 변혁시킴과 동시에 자기 자신을 변화시키는 활동(출처:
広辞苑)'에 기초했기 때문이다. 인간의 내적 세계도 외적 세계도 결코
불변으로 주어진 것은 아니다. 더구나 태어나서 그 시기를 지나지
않은 어린이의 경우에는 특히 더 그렇다. 경험이 아직 뚜렷하게 모
양을 갖추고 있지 못한 이 두 세계를 보여주고 있다. 그래서 경험(=
활동)은 (이미 있던) 내적 세계와 외적 세계를 연결시킨다는 방식은 부
적절하며 오히려 경험(=활동)에 의해 이들 세계가 구축되고 있다.

철학의 역사를 보면, 실용주의(pragmatism) 철학은 내적 세계와 외적 세계의 이원론(협의로는 심신이원론)을 극복하려고 시작되었다. 실용주의 즉, 활동의 철학은 변종인 실용주의와 도구주의로부터 멀리 떨어져 있다. 실용주의는 활동에 따른 외적 세계를 인간에게 도움을 주려는 것이 아니라 활동에 따라 내·외적인 양 세계가 만들어진다. 또는 인식론에서 보면 활동에는 문자기호인 선과 점이었던 대상(외적 세계)과 의미를 만들어내는 관념(내적 세계)이 포함된 것처럼 (실제로 퍼스는 인간을 기호라고 보았다), 내·외적 양 세계를 포함하려는 것이 본래의 실용주의이다.

실용주의 철학자 가운데 특히 듀이(John Dewey)는 교육에 심혈을 기울였다. 듀이도 교육은 결코 소정의 목적을 이루는 수단이라고 보지 않고, 오히려 목적-수단과 관련짓지 않고 교육 본래의 방식을 보았다(Dewey, 1915). 학교는 어린이가 모든 경제적 압력과 공리성에서 해방되어야 한다. 예로부터 전해오는 교육문제는 무엇보다도 '중력의 중심이 어린이들 이외'에 놓여 있다. 중력의 중심은 어디까지나 어린이 그 자신에게 두어야 했다. 그럼에도 불구하고, 중력의 중심이 '교사·교과서, 기타 등 어디에 있어도 좋지만, 어린이 자신의 직접적 본능과 활동 이외의 경우에 있다'는 점이 지금까지의 교육이었다. 듀이는 중력의 중심을 '본능과 활동'으로까지 이동시켜야 한다고 주장했다. 여기에서 말하는 '본능'은 식욕과 성욕 같은 부류의 본능이 아니라 놀이와 활동을 통해서 겉으로 나타나는 외부 세계의 흥미와 호기심, 탐구심이라는 본능이다.

듀이와 함께, 활동이 어린이 성장에 밀접한 관계가 있다고 주장한 사람은 발달심리학자 피아제(Jean Piaget)다. 피아제는 놀이와 활동을 통해 어린이가 자기형성과 사회형성을 촉진하려고 한다는 데 듀이의 의견에 찬성하고, 듀이의 학교를 긍정적으로 '활동학교'라고 했다(Piaget, 1930). 다만 듀이가 주로 학교라는 장소에서 어린이의 성장에 관심을 둔 데에 비하여 피아제의 관심은 일상생활에서 어린이의 활동과 성장과의 관계에 있었다. 피아제는 일상생활에서 게임과 놀이 또는 동료와의 협동적 활동만이 사회생활을 가능케 하는 도덕 관념의 발달을 촉진할 뿐만 아니라 어린이의 지능, 지성, 세계관의 형성을 임상심리학적 기법으로 밝혔다.

피아제는 도덕관념의 발달이나 지능과 세계관의 발달이나 어린이 성장은 어린이가 자기중심성을 벗어나는 것과 표리관계에 있다고 보았다. 예를 들면, 유아는 걸으면서 올려다 본 밤하늘의 달을 보고 자신에게 매달려 간다고 말하고, 또한 자신이 좋아하는 것과 싫어하는 것을 자칫하면 도덕적 선이나 악으로 평가하는 경향이 있다. 피아제는 이러한 유아의 자기중심성에 탈 중심화를 강요하는 것이 활동, 특히 협동으로 이루어지는 활동이라고 주장한다. 어린이의 내적 세계와 외적 세계는 형성된 것이며, 활동이 이들 세계를 형성한다. 이러한 관점이 없다면 두 세계는 고정화된다. 피아제는 어린이의 자기중심성과 어른의 권위에 대해 전면적인 믿음이 정반대처럼 보여 실제로 동전의 앞뒤라고 설명하지만, 이것은 특별히 어린이에게 한정된 이야기는 아니다. 권위에 대한 비판과 복종이 동시에 존재하는 것은 청소년기 특유의 현상이어서, 정치세계는 정치로부터의 도피(자기로의 퇴각)와 카리스마적 지배자로의 절대적 귀의가 모순 없이 공존할 수 있다. 탈 중심화는 자기 이외의 어떤 세계에 복종하지 않고 자기의 내부 세계와 외부 세계를 새롭게 형성한다. 그것을 가능케 하는 것이 활동이라고 피아제는 주장한다.

어린이와 어른의 공유점

어린이는 시간적으로 뿐만 아니라, 공간적으로도 성장하였다. 우리는 공간의 원형으로 놀이공간을 생각한다. 놀이공간은 공리성 밖에 있고, 목적－수단의 관계에 얽매이지 않는다는 의미에서 '완결성'을 가지고 있다.

그러나 여기에서 의문이 하나 생긴다. 놀이와 활동은 어린이의 성장을 촉진하고 어린이 공간을 만든다. 그렇다고 해도 성장이라는 말은 동시에 어린이가 어린이 공간을 점차적으로 열어 나감을 의미하는 것이 아닌가. 듀이는 활동이 놀이와 일 모두를 포함하기 때문에 놀이와 일은 생각만큼 상반되지 않는다고 기술하고 그 둘의 상호적 가변 가능성을 시사하였다. 그러나 놀이가 일로 또는 어린이의 일이 어른의 일로 어떻게 변환되는가는 설명하지 않았다. 활동공간이 유아가 노는 놀이공간이라고 한다면 '활동학교'라는 학교공간도 있다. 게다가 '놀이'성을 희박하게 하는, 즉 목적－수단의 관계에서 강하게 만들어진 직장과 같은 공간도 있다. 어린이 성장의 한 면을 공간적 성장이라고 말하는 데는 어린이가 완결성을 갖고 한 공간에 머물지 않고 지금까지의 공간을 탈피하거나 이동하는 모습을 생각할 수 있다.

놀이공간이라는 자기 완결적인 공간은 오픈 스페이스여야 한다. 그렇지 않으면 어린이가 공간에서 성장하기란 매우 어렵다. 이 점에 대해서 놀이와 활동을 배움의 기본으로 설정한 논자(論者)는 호이징거와 마찬가지로 공간의 개방성보다 자칫하면 완결성 쪽을 강조한다. 놀이는 공리적 목적을 위해 이루어지지 않는 자유로운 활동이며, 자발성이 놀이의 핵심(essence)을 이룬다. '성숙한 세대들에 의해 아직 사회생활에 친숙치 못한 여러 세대 위에 이루어진 작용

(Durkheim, 1922, 邦譯, 104쪽)'에다가 교육이라는 교육관에 의해 만들어진
학교가 어린이의 공간이라기보다는 오히려 어른의 공간이라면, 듀
이와 피아제 등의 학교는 어린이의 자발성에 뿌리를 둔 어린이의
공간이다. 특히, 피아제는 자발성과 자율성에 기초한 협동
(democracy)을 강조하기 때문에 그들이 받아들이는 어린이 공간의 자
기완결성은 그만큼 높아진다.

문제는 공간의 완결성인가 개방성인가라는 양자택일이 아니라
듀이와 피아제가 주장하는 의의를 인정하면서 완결성과 개방성이
어떻게 하면 양립할 수 있는가를 찾아야 한다. 어린이들이 생활하
는 여러 공간은 문어나 낙지를 잡는 항아리처럼 결코 독립하여 병
존할 이유는 없다. 어린이의 공간과 어른의 공간과의 관계도 그렇
다. 각각의 공간은 상대적으로 완결성을 유지하면서 또 다른 공간
에 대해 열려 있는 것은 도대체 어떻게 해서 가능한 일인가.

이 가능성을 추구하고 이 가능성을 도시라는 장소에 의거해서 생
각한 것이 본 장의 과제다. 미리 하나의 가능성을 시사해 보면, 그
것은 여러 공간은 반드시 독립적으로 병존할 이유는 없으며, 대부
분 '중첩'되어 있다. 예를 들어 어린이의 공간과 어른의 공간은 강
고한 벽으로 구분될 이유가 없고, 한편이 다른 편을 완전히 이해할
이유도 없다. 두 공간은 공유점을 갖고 어린이의 공간은 어른 공간
의 일부를 어른의 공간은 어린이 공간의 일부를 포함하여 각각 상
대적 완결성을 확보한다.

교육학자 다나카 다카히코(田中孝彦)가 피아제 교육론의 의의를 인
정한 후에 그 문제점을 지적하고, '어린이는 현실에서 어린이들끼
리 상대적으로 고유한 세계를 만들면서, 즉 어른과 함께 생활하며
성장하였다. 따라서 어린이의 도덕성 발달 코스도 어린이와 어른의
관계변화, 어린이들끼리의 관계변화, 두 관계의 관련성 변화 과정

과 관계를 받아들여야 한다(田中, 1979, 220쪽)'고 기술한 내용도 관련된다. 어른과 어린이, 큰 어린이와 작은 어린이가 상호 관련성에 따라(그것은 반드시 지도하고-지도받는의 관계는 아니다), 어린이는 시간적으로나 공간적으로 성장한다.

2

도시공간 구성

도시문제로서 교육문제

학교는 배움의 유일한 장소가 아니며 공부는 배움의 유일한 실천이 아니다. 배움의 원형을 놀이라고 생각한다면, 가정이라는 공간과 집 밖의 놀이공간도 학교와 함께 배움의 장소라는 데는 변함이 없다. 그런데 배움을 공부와 같은 값으로 할 때 놀이와 배움은 대립어로 되고 학교의 안과 밖도 대립하여 어린이의 성장장소는 연속성을 잃어버리고 만다. 이와 동시에 '교육'이라는 말도 어른이 어린이에게 지식과 도덕을 철저히 가르치고 교화하는 준비를 의미한다. 최근 일본은 가정교육 기능을 소리 높여 외치지만, 가정의 중시는 학교의 안팎을 어린이의 성장을 지원하기 위해 연결하기보다는 교화장소를 학교에서 학교 밖까지 확대하려는(그리고 학교와 가정은 국가에 포섭된다) 의도로 출발하였다. 이것은 가정의 연장선에 학교가 있고 학교는 가정에서 하려는 일을 조직적으로 수행하는 장소라고 설명하는 듀이의 교육관과 언뜻 비슷하게 보이지만 전혀 다른 방향이다.

학교는 어린이의 성장에 의해 또는 교육장소로서 정말 최고의 특별한 지위를 차지하지만 기껏해야 수많은 교육장소 중 하나에 지나지 않는다. 문제는 '기껏해야 하나'의 존재방식이다. 최근 학교의 새로운 존재방식으로 지역사회학교(Community School)가 구상되고 있지만, 만약 지역사회학교가 '지역이 운영에 참여하는 새로운 형태의 공립학교(교육개혁국민회의, 2000)'라고 한다면, 그것은 지금 일본교육이 지향하는 학교의 국립학교(National School)와 형태상으로 같다. '시정촌이 교장을 모집함과 동시에 지역 유지들에 의한 제안을 시정촌이 심사해서 설치한다', '교장은 관리팀(management team)을 임명해서 교원 채용권을 가지고 학교를 경영한다', '학교경영과 그 성과는 시정촌이 학교마다 설치한 지역학교협의회가 정기적으로 점검한다'(同上)는 것은, 바꾸어 말하면 학교의 '소비에트'화이며 학교를 통해 중앙통제를 강하게 하려는 의도가 숨겨져 있다.(보였다 안 보였다 한다)

현재 일본의 교육개혁은 '자유화'—이것은 어린이의 자유와 자발성을 촉진하지 않고 교육소비자로서 부모의 선택 자유를 의미한다—와 함께 학교 밖(지역이나 가정)으로의 확대를 추진하려고 한다. 어떤 의미에서는 학교, 지역, 가정이라는 모든 공간의 간극을 메우고 이들을 연속적으로 연결하려는 시도라고 할 수 있지만, 그 실태는 교육공간의 계층구조를 내포한 획일화(一樣化)이며, 교육을 강압적으로 하여 일원적으로 관리하려는 의도이다.

여기에서 놀이공간으로서 배움의 공간은 목적—수단 관련을 초월한 공간이었다는 것을 상기할 필요가 있다. 학교는 국가 목적에 대한 수단이 아니며, 가정도 국가 목적을 달성하려는 학교의 수단이 아니다. 가정과 학교 사이의 넓은 지역사회도 마찬가지다. 이 공간들은 기껏해야 어린이의 성장장소인 하나의 공간에 지나지 않

는다. 지역사회도 '지역'이라는 무한정 공간 - 교육논의에서는 학교
외부를 일괄해서 '지역'이라고 항상 일컫는 경향이 있다 - 은 아니며
어린이는 골목 · 빈터 공원 · 가로 · 상점가, 또는 학구(学区) 등 여러
공간으로 분절시킬 수 있다. 이들 공간은 상대적으로 자립하고 동
시에 부분적으로 공유점을 가지며, 어린이들은 이 공간 속에서 성
장한다. 이것이 어린이의 공간적 성장이다.

최근의 교육문제, 예를 들면 학교폭력, 왕따, 등교 거부하기, 은
둔형 외톨이 등 문제의 또다른 면은 어린이의 공간적 성장을 막아
서 생긴 문제라고 생각된다. 만일 그렇다면 교육문제의 일부분은
당연히 도시문제다.

실제 이것은 자신들의 일상사를 보면 바로 감지할 수 있다. 어린
이가 공간적으로 성장하기 위해서는 오랫동안 여러 관련 공간이 필
요하지만 길게 이어진 공간은 완벽할 정도로 줄어들었다. 집에서
한걸음이라도 밖에 나가면, 자동차도로 · 슈퍼마켓 · 백화점 등으로
이루어진 어른 공간이 바로 옆에까지 밀어닥쳐 유아기를 거친 작은
어린이가 바로 어른 공간으로 들어오도록 강요당하였다. 정부가 추
진하는 토지 유동화와 건축기준 완화 등의 자유화 정책은 이러한
상황을 더욱 압박할 것이다. 왜냐하면 시장의 공간은 가장 두드러
진 어른 공간이기 때문이다.

골목길

어린이의 성장을 촉진하고 어린이에게 필수적인
공간이 줄어든(short cut) 것은 바꾸어 말하면 도시가 거리를 없앴기
때문이다. 고도성장의 초기까지는 어디에서라도 볼 수 있었던 어린
이를 위한 어린이만의 공간은 지금 그다지 찾아 볼 수 없게 되었다.

이전에는 주택과 자동차도로 사이에 좁은 골목(폭 3m)과 좁은 길(폭 6m)로 온통 둘러쳐 있는 좁은 길이나 주택으로 둘러싸인 빈터와 광장 등 작은 공간은 여기저기 흩어졌고, 시장경제의 혜택을 받은 적이 없는 어린이만을 위한 가게가 어디든지 존재했다. 지금도 오래된 도시와 대도시 변두리는 어느 정도 거리를 갖고 있지만 신흥주택지 때문에 거리는 거의 사라져 버렸다.

도시가 거리를 없앤 가장 큰 원인은 자동차 보급이다. 자동차 보급에 의해 도시 조성의 출발은 자동차도로를 구분하기 시작했고, 자동차도로로 인하여 단절된 공간에 건물을 건축하는 형태로 블록 = 가구를 형성하였다. 기존 도시를 변형시키는 경우에도 새롭게 만들어진 도로는 종래의 생활공간을 우회하여 도시 속의 도로를 보존하는 것이 아니라 생활공간을 분단하고 단절시킴으로써 해체시키기에 이르렀다.

종횡으로 달리는 도로의 간극에 주택과 상업빌딩을 건축하는 형태로 도시가 형성되었기 때문에 오픈 스페이스(외부 공간)의 주역이 자동차도로가 된 것은 피할 수 없는 사실이다. 공원과 광장에서 조차 자동차도로가 만든 조각난 공간 속에 자리잡고 있다. 예로부터 내려오는 유럽의 도시 광장은 교회와 시(市)청사 등 건물로 둘러싸인 형태로 만들었다-라는 것보다 건물이 무정형의 오픈 스페이스를 말하자면 조각난 무정형 공간에 광장이라는 형상을 만들었다-고 하지만, 오늘날의 광장은 도로가 만든 블록에 만드는 형태로 조성했다고 카밀로 지테(Camillo Sitte, 1889)는 19세기 말에 발표했다. 지금은 광장의 질뿐만이 아니라 전체 생활공간의 질을 자동차도로로 변형되어 버렸다.

자동차도로는 단지 교통로일 뿐만 아니라 연도에 여러 상업시설을 유치하여 확대시켜 나가고 있기 때문에 가정의 내부와 외부, 어린이 공간과 어른 공간은 어린이 공간이 압축된 형태로 불균등하게 양극으로 나타난다. 이 뿐만 아니라 양극으로 나타난 공간은 멀지 않아 양자를 더해서 둘로 나눈 것 같은 획일적인 세계를 만들기 시작할 것이다. 텔레비전이나 라디오의 많은 프로그램은 로우틴(low teen)과 하이틴(high teen, 그들은 어린이일까 어른일까?)을 대상으로 제작하지만 이것은 도시공간의 획일화와 관련 있다고 생각한다.

도시공간의 획일화를 그곳에서 생활하는 사람의 입장에서 보면, 어린이가 어른화 하고 어른이 어린이화 하는 것과 다를 바 없다. 이러한 사태의 변화 속에는 학교가 달성하는 기능도 저절로 바뀌어 가지 않을 수 없다. 하지만 학교의 이런 변화가 최선의 변화라기보다는 오히려 시대의 변화를 이의 없이 받아들인 차선의 변화에 불과할 것이다.

앞에서 한 설명을 다시 부연하면 학교라는 공간은 어린이에게는 기껏해야 하나의 공간에 불과하다. 아니, 불과하게 되었다라고 말하는 쪽이 더 정확하다. 오늘날 교육당국은 '여유교육'을 간판으로 내걸고 교육정책을 추진하고 있지만, 과연 30년이나 40년 전의 어린이들은 당시의 교육을 '주입식 교육'이라고 느꼈을까. 개인적 경험에서 보면 주입식 교육이라고 느낀 어린이들은 거의 없다고 생각된다. 왜냐하면 학교는 어린이의 생활에서 시간적으로 큰 비중을 차지하지만 공간적으로는 기껏해야 하나의 공간에 지나지 않았기 때문이다. 학교에서 돌아오면 집에서는 즐거운 놀이가 잔뜩 기다리고 있었고 학교에서 조차 즐거운 체육시간이나 급식시간(식량 사정은 지금에 비하면 훨씬 나빴다)은 산수나 국어 시간의 괴로움을 충분히 보상했다. 저학년에서 고학년으로 올라가면서 오후 수업시간은 당연히 증가했지만 이것은 자신이 조금 어른으로 되었음을 증명한 것이었다.

시간적으로는 약간 불편해도 공간적으로는 여유가 있었기 때문에 불편한 시간을 참을 수 있었다. 고등학교나 대학을 목표로 한 수험경쟁은 훨씬 혹독하지 않았을까. 그럼에도 오월병(신입사원이나 신입생이 새로운 환경에 적응하지 못하고 방황하는 병)에 걸린 학생은 지금보다 훨씬 적었음에 틀림없다. 그에 비해 오늘날에는 어린이 공간이 이전과는 비교할 수 없을 정도로 궁핍해졌다. 따라서 공간적 '주입식' 폐단을 완화시키기 위한 시간적 '여유' 교육을 시행할 수밖에 없는 처지에 빠졌다. 하지만 이 공간적 '주입식'과 시간적 '여유'와의 편성을 반대하는 편성(공간적 '여유'와 시간적 '주입식')과 비교하는 경우, 플러스와 마이너스가 상쇄되고 조화하여 무승부로 되는가하면 결코 그렇지 않다. 후자가 어린이 성장과 궤를 하나로 하는 측면이 있는 반면에 전자는 오히려 성장을 저해할 가능성−자신들의 공간이 없는 어린이들에게 시간을 듬뿍 주었을 때, 우선 떠오르는 것이 집안에 틀어박혀 나오지 않고 텔레비전 게임에 몰두하는 그들의 모습이다−을 숨기고 있기 때문이다.

공간적 '주입식'을 상쇄할 계획으로 다른 하나, 열린 학교(open school)의 시도이다. 이것은 학교의 내부−라기 보다 교사(校舍)의 내부−에서, 말하자면 미니(mini) 도시공간을 창조하는 시도라 할 수 있다. 미국과 영국에서 일어난 '열린 학교' 운동은 1970년대 후반부터 80년대에 걸쳐 일본으로도 이식되고, 열린 학교의 이념을 체현하는 학교 건축의 수가 점차적으로 증가하였다. 우에노준(上野淳)은 '미래의 학교건축'(上野, 1999)에서 몇 가지 사례를 소개하고 있지만, 교사(校舍, 초등학교) 평면도를 보면, 확실히 종래의 학교건축과는 발상부터가 달랐다. 기다란 복도의 한쪽에 독립한 교실은 일렬로 배치하였다. 그리고 막다른 곳에 음악교실과 미술교실 설치가 교사(校舍)의 전통적 평면배치라고 한다면, 열린 학교는 교실을 포도송이

(cluster)처럼 배치시켜 독립성과 개방성을 갖도록 했다. 교실과 실험실 등의 방 배치도 부정형(不定形)이며, 이동 칸막이인 판넬을 이용하여 신축성을 도모하였다.

학교라는 공간을 독립시켜 보지 않고 다양한 어린이 공간 중의 하나에 불과하다고 볼 때, 열린 학교는 여유교육과 서로 유사한 위치에 있다. 두 교육의 배경 속에는 도시의 어린이 공간이 매우 압축되어 있다는 사실이다. 어린이 공간의 압축에 대해 여유교육은 학교에서의 시간을 완화하고, 열린 학교는 학교에서의 공간을 완화시키는 것으로 대처하려고 한다. 공간적 문제에 대한 공간적 처방을 내린다는 점에서 열린 학교 운동 쪽이 훨씬 정공법이지만 여유교육과 마찬가지로 도시문제를 불문에 붙이고 출발하였다. 따라서 열린 학교는 실험실 속에서 만들어진 작은 사회라는 느낌이 든다. 우에노(上野)의 저서에 일본과 외국의 열린 학교 사례를 몇 편 게재하고 있지만, 사람들이 구석구석에 이르기까지 스포트라이트를 받는 느낌의 오픈 스페이스에서 부단히 많은 사람들과 얼굴을 맞대고 지내는 것을 견딜 수 있을까라는 것이 사진을 보았을 때의 솔직한 인상이었다.

학교라는 공간을 도시공간과 상대적으로 생각하거나 교육문제를 도시문제와 상대적으로 생각하지 않는 한, 교육개혁은 실험실 속의 개혁과 유사하다. 실험실에서 만들어진 개혁모형을 사회 속에 투입했을 때, 개혁과는 모순된 역효과를 초래할 가능성이 높다. 여유교육과 열린 학교운동의 효과가 기대만큼 나타나지 않고, 오히려 마이너스(負)의 측면이 점차적으로 나타나게 된다. 학교 내부의 시간과 공간 배치는 학교 외부의 도시공간 모습에 의해 큰 영향을 받는다. 그럼에도 불구하고 도시공간의 모습에 대해 교육개혁론자는 한없이 무관심하다. 교육에 입각해서 본다면 정부 각 부처에서의 자유화정책은 오히려 어린이 공간을 군색하게 만들어 어린이의 성장을 저해하는 방향으로 작용한다. 게다가 자원봉사 활동을 의무화시키고 전통과 애국심에 호소하기 때문에 어린이에게는 틀림없이 혹독한 겨울철과 같다. 교육개혁은 어른의 눈으로 개혁을 논의하지 말고 개혁에 앞서서 어린이를 먼저 '발견'해야만 한다.

3

원리적 고찰을 향해

　　　　　예전 어린이에게는 골목이 있고 막과자 가게(駄菓子屋)가 있었다. 교육을 말할 때, 우리는 자칫 자신들의 어린 시절을 환기시키고 지난날에 비해서 '지금은 …'이라고 판에 박힌 말들을 잘 한다. 교육론이 노스탤지어(nostalgia)와 로맨티시즘(romanticism)의 그림자를 띠기 쉽다는 것은 세대론과 시대론이 과거와 비교해서―예를 들면, 19세기는 안정과 평화의 세기였던 것에 비해 20세기는 전쟁과 혁명의 동란의 세기였다는 것처럼―논하기 쉬운 같은 뿌리를 가졌을지도 모른다. 하지만 과거의 시대는 현대의 여러 문제에 직면할 때 참고(hint)를 할 수 있다. 카밀로 지테(Camillo Sitte)의 광장론은 과거에 대한 향수를 갖고 있지만, 그 진면목은 시대론이 아니라 광장에 대한 형태론적인 원리적 고찰이었다. 마찬가지로 도시공간도 현대의 빛을 과거로 보내 비추어서 재생의 실마리를 얻을지 모른다. 마지막 절에서는 지금까지 논한 것을 중심으로 교육장소로서의 도시라는 관점에서 원리적인 생각을 정리하고자 한다.

도시공간의 다양성

우리가 교육을 논할 때 일반적으로 학교와 가정 또는 학교와 가정(그 중간에 있는)과 지역 등으로 교육 장소를 정하려고 한다. 학교와 가정이라면 구체적 이미지를 가질 수 있지만 지역은 무엇을 의미하는지 거의 짐작할 수 없다. 생활 장소인가 학부모회(PTA / Parent-Teacher Association) 같은 조직인가, 혹은 시정촌(市町村) 같은 행정단위인가, 이러한 항목들을 생각난다. 마찬가지로 도시라는 말도 '도시는…'이라는 것처럼 주어로서 사용되면, 도시를 구성하는 상세한 구성요소를 잘 알 수 없다. 상세한 도시의 구성요소에 따라서 좋을 수도 있고 나쁠 수도 있는 한 도시의 특성을 못 볼 수 있다.

'도시계획에 의해 만들어진 도시는 전망탑에서 내려다보면 멋지게 보이지만 거리를 지나가는 사람들에게는 자칫하면 억압적인 거대한 공허감(void)을 느낄 수 있다. 도시는 인간을 위한 장소이지, 신종 체스를 가지고 노는 거인족을 위한 장소가 아니다.'(Jacobs, 1958). 높은 곳에서 조감(鳥瞰)한 도시와 지상에 내려와 생활감각을 통해 마음으로 느끼고 이해하는 도시는 성격이 크게 다르다. 폭넓은 관점에서 계획했더라도 실제로 살아보면 예상치 못했던 문제(범죄, 심리적 억압, 교육문제 등)와 만나는 경우가 많다. 도시의 생명은 큰 틀보다는 그 세부에 있고 도시를 보는 눈도 거시적보다 미시적한 눈으로 보아야 한다.

형식적으로 보면 도시공간은 여러 부분적 공간(부분 집합)으로 구성된 집합체이다. 이 부분적 공간은 통상적으로 지리적인 부분 영역과 합치되지만, 완전하게 일치하는 것은 아니다. 포장재(梱包材)인 마분지 상자가 유아의 손에서 오두막집이나 놀이기구로 변신하는 것처럼, 동일한 부지도 놀이공간으로 되거나 업무 공간으로도 될 수 있다. 도시가 교육 장소로 되기 위해 최소로 필요한 조건은 도시공간이 다종다양한 부분 공간을 갖추는 것이다. 그저 넓고 균질적 공간에서는 어린이들이 놀 수 있는 장소조차 없어질 것이다.

　다만, 현대 도시는 다양성을 추구한다기보다 오히려 획일화를 진행시키는 것처럼 보인다. 특히 도면상 지도에 선을 긋는 대로 만들어진 도시는 먼저 큰 구획을 정하고 각각의 구획을 재분할=분절화해서 부분 공간을 잘라내는 기법으로 조성되기 때문에 부분 공간이 갖고 있는 다양성과 복합성을 무시할 수 있다. 예를 들면, 지역제(zoning)를 토지구분의 원리로 하여 조성된 도시는 거주구역, 교육(文敎)구역, 상업구역 등 용도구역이 기본적 부분 공간으로 되기 때문에 부분 공간의 수는 제한되고 시간이 지나면서 새로운 공간을 파생되어 나갈 가능성은 부족하다. 처음에 분리된 공간이라도 공간과 공간이 서로 침입하고 계승함으로서 새로운 공간이 발생할 수 있지만 너무 엄격하게 용도규제를 하면 이런 가능성은 애초부터 봉쇄되어 버렸다.

　부분 공간의 다양성을 결여한 도시공간은 어린이에게 금지나 제지의 영향력을 행사하는 공간으로 되기 쉽다. 도로에서는 놀아서 안 되고 늦게까지 교정에서 놀고 있어도 안 되며, 휴일에 거리를 어슬렁거려서도 안 된다. 도로와 교정, 거리가 공간적으로 다양성을 갖고 있다면-예전부터 도로가 교통로일지라도 광장에도 있었고, 교정도 지금에 비하면 훨씬 더 개방성을 가지고 있다-이들 공간은 어린이 입장에서도 안전하고 친숙한 공간일 것이다. 비록 공간이 다양했다고 하더라도 각각의 공간이 엄격히 분리되었다면 어린이 활동까지도 분리시켜 틀에 박힌 형태로 이루어진다.

공간의 중복

　　도시공간을 구성하는 부분 공간이 곡선형이라도 하나의 공간이라고 부르는 것은 다른 공간과 상대적으로 구별되는 독특한 특징이 있기 때문이다. 자기 집과 이웃집이 같은 주거지구에 있더라도 상대적으로 구별되는 소규모 공간을 구성하며 마을을 흐르는 소하천과 토지도 서로 다른 공간을 형성한다. 그렇다면 모든 공간은 자기와 타인(自他)을 구별하는 경계를 긋는 일임에 틀림없다.

　동일한 경계라고 불러도 거기에는 형태를 달리하는 2종류의 경계가 있다. 하나는 영역과 영역, 공간과 공간을 구분하는 구분선으로서의 경계이다. 예를 들어 국경은 이런 경우의 경계이며, 구분선으로서의 국경은 폭이 없으며, 폭을 가지면 곤란하다. 지역제(zoning)에 의해서 형성된 도시는 격자(grid)상 도로는 용도구역을 나누는 구분선으로서 역할을 하였다. 도로는 교통로로 구역과 구역을 연결시키지만 사람들이 매일 생활을 하는 생활공간 속에서는 오히려 공간을 분단하고 그 분단은 지리적으로 뿐만 아니라 생활 자체의 분단에까지 영향을 미친다.

　지금 하나의 경계는 교차하거나 중복으로서 경계이다. 소하천의 콘크리트로 굳어진 호안(護岸)은 구분선으로서 경계의 예지만, 산책로가 있는 수변은 중복으로서 경계의 예이다. 마을 속의 상점가도 마찬가지이다. 도시의 중심지역에 있는 상업구역과 다르게 게다(왜나막신 / 下駄)를 신고도 갈 수 있는 마을 중심의 상점가는 통학·통근로, 상가도 있고, 거주구역의 일부도 있다는 다중성을 지닌다.

　같은 도로라도 자동차도로와 같이 생활공간을 분단하는 도로도 있지만 골목이나 길모퉁이와 같은 서로 다른 종류의 공간을 결합하여 여기에서 새로운 공간을 창출하는 도로도 있다. 이러한 차이가 발생하는 이유는 도로와 건물 건설의 앞뒤와 관련되어 있다.

도시계획에 의해 부설된 도로와 건물과의 관계는 먼저 앞쪽에 도로가 있고 도로를 절단해서 생긴 공간에 건물을 건설하고 있다. 이와 반대로 생활공간인 도로는 건물에 의해 형성된다. 즉 건물 쪽이 먼저 앞에 있어 그 건물은 공간을 사이에 두고 도로를 잘라내어 짓던지 또는 건물과 도로가 동시에 설치되도록 하기 위해 도로가 유의미한 공간을 형성한다. 오랜 세월을 지나면서 형성된 도로는 주변의 건물과 동시 병행적으로 형성되고 지암바티스타(Giambattista)가 그린 로마의 옛 지도에 흑색으로 그려진 건물과 백색으로 그려진 도로와 광장 등의 공간을 흑백으로 반전시키더라도 그다지 위화감이 없는 것은, 즉 도로와 광장 등이 건물에 의해 외부공간이면서 동시에 건물 군에 의해 형성된 내부공간으로 이루어졌기 때문이다.

유의미한 공간, 또는 포지티브한 공간은 웨이드(wade)한 공간, 나머지 공간과 달라서 주위의 건축 군(群)에 의해 만들어졌다. 게다가 이 공간이 凸상의 형태를 가질 때, 사람들이 편안히 지냈던 기분 좋은 공간이었다고 알렉산더는 주장하였다(Alexander, Ishikawa and Silverstein, 1977). 공간은 복합된 건축 군(群)을 한 출입구의 건물로 간주했을 때 '방' 같으며, 제1절에서 소개한 옥외의 '원형광장'도 단지(團地)의 어린이들에게는 집처럼 편안한 느낌이 드는 내부공간이다.

건물을 정(正)의 공간으로 하고 건물 외부를 부(負)의 공간으로 해서 만들어진 도시는 공허하고 획일성이 지배하는 도시로 되기 쉽고, 자칫하면 어린이의 성장을 억압하는 경향이 많다. 다양성이 결여된 공간은 물론 공간과 공간의 중복된 영역도 평범한 공간으로 되기 쉽다. 공간이 평범하면 당연히 생활도 평범해진다. 그 이유는 인간이 살고 있는 공간에서 생활 방식은 크게 다르지 않기 때문이다.

이렇게 말할 수 있다면, 도시의 생명은 단독 공간 자체보다도 오히려 공간과 공간이 중복되는 경계에 있다. 서로 다른 종류의 공간 특징을 갖춘 경계는 지금까지 없는 새로운 공간을 생성하는 잠재력을 숨겼고, 도시공간을 한층 다양하고 활기차게 하는 힘을 간직하기 때문이다.

다양한 경계 속에서 어린이가 성장하는데 특히 중요한 것은 어린이 공간과 어른 공간의 경계이다. '어린이에게 어른 세계로 접근하는 수단이 필요한 것은 당연하다. 어른들의 생존방식은 입으로가 아닌 행동에 의해 어른으로부터 어린이에게 전해진다. 어린이들은 실제 경험과 모방에 의해 배운다. 어린이 교육은 학교와 가정에서 한정시키고, 현대도시의 수많은 일들을 어린이들이 꾸려나가는 방법을 전혀 알지 못하고, 또한 어린이들과 접촉할 수도 없다면 어른이란 어떤 존재인가를 체득하는 일은 불가능하며 경험에 의한 모방도 불가능하다.'(ibid., p294, 邦譯 154쪽).

옛날 도시는 집 근처에서 우산 수리점이나 땜장이 가게 모습을 아주 가까이 볼 수 있었고, 공설시장의 긴 상점가는 학교에서 오는 길의 일부였다. 그러나 현대 도시는 어른과 어린이의 이러한 만나는 방법이 거의 불가능하다. 도시 안의 길은 없어지고(어린이의 공간은 압축되었다) 어른 공간과 어린이 공간은 분리되었다.

알렉산더는 이러한 현상을 타개하기 위한 하나의 대안으로서 자동차도로와 완전 분리된 집과 상점 연도에서 어른들의 눈이 항상 집중되는 자전거 도로의 설치를 제안하였다. 어린이 공간은 어른 공간을 뚫고 들어가서 확장하는 제안이다. 반대로 어린이 공간에 어른 공간이 뚫고 들어간 예로서 이미 설치된 초등학교에 노인 홈 같은 고령자 시설을 병설하는 방법이다. 어린이의 공간이 물리적으

로 축소될 뿐만 아니라 출생률 저하로 자녀수가 감소하는 추세에
따라 공간을 성립했던 어린이들의 여러 활동도 위축되었다. 공간과
공간을 세대 간에 특히, 어린이와 어른 사이에 중복시켜 경계지역
에 새로운 공간을 만들 필요성은 이전과 비교가 안 될 정도로 증가
하였다.

공간의 중층성

어린이의 성장은 어린이라는 시점에서 어른이라
는 종점을 향한 목적론적 과정에서는 반드시 그렇지 않다. 이렇게
성장을 받아들이는 순간, 어린이라는 존재는 어른이라는 존재에 대
해 뭔가 뒤떨어지고 극복해야만 하고 어른의 힘에 의해 교정되어야
한다는 점이다. 실제 중앙교육심의회(中敎審)을 비롯한 정부의 (어른의)
교육개혁론에 보였다 안보였다 하는 것은 이런 어린이를 '불완전한
어른'으로 보는 어린이관(觀)이며, 소년법 개정을 서두르는 속마음에
도 이런 어린이관(觀)이 보인다.

어린이는 도구상자가 아니다. 어린이를 선이라는 도구, 악이라는
도구, 예술이나 과학 등 각종 능력 = 도구들이 빈틈없이 가득 찬
도구상자로 보는 것은 어린이의 성장을 저해할 수 있다. 다만 현실
적으로 예를 들면, 소년범죄가 증가하면 자원봉사라는 연마제로 선
이라는 도구에 광택을 내고, IT화에 뒤떨어졌으면 도구상자 속에서
과학 능력을 끄집어내어 육성시키려 한다. 그들에 따르면, 교육이
란 잡다한 도구상자를 어른 사회로 일치하는 세련된 도구상자로 충
분히 단련해 나가는 것이라고 하였다.

어린이는 잠재적인 여러 능력의 묶음이 아니며 감각, 감정, 에너
지 등 아직 모습을 이루고 있지 않은 잠재력 덩어리이다. 예술 능

력, 수학 능력에서 능력이란 이미 분화해서 특정 형태를 취한 것으로 어린이에게는 능력이라는 형태를 받아들이기 전에 '무엇인가'가 몰래 숨어 있다. 피아제는 이 '무엇인가'가 분절화해서 산수의 계산 능력으로 되거나 그림을 그리는 능력으로 되거나 자발적으로 규칙을 준수하는 도덕관념으로 되는 것이라고 설명했다. 유아 단계, 어린이 단계, 청년 단계를 확실히 지나지 않고는 어른 단계에 도달할 수 없다. 이들 여러 단계는 어른으로 가기 위해 어느 하나라도 빠뜨릴 수 없는 단계이며, 중간을 거르고 전후를 단락시킬 수 없다.

이런 성장 단계는 당연히 도시공간에도 반영해야 한다. 성장단계란 단순한 시간적 경과가 아니며 오히려 공간을 확대시키는 과정이다. 가정을 중심으로 한 유아기의 공간, 학교 공간을 포함한 어린이의 공간, 어른 공간에 접근하는 청년기의 공간이라는 식으로, 여러 공간은 중층적으로 연결되어야 한다. 어린이 성장이라는 관점에서 도시공간을 받아들였을 때, 공간은 다양성, 복합성과 함께 중층성을 갖춰야만 한단.

도시공간의 중층성을 아시하라요시노부(芦原義信)는 '외부공간의 계층제'라는 말로 표현한다. '외부공간의 구성에서 그 공간이 하나인 경우, 두 개인 경우, 다수 복합인 경우 등이 있지만 어떤 경우에도 공간의 순위적인 질서를 생각할 수 있다'(芦原, 1975, 102쪽). 예를 들면, 내부적 → 반내부적(반외부적) → 외부적, 사적 → 반사적(반공적) → 공적, 소수집합적 → 중수(中數)집합적 → 다수 집합적이라는 것처럼, 공간을 포함관계 또는 여러 공간에 순위적 질서를 부여할 수 있다. 어린이의 성장은 위의 예에서 내부적에서 외부적으로, 사적(私的)에서 공적(公的)으로 공간을 옮기는 것과 대응하고 있지만, 이것은 반드시 여러 공간을 사다리 모양의 계단을 오르듯이 성장해 가지 않고 하나의 공간에서 그것을 포함한 상위 공간으로 활동 장소를 넓혀가는 경우도 있다. 집 속의 마분지 상자라는 작은 공간에서 집 전체로, 그리고 집이나 학교를 포함한 인근 공간이라는 식으로 어린이 공간은 확대되어 간다.

다양성, 복합성, 중층성의 세 가지 특성을 겸한 도시공간은 알렉산더(Alexander, 1965)가 정의하는 '반격자(semi-lattice)' 구조의 도시공간과 거의 일치한다. 도시공간 Ω를 여러 부분 공간(S₁, S₂, S₃, … Sₙ, …)으로 이루어진 집합족으로 보았을 때, 임의의 Sᵢ, Sⱼ에 대해서 그 중복부분인 Sᵢ∩Sⱼ도 반드시 Ω에 속하는 한 요소일 때, Ω는 반격자 구조를 가진다고 정의한다. 이 조건은 공간과 공간의 경계가 공유하는 점으로서의 경계이며, 그 경계가 도시의 한 부분 공간을 이룬다는 것이다.

반격자에 대한 것은 '트리(tree)' 구조의 도시공간이다. Ω는 그 임의의 두 집합 Sᵢ, Sⱼ를 택할 때 두 개는 공유점을 갖지 않는가, 그렇지 않으면 한편이 다른 편에 완전하게 포함될(Sᵢ∩Sⱼ=∅이지만, 그렇지 않으면 Sᵢ⊂Sⱼ 또는 Sᵢ⊃Sⱼ) 때 트리구조를 갖는다고 정의한다.

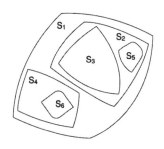

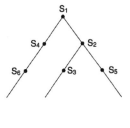

┃그림 5-1┃ 트리(tree)구조

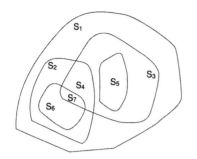
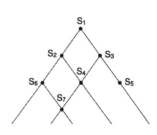

▌그림 5-2 ▌ 반격자(semi-lattice)구조

두 개의 구조를 집합의 포함도(오이라(オイラー)의 그림)로 묘사하고,
그리고 그 포함도를 그래프(樹木圖)로 묘사하면 양자의 차이는 일목
요연하게 나타난다. 도시계획에서 큰 공간을 분절화 시킬 수 있는
도시는 전형적인 트리구조(그림 5-1) 도시이며, 그 그래프는 관료 기
구도와 같이 위에서 아래로 가지런한 상태로 주된 부분에서 갈라진
다. 그래프의 가로방향으로의 확장은 부분 공간의 다양성, 세로방향
으로의 밀도는 도시의 안길이를 나타내지만 트리구조의 도시는 어
디에서난 발전성이 부족하다. 지역제(zoning)를 철저히 하면 할수록
공간끼리의 공유점은 단절되고, 새로운 공간을 창출하는 힘은 줄어
들고, 계획당국에 의한 공간의 재분할이 없는 한 심도도 증가하지
않는다.

이에 대해서 반격자 구조(그림 5-2) 도시는 많은 결절점(공간과 공간의
공유점)을 가지며 이 구조는 지금 한쪽 도시에 비해 훨씬 복잡하다.
같은 시설이라도 서로 다른 부분공간에 의해 공유될 수 있으며, 공
간이 교차해서 새로운 공간을 창출하는 경우도 있다. 즉 트리구조
의 도시가 정적인 것에 비해 반격자 구조도시는 동적이다. 이 동적
도시공간을 점점 다양화해서 도시 안길이를 할당하는 것이다.

도시 공간은 물리적 시설과 함께 사람들이 살며 생활과 활동을

함으로서 형성된다. 공간과 공간을 교차시키는 것은 시설보다도 오히려 인간의 활동이다. 예를 들면, 도보와 차도라는 두 개의 다른 공간 경계에 버스정류장 설치가 가능하며, 사람들이 정류장을 빈번히 이용함으로서 그곳에 새로운 공간을 창출하는 것이 그 한 예이다. 정적인 도시공간과 동적인 도시공간이 어린이 성장에 미치는 영향이 전혀 다르다. 무엇보다도 어린이는 활동에 의해서 많은 것을 배우고 성장해 나가기 때문이다.

4

결론

　　　　　어린이의 성장을 배움의 과정으로 받아들이고 배움의 원형을 '놀이'라고 생각할 때, 성장을 지원하는 교육 장소는 학교를 넘어 도시 전체로 확대된다. 학교는 기껏해야 교육장소의 하나에 지나지 않고 학교교육의 개혁을 논하는 경우에도 도시를 배경으로 설치하지 않으면 그 방향이 틀릴 가능성이 있다.

　예를 들면 여유 교육이 정당한 것은 학교를 도시에서 독립시켜 생각할 때였고 도시를 배경으로 할 때의 여유 교육은 그렇지 않을 때의 여유 교육과 성격이 다르다. 두꺼운 책을 읽는 활동은 그 자체를 받아들이면 고통이다. 그러나 그 고통도 책을 읽는 목적을 배경으로 하면 하는 수 없는 경우이며, 오히려 그것을 끝까지 다 읽은 달성감은 읽는 고통과 함께 증가한다고까지 말할 수 있다. 여유 교육론은 마치 책을 읽는 것이 고통이라는 사실만 주목하고 고통을 완화시키기 위해 어린이는 얇은 책을 읽을 수 있다고 권장하는 듯하다.

여유 교육에 한정하지 않고 많은 교육개혁론은 학교를 독립시키고 개혁을 도시라는 문맥에서 분리시켜 주장하는 경향이 많다. 열린 학교는 종래 형태의 닫힌 시스템에 대한 비판으로서 고찰되었지만 이것도 아직 학교를 학교의 외부공간에서 고립시키고 있다. 전반적으로 오픈 스페이스와 닫힌 공간은 상호보완적이어서 개방적으로 열린 공간 속에는 닫힌 공간이 오히려 나를 되찾는 피난처로 기능하는 경우도 있다. 한쪽에만 복도를 배치한 편복도형 교사에 문제가 있다고 한다면 편복도형의 고층 아파트도 문제가 있다고 본다.

주장하고자 하고 하는 점은 학교를 닫힌 공간으로 만들자는 것이 아니다. 도시 전체가 어린이 입장에서는 학교이며 전체적 시야에서 교육개혁을 논하지 않으면 개혁은 어린이에게 역작용을 미칠지도 모른다.

제6장

문화로서의 도시녹지

石川幹子

1

들어가며

실크로드의 기점, 시안 안띵먼(西安 安定門)의 정원에는 큰 회화나무가 우뚝 솟아 있다. 나무 아래에 시먼따징(西門大井)이 있고 여행객은 이곳에 서역을 여행하기 위해서 머물렀다. 망루에서 바라보면 풍요로운 회화나무 가로수가 아득히 멀리 서쪽으로 뻗어난 실크로드의 흔적을 가리키고 있다. 가로수는 나무그늘을 제공하고, 도표도 되며 또한 식료와 약용으로서 사람들과 함께 수많은 세월을 지켜왔다. 시안(西安)은 지금 재개발의 물결 속에 있다. 오래된 벽돌 주택가가 헐리고 초고층 빌딩 숲으로 변모하였다. 깨진 기와조각(瓦礫) 속에서 회화나무 가로수만이 쓰러지지 않고 건재한 모습으로 서있다. 이러한 모습에서 도시의 기억을 회화나무에서 찾고 계승해 나가려는 주민들의 의지를 엿볼 수 있다.

세상사 덧없이 흘러가는 가운데 도시에서 녹지는 사람들이 실을 짜서 옷감을 만들었던 생활의 기억과 깊게 결부되어 있다. 하지만 고도의 토지이용이 요구되는 도시에서 단순한 향수 속에서 녹지의 지속적 유지는 불가능하다. 녹지를 사회적 자본으로 담보하기 위해서는 사회의 강한 의지가 필요하다. 이 의지에 여하는 시대, 국가, 도시에 따라 다양하다. 세계 각 도시에서 자랑으로 여기는 사회적 자본으로서 '문화로서의 녹지'가 존재한다. 본 장에서는 어떠한 이념에 의해 도시에 녹지가 유지되고 계승되어왔는지 대해 19세기 중엽부터 시작하는 근대화의 과정을 살펴보고, 향후의 과제와 전략을 고찰한다.

도시계획이라는 영역은 20세기에 만들어졌다. 도시계획은 19세기 중엽부터 본격화된 도시로의 인구와 산업집중에 대해서 기존 시가지의 갱신 및 시가지의 외연적 확대를 계획적으로 유도·제어하고, 합리적 토지이용을 도입하는 계획수단으로서 1910~20년에 걸쳐서 탄생했다.[10] 오늘날에 이르러 도시계획의 흐름은 크게 다음 5시대로 분류할 수 있다.

제1기는 19세기 중엽에서 말에 걸친 시대이다. 산업혁명에 의한 도시로의 인구산업 집중에 의해 환경위생(페스트, 콜레라 등 전염병), 불량 주택지, 도시 내 교통 등 문제가 심각해져 기존 도시개조가 과제로 나타났다. 도시에서 녹지 확보의 이념은 대기를 정화하는 '도시의 폐'로서 평가되었다

제2기는 20세기 초부터 전반에 걸친 시대이다. 도시 영역이 급속하게 확대되고 외연적으로 확대된 전원지역과 토지이용의 질서 구축이 도시계획의 주된 테마였다. 이 시대에 영국은 전원도시론을 생각해 내고 독일은 토지구획 정리와 지역제(zoning) 시스템을 만들었다.[11] 급속한 도시 확대에 직면하던 미국은 파크 시스템(park

---

10) Nolen(1927), pp.1-43 ; Kimball(1923).

11) Abercrombie(1933), pp.87-102.

system) 이론과 사업 수단을 실천적으로 전개했으며, 종합계획으로서 도시계획은 1920년대 탄생하였다. 녹지는 도시구조의 기본을 이루는 도시 축으로 간주되며 '도시와 전원의 공생'이념을 구체화시키는 역할로 평가되었다.

제3기는 제2차 세계대전 후의 부흥기이다. 부흥에 대한 방법은 다양했지만 전후 도시계획은 1945년에 책정된 '대 런던 계획'[12]이 선도적이었으며, 도심으로의 극단적인 집중을 회피하고 위성도시의 적정 배치에 의해 새로운 대도시권을 만들기 시작한 방식은 세계 각국의 도시정책에 큰 영향을 미쳤다. 녹지는 그린벨트로서 '도시의 성장관리' 정책의 기둥으로서 평가되었다. 한편, 일본은 전재(戰災)에 의해 전국의 주요 도시가 초토되었기 때문에 도시의 녹지는 시가지의 큰 화재를 방지하는 연소 차단대(延燒遮斷帶)는 피난지로서 역할을 하였다. 즉, '도시의 안전'이 테마로 되었다.

제4기는 1970년대부터 20세기 말에 이르는 시대이다. 도시의 외연적 확대에 의해 도심 공동화가 진행되어 도심 재생이 과제로 되었다. 특히 항만 기능의 변화에 의한 도심의 워터 프런트 지구 재생은 이 시대를 상징하였다. 보스턴, 뉴욕, 런던, 고베(神戸), 요코하마(横浜), 도쿄(東京) 등에서는 새로운 녹지가 워터 프런트 지구에 만들어졌다. '도시의 활력'이 녹지정비의 유인으로 되는 시대이다.

그리고 21세기 초인 현재, 우리는 백년 계획을 생각해야만 하는 문제에 직면하였다. 첫째는 지구온난화 문제이다. 대기 중에 이산화탄소 농도의 배출을 체감시키기 위해서는 자동차 의존형의 확산적 도시구조를 혁신적으로 전환해야 한다. 둘째는 생물다양성 회복이다. 오랜 농경사회 속에서 인간의 일상생활과 함께 했던 자연환

---

12) Abercrombie(1945).

경은 다양한 생물을 길러왔다. 인간중심의 도시에서 인간도 자연의 일부라는 기본으로 되돌아가는 도시재편이 필요하다. 셋째는 지역 고유 문화의 회복이다. 대량생산, 대량소비, 그리고 균일화 시대에서 지역 고유의 다양한 문화 발굴이 이루어지고 있다. 도시의 녹지는 이 문화를 표현하는 상징적 존재라고 생각한다.

본 장에서는 이러한 인식하에 세계 각 도시가 어떤 이념, 계획, 정책, 재원, 인적 네트워크에 의한 사회적 자본으로서 녹지를 기대, 계승, 창출해왔는가를 중심으로 논의하고 21세기의 전망에 대해 고찰한다.

2

도시의 폐

제1기는 19세기 중엽에서 19세기 말에 걸쳐 있는 시기로 기존 도시의 개조가 이루어진 시대이다. 이 진원지는 성벽에 둘러싸인 유럽 도시이며, 파리, 빈, 브뤼셀, 바르셀로나, 스톡홀름으로 확대된 도시개조는 멀리 떨어진 도쿄의 행정구역인 시구(市區) 개편에까지 영향을 미쳤다. 이 시대에 담보된 녹지의 특색은 상당히 대규모이며, 파리를 예로 들면 브로뉴 숲(Bois de boulogne)은 850ha, 방센느 숲(Bois de Vincennes)은 995ha에 달한다. 이들 숲은 녹지 확보 이념이 환경위생 개선에 있었던 것에 기인한다. 즉, 도시의 녹지는 전염병을 막고 대기를 정화한 '도시의 폐'로서 필요불가결한 사회적 자본으로 간주되었다.

파리의 부도심, 그랑아르쉐에서 바라본 브로뉴의 숲은 조밀한 시가지에 대규모 도시림이 녹색의 섬으로 떠올라 있을 정도의 조성되었다. 브로뉴 숲은 정비한 후 150여 년을 지나, 숲은 벌레도 먹지 않고 파리 시민의 휴식장소로서의 존재를 확고히 하고 있다. 독일 베를린의 티어가르텐(Tiergarten)은 도시의 중심부에 끝없는 숲이 줄지어 늘어서 있다. 티어가르텐에 인접한 포츠담 플라쯔(Potsdamer Platz)에서는 재개발이 매우 빠른 속도로 진행되었다. 포츠담 플라쯔 중앙지역에 만들기 시작한 수변의 비오톱(Biotope)은 간선도로를 지하화하고 윗부분을 수면으로 조성했으며, 사회적 자본으로서 물과 푸르름을 지속적으로 창출하려는 도시정책의 기본적인 사고를 엿볼 수 있다.

유럽 국가에서 녹지는 주로 봉건도시의 스톡(stock)을 근대도시시설로 평가함에 따른 역할을 하였지만, 이전 시대의 스톡(stock)이 존재하지 않는 미국은 녹지정비를 위한 새로운 시스템을 만들었다. 이 내용은 새로운 '공원법'을 제정하고 공공사업으로서 의사결정주체, 사업체 사업비 사정주체(事業費査定主體)를 분리하고, 동시에 재원확보 계획을 만들기 시작했다. 물론, 공공사업의 의사결정 주체는 유착을 방지하기 위한 정치적 독립기관으로서 커미셔너(commissioner) 제도를 도입했다. 이 전통은 오늘날까지 계승되고 있으며 커미셔너는 각 도시에서 무급의 명예직이다. 재원은 대규모 공공사업의 시행에 따른 수익으로 충당했으며, 수익자 부담(뉴욕, 부룩클린, 미네아폴리스), 목적세(시카고), 토지증가세(보스턴), 특별부가금채 발행(캔자스시티) 등 제도에 의해 회수하는 계획을 각 도시의 독자적 정책으로 수립했다.13)

일본도 근대화의 흐름과 같이해서 도시기반 시설로서 공원제도를 도입하였다. 하지만 일본의 특징은 구미처럼 '도시의 폐'로서가 아니라 '도시의 문화'로서 공원을 평가하였다. 즉, 태정관(太政官)은 1873년(明治 6) '사람들이 모이는 땅으로 예로부터 경치가 좋고 유명한 사람들이 살았던 흔적이 있어 사람들이 유람하는 장소'를 '영원히 만인(萬人)이 함께 즐기는 땅'으로 한다는 공고문을 공표했다. 이곳은 오래 전부터 사람들에게 익숙하던 사찰 토지, 명승지, 옛 사적지 등을 항구적으로 여러 사람들이 즐기는 땅, 즉 '공원'으로 선언한 것이며, 도시의 문화적 공간 담보라는 선견성이 있었다.[14] 이 태정관(太政官) 공고에 의해 확보된 공원은 나카지마(中島)(삿포르 札幌), 하코다테(函館), 히로사키(弘前)(아오모리 青森), 이와테(巌手)(이와테 岩手), 사쿠라가오카(桜々丘)(미야기 宮城), 시노부산(信夫山)(후쿠시마 福島), 하쿠산(白山)(니이가타 新潟), 가이라쿠엔(偕楽園)(이바라키 茨城), 히카와(氷川)(사이타마 崎玉), 우에노(上野)・시바(芝)・아사쿠사(浅草)・후카가와(深川)・아사카야마(飛鳥山)(도쿄 東京), 도야마(富山)(도야마 富山), 겐루쿠엔(兼六園)(이시가와 石川), 다카토(高遠)(나가노 長野), 기후(岐阜), 맞추자카(松坂)(미에 三重), 나라(奈良)(나라 奈良), 스미요시히(住吉)・시텐노지(四天王寺)・미노오야마(箕面山)・하마테라(浜寺)(오사카 大阪), 마루야마(円山)(교토 京都), 이츠쿠시마(厳島)・도모(鞆)(히로시마 広島), 시즈키(指月)(야마구치 山口), 리쓰린(栗林)(가가와 香川), 슈라쿠엔(聚楽園)(에히메 愛媛), 간토(東)・니시테츠(西)(후쿠오카 福岡), 마이즈루(舞鶴)・오기(小城)(사가 佐賀), 가스가(春日)・노이게(納池)(오오다 大分), 스와(諏訪)(나가사키 長崎) 등 전국에 걸쳐 있다. 1887년까지 정비된 공원은 전국에서 67개소, 면적은 1,890ha에 달했다.

그렇지만 그 배경에는 토지세 개정에 따른 광대한 사찰 소유지의 귀속문제가 있었다. 기존의 종교시설을 공원으로 그대로 적용한다

---

13) 石川(2001), 60-109쪽.

14) 日本公園百年史刊行会 (1978), 총론, 78-108쪽.

는 재원 확보의 아픔을 수반하지 않은 정책은, 그 후 사찰의 기득권 회복을 위한 소송으로 발전해서 전후(戰後) 정교분리 정책에 따라 전국의 많은 도심 공원은 사찰로 반환되는 결과를 초래했다. 반환된 공원은 그 후 매각되거나 소멸된 곳이 많았으며 남겨진 녹지도 영리활동의 대상지로 되어 있는 등, 도시에서 종교적 공간인 공공공간(public space)으로서 존재방식이 큰 과제로 남았다. 한 예로, 시바공원(芝公園)은 메이지(明治) 초기에는 풍부한 정원 문화와 역사적 환경이 존재했지만 현재 시바공원(芝公園)에는 호텔, 주차장, 볼링장 등 잡다한 시설이 혼재되어 역사적 자산이 지속적으로 유지되었다고는 하기 어렵다.

3

도시와 전원의 공생

제2기는 19세기 말부터 20세기 전반에 걸쳐 진전된 도시 확대에 따른 새로운 시가지 정비에 관한 다양한 계획론이 탄생한 시대이다. 그 중에서도 이 시대의 도시계획을 이끈 영국은 산업혁명에 의한 도시환경의 악화가 급속하게 진행되었다. 에베네저 하워드가 제안한 '전원도시론'이 실제로 건설되었으며, 그 건설 과정 속에서 국제교류가 이루어졌고, 근대 도시계획의 요람으로 되었다는 의미에서 한 시기의 획을 그었다. 1898년, 하워드는 '내일 - 진정한 개혁에 이르는 평화로운 길'15)을 저술하고 도시가 소유한

15) Howard (1898).

고용·오락·고임금과 농촌이 소유한 풍부한 자연환경이 공존하는
이상도시를 건설해야한다고 주장했다. 그는 전원도시의 원칙으로서
'토지소유', '그린벨트', '성장관리'에 관한 3가지 원칙을 제기했다.
즉, 첫째로 전원도시의 토지는 그 건설에 이상(理想)을 가진 유지가
일괄 매수하여 분할시키지 않고 지대에 의한 수입은 전원도시 전체
의 경영으로 환원하고, 둘째로, 도시 주변에 있는 농지지대를 그린
벨트로 지정하여 항구적으로 유지하고, 셋째로 전원도시가 계획 인
구에 도달하는 경우 약간 떨어진 곳에 새로운 전원도시를 건설해서
대도시권을 만들어야 한다고 했다. 이 3가지 원칙은 도시와 전원
공생을 실현하기 위해 필수적인 요인이었다. 즉, 토지소유 형태가
개개인의 사유였던 경우, 도시의 성숙화에 동반한 지가상승은 농업
지대로 파급되어, 농지가격으로 그린벨트 유지는 어렵게 되었다.
하워드는 도시와 전원의 공생을 위해서 시가지에 인접한 농업지대
를 포함해서 토지소유를 일원화해야 한다.

전원도시의 원칙에 따라 실제로 주식회사를 설립해서 건설한 곳
이 레치워스(Letchworth)이다. 레치워스 전원도시주식회사의 경영은
국유화나 회사탈취 사건 등 우여곡절을 거치면서도 제대로 된 이익
을 창출하고, 1995년 재단화되어 개발이익의 지역환원이라는 목적
을 보다 명확히 내세웠다.

하워드의 전원도시론이 도시의 영역을 구획해서 콤팩트한 도시
형성을 목표로 한다면 미국에서 '도시와 전원의 공생'은 전혀 다른
길을 걸었다. 도시와 전원의 공생은 도시성장에 맞추어서 유연하게
변화해 가는 동적 계획론이며, 파크시스템(Park system)이라고 부른
다. 파크시스템은 '공원과 넓은 폭 가로의 계통(Parks, Parkways and
Boulevards System)을 간략하게 한 용어이다. 이것은 시가화(市街化)에
앞서 공원·양호한 수림지, 수변 등 녹지를 보전하고 가로수가 있

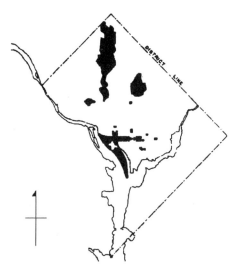

┃그림 6-1┃ 수도 워싱턴의 공원녹지 (1902년)

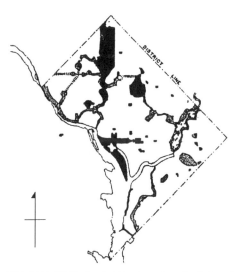

┃그림 6-2┃ 천도 100년계획에 있어서 파크시스템 제안도 (1902년)

는 넓은 폭 가로로 연결되어 도시의 골격을 형성하였다. 뉴욕, 보스턴, 시카고, 필라델피아, 샌프란시스코, 미네아폴리스 등, 미국 주요 도시에서 19세기 말부터 20세기 초에 걸쳐 실시하여 지금까지 계승되었다. 그 중에서도 파크시스템 방식이 국가적 프로젝트로서 수행된 도시는 천도 100년을 기념한 수도 워싱턴 계획이었다.

오늘날의 워싱턴은 1791년에 책정된 랑팡(L'Enfant) 계획을 기초로 천도 100년 기념계획의 비전에 따라 오랜 세월에 걸쳐 조성되기 시작했다. 천도 백년계획은 오늘날로 말하면 도시재생계획에 해당한다. 19세기 말 워싱턴은 남부전쟁 후, 토지이용 혼란이 해결되지 않았고 국회의사당 바로 아래를 펜실베니아 철도가 관통하고 하천변은 말라리아가 자주 발생하는 지대였다. 또한 수도로서 인구, 산업집중, 군사시설의 적정 배치 등이 과제였고, 장기적 전망에 기초해서 도시기반 정비가 필요했다. 이 문제에 대처하기 위해 미국 상원에 수도계획위원회를 설치하고, 집중 심의를 거쳐 책정된 것이 천도 100년 기념계획이다. 이 계획은 도심에서 시빅센터(Civic Center) 재편과 외연부의 자연환경 보존, 양호한 주택지 형성이라는 2가지 목표를 가지고 있고, 파크시스템을 이들과 관련시켜 도시형성의 틀을 마련했다. 특히 아나코스티아강(Anacostia River), 포토맥강(Potomac River) 등의 하천과 수변정비에는 많은 노력을 기울였으며, 특히, 1902년 당시 포토맥강을 따라서는 공장, 주택 등이 있었으나 현재 포토맥강 공원으로 변화되었다.

이 국가적 프로젝트에 호응해서 일본에서는 기념으로 벚나무를 보냈다. 일본의 벚나무가 미국에 1846년 무렵부터 소개되기 시작했고 많은 애호가가 벚나무 도입을 시도했다. 1909년 4월 수도개량 계획을 맡은 미합중국 육군 공공건축·토지부국은 태프트대통령 부인의 추천에 따라 포토맥 강가에 일본 벚나무 식수를 결정했고,

이 소식을 듣고 같은 해 8월 도쿄시장(東京市長)인 오자키유키오(尾崎
行雄)는 우호를 깊게 하기위해 벚나무 기증을 결정했다. 벚나무
2000그루는 11월 24일 일본 우편선 카가마루(加賀丸)에 실어 오키
나와를 출항했고, 시애틀을 거쳐 다음해 1월 6일 워싱턴에 도착했
다. 하지만 기증된 묘목은 미국에 존재하지 않는 병충해 오염되어
1월 26일 모조리 소각처분되었다. 미·일관계자는 낙담을 했지만,
미국 측은 재차 도쿄시(東京市)에 벚나무 기증을 요청했고, 일본 측
은 신속하게 벚나무 묘목 재배를 개시했다. 묘목은 아라카와(荒川)
연안에서 11종을 채취하여 농상무성 오키쯔카(興津) 농사시험장에서
육성했다. 3000그루의 묘목이 워싱턴에 1912년 3월 26일에 도착
했다. 이것이 오늘날 포트맥강가의 벚나무 기원이다.16)17) 미국에
서 답례로 보낸 미국산 딸나무(flowering dogwood)는 40그루이며, 원목
중 한 그루는 지금도 오키쯔카(興津)시험장에 건재하다. 태프트 대통
령 부인에게 일본 벚나무의 문화적 가치를 설명하고 포토맥 강가에
식재를 설득한 저널리스트 엘리자 시드모어는 요코하마(横浜)항을 바
라다 보이는 외국인 묘지에 잠들어 있다.

　도시와 전원의 공생이라는 과제에 대해 일본의 도시계획은 어떤
계획을 만들어낸 것일까. 이것은 오늘날 분명히 인식되어 있다고
말하기 어렵지만, 1919년의 도시계획법으로 제정된 풍치지구제도
(風致地區制度)였다. 풍치지구는 도시 내 및 인접하는 지역에서 양호한
수림지, 수변지, 역사적 환경을 보전하기 위해 삼림 벌채, 토지형상
변경, 수면의 매립규제를 행하는 것, 건폐율, 건물 고도, 벽면후퇴
등을 제한했다. 자연환경의 지속적 유지를 토지소유자의 협력에 의

16) 東京都公園協会(1960).

17) Jefferson, R., U. S. National Arboretum, Fusonie, and National
　　Agricultural Library (1977).

해 실시한 것이며, 완만한 것은 있었지만 우리와 긴밀한 환경을 지키고 육성하는 제도로서는 60년대 중반까지 유일한 법이었다. 1926년부터 1940년까지 전국에서 제정된 풍치지구는 108개 도시, 8만 5,500ha에 달했다.[18] 도쿄(東京)에서는 무사시노다이치(武藏野台地)의 용수지(湧水池) 경관 유지를 위해, 샤쿠지이(石神井)·젠후쿠지(善福寺)·센조쿠(洗足), 수향(水郷)경관으로서 에도(江戸)강, 무사시노(武蔵野)의 경관과 전원주택지의 육성을 위해 타마가와(多摩川)·와다보리(和田堀)·노카타(野方)·오이즈미(大泉)가 지정되었다. 풍치지구 지정은 전쟁의 길을 걷는 중이었던 1930년부터 15년에 걸쳐 전국적으로 전개되었다. 교토(京都)·도쿄(東京, 1930년), 요코스카(横須賀)·다카마츠(高松, 1931년), 미토(水戸)·시즈오카(静岡)·시미즈(清水)·토야마(富山)·오오사카(大阪)·사세보(佐世保, 1933년), 센다이(仙台)·오오미야(大宮)·가와사키(川崎)·하마마츠(浜松)·기후(岐阜)·미야자키(宮崎, 1934년), 우쯔노미야(宇都宮)·아시카가(足利)·나가사키(長崎, 1935년), 나가사키(長岡)·다카마츠(高松)·토요하시(豊橋, 1936년), 카나자와(金沢)·나라(奈良)·오오츠(大津)·神戸(1937년), 가마쿠라(鎌倉)·이와쿠니(岩国)·벳부(別府, 1938년), 삿포로(札幌)·야마카타(山形)·나고야(名古屋)·쿠루메(久留米, 1939년), 마츠모토(松本)·오카야마(岡山)·도쿠시마(徳島, 1940년) 등이다. 오늘날 전국 각 도시의 문화적 상징으로서 공원녹지·향토를 대표하는 물과 녹지 환경은 이 풍치지구제도에 의해 유지되어 왔다.

---

18) 佐藤 (1977), 473-483쪽.

4

도시의 안전

　　　　　제3기는 20세기 중엽부터 1970년대에 걸쳐 있으며 이 시기의 특색은 전재(戰災)로 파괴된 도심의 재생과 교외의 문제로 나누어진다.

　전재(戰災)에 의해 초토화된 일본 도심재생의 목표는 시가지(市街地) 대형 화재에 대비한 '안전한 도시'의 실현이었다. 이 과제에 대응하기 위해 일본은 방재도시계획형 파크시스템을 도입하였다. 방재도시계획은 공원과 폭 넓은 도로, 수변을 네트워크화함에 따라 연소 차단대를 만들어 시가지(市街地) 대형 화재에 대비한 안전한 도시를 조성한다는 방식이다. 1870년 시카고 대형 화재 후 부흥계획으로 도입된 계획으로 일본은 관동대지진 후 부흥계획의 일환으로 도입되어 불충분하지만 실행에 옮기고 있다. 우지(隅田)강을 따라서 우지(隅田)공원, 하마쵸(浜町)공원, 요코하마의 야마시타(横浜の山下) 등, 수변을 살린 공원은 파크시스템 방식을 적용하였다. 파크 시스템 방식은 전국 전재(戰災)도시의 전재 부흥사업으로 시행하였다.

　도쿄(東京)는 철도, 간선도로 연변에 도시계획 녹지가 설치되어 황궁(皇居), 시바(芝), 우에노(上野) 공원 등 대규모 녹지와 연결하고, 주변부는 방공공지대를 녹지지역으로 변경 지정하였다. 특별도시계획으로 결정된 토지구획정리 사업지역 20,130ha 간선방사도로 34노선, 간선환상도로 8노선, 보조간선도로 124노선, 대공원 3개 · 62ha, 소공원 20개 · 74ha, 도시계획녹지 34개 · 3,064ha, 녹지지역 18,010ha였다. 특별도시계획은 기존 시가지는 종횡으로 녹지를 둘러싸게 해서 연소 차단대를 조성하는 한편, 23구 외연부에는 그린벨트를 설치해서 도시성장관리를 촉구하려고 했다. 그렇지만 전후 급속한 도시화의 진전에 따라 구획정리사업 대상구역은 4,958ha로 감소해서 간선도로 폭에 대한 재평가가 이루어지고, 철도와 도로를 연변에 조성된 녹지대 계획은 모두 폐지되었다. 실제로 구획정리사업이 시행된 지역은 1,652ha에 그쳐 오늘날에 남아있는 목조밀집시가지 문제가 큰 과제로 남게 되었다. 23구(區) 외연부에 지정된 녹지지역은 건폐율 1%라는 엄격한 제한 속에서 이념과 현실의 괴리가 현저하게 나타났다. 또한 토지소유자인 농가는 개발지향성이 강하여 29회에 이르는 지정해제가 반복되면서 1969년 신 도시계획법의 시행에 따라 최종적으로 폐지되었다.[19] 일반적으로 이 시책은 환상의 그린벨트 계획으로서 도시계획의 좌절로 받아들여지고 있다. 따라서 현재의 토지이용을 상세하게 보면, 전쟁 후 22년간 혼란기에 그럭저럭 유지되어 온 그린벨트지역은 샤쿠지이(石神井)강, 칸다(神田)강 등 강을 따라 방사상 형태를 유지하고 있으며, 수변에는 공원, 국유지, 기업체 운동장, 대학, 고등학교 등 대규모 오픈스페이스를 소유한 시설이 쐐기모양(楔狀)으로 늘어서 있다. 이것은 우연이 아니며 전쟁 전부터 그린벨트 사상에 의해 만들어져 온 것이다. 우리 세대는 이것을 명확히 인식해서 21세기의 그린벨트를 육성해야만 한다.

전재(戰災) 부흥사업의 시행자는 기본적으로 각 도시의 수장이었기 때문에 도시마다 업무의 차이가 사업 성과에 큰 영향을 미쳤다. 나고야(名古屋)는 히사야오오토리(久屋大通), 와카미야오오토리(若宮大通)의 2개의 100m 도로를 화재방지와 피난처로 설정했다. 센다이(仙台)는 죠카마치(城下町)의 구획 분할을 기본으로 남북으로 히가시니반쵸

19) 石川 (2001), 260-266쪽.

(東二番町)선(폭원 50m), 동서로 아오바토리(青葉通り, 50m), 히로세토리(広瀬通り, 36~40m), 죠젠지토리(定禅寺通り, 46m)의 광폭 도로를 정비하였다. 히로세(広瀬)강 연변에는 아오바야마(青葉山)공원을 계획하고, 건너편 기슭의 니시(西)공원, 고토다이(勾当台)공원, 킨시쵸(錦糸町)공원, 광폭 도로와 연결된 파크시스템을 만들어지기 시작했다.[20] 이들 공원녹지는 현재 '모리노미야코(杜の都)'의 골격이 되었다.

고베(神戸)는 롯코우산케이(六甲山系)에서 남하하는 하천(芦屋강, 生田강, 妙法寺강 등)을 따라 하천녹지대를 정비하고, 주구(住区)의 중앙에 학교를 인접시키고 소공원을 정비하였다. 1995년에 일어난 한신아와이대지진(阪神淡路大震災)은 파크시스템형 방재도시 계획의 중요성을 새삼 환기시켰다. 지진 발생 직후부터 도시 내의 공원녹지는 피난처, 구원활동의 거점이 되고 가설주택을 건설하여 장기적인 부흥을 지원했다. 이들 공원녹지는 전재(戦災) 부흥사업으로 정비된 이후 아직 파크시스템은 미완성된 채로 오늘날에 이르고 있다. 한신아와대지진(阪神淡路大震災) 부흥을 위해 지역마다 도시조성협의회를 만들고 지역 특성에 입각한 도시재생을 추진하였다.

히로시마는 헤이와오오토리(平和大通り), 평화기념공원을 상징으로 하여 시내 하천 연변에 연속적인 녹지대를 계획했다. 이 계획은 전후 반세기에 걸쳐 지속적으로 계승되어 아름다운 수변을 소유한 도시를 만들었다.

나가사키(長崎)의 나카지마(中島)강 연변은 오직 오른쪽 수변만에만 녹지대를 정비하였다. 1982년의 나가사키(長崎) 대홍수 때 나카지마(中島)강에 걸쳐있는 석교군(石橋群)이 메가네바시(眼鏡橋), 후쿠로쵸바시(袋町橋) 만을 남기고 파괴되었다. 동시에 이 2개의 석교로 인한여

---

20) 仙台市開発局編(1981).

하류지역의 피해를 확대시켰다고 해서 치수면에서 석교 철거를 계획했다. 하지만 광범한 반대운동이 일어나 전재(戰災) 부흥사업으로 정비된 오른쪽 수변의 나카지마가와(中島川)공원 아래 우회도로인 유로(流路)를 정비하여 홍수 시에 대응하는 방안을 제시하여 메가네바시(眼鏡橋)의 현지 보존을 결정하였다. 400년 역사를 간직해 온 메가네바시(眼鏡橋)의 현지 보존 의의는 매우 크며 역사적 도시인 나가사키(長崎)의 중요한 스톡(stock)이다. 과밀도시에서 녹지의 존재는 일상생활뿐만 아니라 비상시에 더욱 더 그 진가가 발휘된다.

이렇게 전재부흥 파크시스템형 방재도시 계획은 각 도시의 특성을 반영해 다양하게 추진하였다. 방재도시계획의 큰 특징은 초토화된 수변을 살리는 새로운 도시의 경관을 되찾게 되었다. 이러한 귀중한 수변공간이 고도 경제성장기에 매립되어 도로화된 곳도 적지 않게 존재한다. 도시에 존재하는 수변과 녹지공간이 사회적 자본으로서 어떤 경위에 의해서 정비된 것인지는 다음 세대의 이해와 계승 노력이 필요하다.

5

도시의 활력

제4기는 1970년대부터 20세기 말이며, 산업구조의 전환에 따라 도심의 항만, 공업지대의 토지이용 전환문제가 발생하여 도시재생 프로젝트가 진전한 시대였다. 보스턴, 뉴욕, 볼티모어, 런던 등 오래된 항만도시에서 발생한 워터 프런트 지구재생

사업은 종래 슬럼 철거(Slum Clearance) 도시계획에서 보존과 수복을 기조로 한 도시계획으로 전환을 촉진시켰다.

한편, 보스턴에서 진행된 빅딕 프로젝트(big dig Project)21)는 1950년대에 워터 프런트 지구와 시가지를 분단하고, 건설된 고속도로를 지하화하여, 거리의 일체성을 회복하고 새로운 문화 발신을 목표로 도시재생을 추진하였다. 지하화된 고속도로 상부는 연속되는 공원으로 조성하는 것으로 계획하였다. 보스턴은 미국의 파크시스템 발상지이며, 19세기 중엽부터 지속적인 파크시스템 정비가 이루어져 왔다. 당초 파크시스템은 보스턴 중심에 위치한 커먼(Common)을 기점해서 백베이((Back Bay)지구에 도입된 광로인 커먼웰스 에비뉴(Commonwealth Ave.)를 축으로 정비되었다. 오늘날 백베이(Back Bay)지구는 역사적 건축물 보존지구로 지정되어 도심이 활기차다. 커먼웰스 에비뉴는 무디강이라는 중소하천과 교차한다. 무디강(Muddy River)은 범람을 되풀이하는 중소하천이었기 때문에 19세기 말 하천 개수가 이루어졌고 이 사업과 연동해서 에메랄드 목걸이라 불리는 수변녹지대를 정비했다. 무디강을 따라서 보스턴 미술관, 하버드대학 수목원(The Arnold Arboretum), 프랭클린 파크 등이 이어져 있는 보스턴 문화의 축이 되었다. 또한 20세기 초에는 광역녹지계획을 도입하여 찰스강(Charles River)을 따라 새로운 하천 녹지대를 조성하기 시작했다. 이 수변녹지에서는 다양한 음악회와 불꽃대회 등 이벤트를 실시하였다. 이 중 빅딕 프로젝트는 세기를 넘어 계승되고 있는 파크시스템의 새로운 전개를 하였다.

워터 프런트 지구에서의 도시재생은 일본도 도쿄(東京), 요코하마(橫浜), 고베(神戸), 모지(門司), 오타루(小樽) 등에서 수행되었다. 도쿄(東

---

21) 보스턴의 교통체증으로 인해 1991년에 시작된 계획으로, 12km의 주요 간선도로와 정반은 지하로 통하는 초대형 도시고속도로 건설계획임(역자 주)

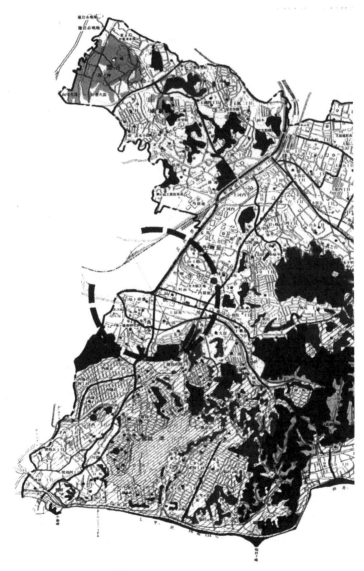

▌그림 6-3▐ 가마쿠라(鎌倉)시 기본계획 실현을 위한 시책 방침도

출처 : 『鎌倉市緑の基本計画』鎌倉市, 1996年.

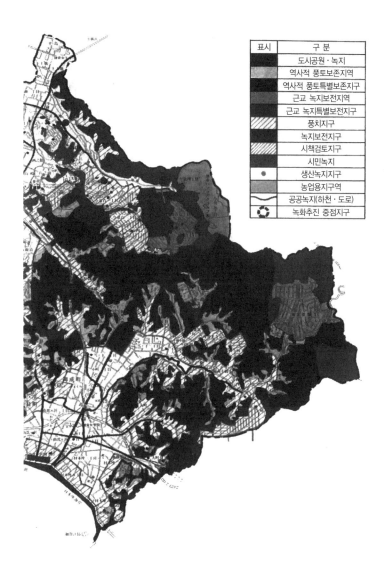

표시	구 분
	도시공원 · 녹지
	역사적 풍토보존지역
	역사적 풍토특별보존지구
	근교 녹지보전지역
	근교 녹지특별보전지구
	풍치지구
	녹지보전지구
	시책검토지구
	시민녹지
	생산녹지지구
	농업용지구역
	공공녹지(하천 · 도로)
	녹화추진 중점지구

京)는 도쿄만 연안에 다양한 해양자연환경을 재생하는 사업(大井野鳥公園, 葛西臨海公園)을 1970년대부터 지속적으로 시행하고 있으며 임해부도심(臨海副都心) 계획으로는 친숙하게 접근할 수 있는 카이힌(海浜) 공원을 정비하였다. 특히, 오다이바카이힌(ぉ台場海浜)공원은 20년 전에는 방문하는 사람도 없는 한산한 매립지가 현재 새로운 도쿄(東京)의 얼굴이 되었다.

이 시기의 또 하나의 특색은 도시의 자연이 소유한 본래 생태계 회복에 주력하는 것이다. 황폐한 도시자연 회복의 원동력은 시민과 NGO이며, 이러한 흐름은 세계적으로 확대되었다. 그 중에서도 콘크리트로 굳어진 도시수변 회복 운동은 1970년대부터 활발하게 진행되었다. 일본은 하천법을 개정하여 법의 주된 취지인 치수(治水), 이수(利水)에 환경부문을 넣었고, 현재는 자연공생형 하천조성이 기본적 시책으로 전개되었다.

이 시기 도시의 성장관리와 녹지문제에 대해 일본 도시계획의 한 획을 긋는 제도와 개발허가제도을 도입하였다. '시가화 구역 및 시가화 조정구역의 정비, 개발, 보전방침'을 도시계획으로 정하고, 도시의 장기적 비전으로서 마스터 계획 수립이 가능하게 되었다. 도시의 녹지문제를 지속적이고 장기적 시책 없이 해결하는 것은 불가능하다. 도시마다 독자성을 기초로 시민참여에 의한 섬세하고 치밀한 도시 상(像)을 그리고 법정계획으로 수립한 것이 '녹지기본계획'(1994년)이다. 그림 6-3은 가마쿠라(鎌倉)시의 녹지기본계획이며, 이 계획을 근거로 고도(古都)의 녹지 보전을 위한 활동(action) 프로그램을 만들어 시책을 전개하였다.

6

지구의 폐

19세기 중엽부터 도시에서 사회적 자본으로서의 녹지는 '도시의 폐', '도시와 전원 공생', '도시와 안전', '도시와 활력'이라는 관점에서 파악해 왔다. 다양한 시대가 만들어 온 녹지의 집적이지만 '문화로서 도시의 녹지'라는 점에는 틀림없다. 21세기 초에 우리는 이러한 과거 스톡(stock)을 중층구조로서 파악하고, 여기에 지구환경 문제라는 새로운 틀을 도입해 새로운 사회적 자본의 구축을 시행해야 한다. 그 구체적인 방법을 도쿄(東京)를 사례로 설명하고자 한다.

그림 6-4는 2001년 3월에 도쿄 도(東京都) 도시계획심의회, 도시조성조사특별위원회가 1999년 10월 도쿄 도지사가 자문을 의뢰한 '사회경제정세 변화에 대응한 도쿄의 새로운 도시조성 방법'22)에 대한 답변에 게재된 도쿄의 물과 녹지의 그랜드 디자인이다.

그 주된 취지는 첫째, 향후 도쿄의 도시조성은 물과 녹지를 사회적 자본으로서 명확하게 설정한다는 점이다. 이것은 도쿄권(東京圈) 자연이 형성한 골격을 존중하고 공원녹지 스톡을 핵으로 해서 하천, 간선가로 등 녹화에 의한 네트워크형 골격형성을 목표로 설치한 점이 특색이다. 둘째, 도시재생의 요점으로서 물과 녹지를 적극적으로 창출하고, 목조밀집 시가지의 안전한 거리 조성을 위한 갱신, 도시재개발제도의 활용, 옥상녹화의 추진, 고속도로의 지하화에 의한 하천공간의 재생 등을 제안하였다.

---

22) 東京都都市計劃審議会都市づくり調査特別委員会(2001).

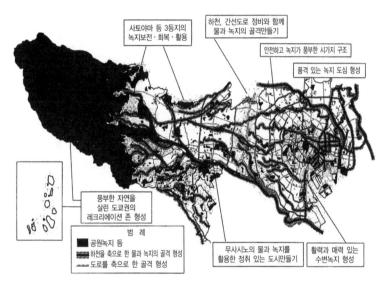

┃그림 6-4┃ 도쿄의 물과 푸르름의 골격 (개념도)

출처 : 東京都都市計画審議会都市づくり調査特別委員会 (2001).

이 기본적 방식에 입각한 다양한 시책 전개가 향후 더 필요하다. 그림 6-5는 도쿄 중앙을 동서로 횡단하는 칸다천(神田川) 유역이며, 하천을 사회적 자본으로서 도시의 축으로 한 경우, 어떠한 생태학적 네트워크 형성이 가능한지를 제안한 것이다. 칸다천는 연안은 도쿄 도시문제의 축소판이다. 우지(隅田)천으로 흘러 들어가는 하류 지역은 니혼바시(日本橋)천이 여러 갈래로 갈라져 에도(江戸)시대 이후 선박에 의한 수송, 변두리 문화를 형성해 왔다. 야마노테선(山の手線) 내측의 지역은 인접지에 에도의 다이묘(大名) 정원 스톡(stock, 小石川後樂園, 新江戸川공원, 甘淸園 등)이 남아 있지만 하천과 연결시키는 것은 쉽지 않았다. 야마노테선(山の手線) 외연에는 전쟁 후 급속하게 도시화로 진전한 목조밀집 시가지가 넓게 자리잡고 있다. 그리고 이 지역

시가지 재개발사업과 연계한
새로운 하천변의 파크시스템 창출

황궁

황궁 주변의 역사적 스톡 및
재개발에 의한 오픈 스페이스를
활용한 파크시스템

하천변에 남아 있는
에도의 스톡을 활용한
파크시스템

하천과 연결시킨 공원

하천과 연결시킨 공원

작은 부지를 활용한 네트워크
및 주택지와 학교, 가로의 녹화,
공원의 개선

하천과 인접한 공원, 운동장 등
그린벨트 사상의 유산을
활용한 파크시스템

이노카시라 공원

소공원·농지 등을
활용한 파크시스템

▌그림 6-5▐ 칸다천 유역의 파크시스템

출처 : 慶應義塾大学石川研究会 (2001), 45頁.

에서 더 들어간 외연에는 도쿄의 그린벨트 정책의 유산인 방사상(放射状) 녹지 스톡이 도막도막 이노카시라 연못(井の頭池)까지 계속 이어지고 있다. 칸다천 연안의 녹지분포는 이러한 도시 형성사의 증인으로 이해할 수 있다. 우리 시대의 역할은 이 스톡(stock)을 지속적으로 유지해서 도시갱신 속으로 새로운 스톡을 부가하는 데 있다.

지역마다 다른 특성을 살린 커뮤니티 수준에서의 파크시스템을 만들기 시작해서 그 연계에 의해 도쿄의 동서 축으로 된 도시수준의 파크시스템을 만들기 시작했다.

끝으로 그림 6-6은 도쿄의 핵인 황궁 주변의 비전을 제사한 것이다. 도심에 남은 거대한 녹지는 확실히 문화를 상징하는 공간 그 자체이다. 그렇지만 현재 상태는 관리주체의 차이, 수도고속도로, 도시간선도로 등에 의해 여러 토막으로 끊어져 있다.

한 예로 고쿄가이엔(皇居外苑)을 들어 보면, 흑송과 잔디밭 중앙을 우치보리토리(内堀通り) 도로가 관통하고 있고, 광장으로서 인간적 공간의 특질은 존재하지 않는다. 히비야(日比谷)공원, 안쪽 해자(垓子), 고쿄가이엔(皇居外苑), 국회 앞 정원, 고쿄히가시교엔(皇居東御苑), 키타노마루(北の丸)공원, 치도리가후치(千鳥ヶ淵)공원, 치도리가후치(千鳥ヶ淵) 전몰자묘원, 야스쿠니(靖国)신사, 소토보리(外濠) 공원은 사람들이 자동차의 위협을 받지 않고, 안전하고 쾌적하게 걸을 수 있는 공간으로 된다면 세계에서 유례를 찾아볼 수 없는 '문화로서 도시의 녹지'가 손에 잡히는 곳에 실현될 것이다. 여기에 환궁주변의 재개발에 따른 공중권 이전의 수단을 활용하고, 도쿄(東京)역 플랫 홈 개축을 실시하고, 옥상용 경량토양을 이용한 옥상녹화를 도입한다면 광대한 공중정원이 탄생한다. 이 녹지는 특히 하마리큐(浜離宮), 임해부도심의 축선에 연결되어 21세기의 새로운 파크시스템 실현을 가능케 한다.

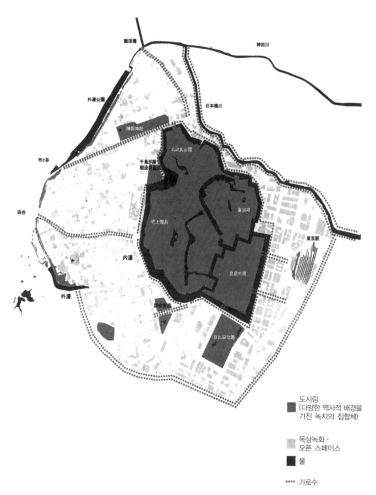

도시림
(다양한 역사적 배경을
가진 녹지의 집합체)

옥상녹화 ·
오픈 스페이스

물

**** 가로수

▌그림6-6▌ 고쿄(皇居)주변 지역의 미래상

출처 : 慶應義塾大学石川研究会 (2003).

풍부한 문화로서 녹지는 우리의 발밑에 잠들어 있다. 중요한 것은 녹지를 발굴해 내고, 닦고, 육성해 가는 사회의 의지이다.

19세기 중엽 근대화의 길을 걷기 시작할 때, 도시의 녹지는 '도시의 폐'로서 사회적 합의 형성이 이루어져 창출되었다. 21세기 초를 맞이해서 우리는 녹지를 '지구의 폐'로 인식하는 점부터 시작해야만 한다.

제 7 장

관광학적 도시이념

岡本伸之(오카모토 노부유키)

　　　　　본 장에서는 도시의 문화적인 측면에 초점을 맞
추면서 관광학을 중심으로 학제적 관점에서 도시를 고찰한다.
1960~1970년대의 '대중 관광(Mass Tourism)'과는 다른 새로운 관광 방
식에 주목하면서 보존하고 발전시켜야 할 관광자원으로서 도시의
문화를 주제로 삼았다. 마지막으로 21세기 도시관광이 나가야 할
방향을 중심으로 향후 과제와 전망을 제시하였다.

1

'관광'의 이념과 의의

　　　　　영어로 관광은 '투어리즘(tourism)'이라고 한다. 다
이쇼(大正) 시대에 투어리즘의 번역어로서 '觀光'을 붙였다(井上, 1967).
'투어리즘'을 '관광'으로 번역한 선인(先人)의 식견을 높게 평가하고

싶다. '투어리즘'은 원을 묘사한 도구를 의미한 라틴어를 어원으로 하며, '두루 돌아다니면서 구경하며 논다'는 주유(周遊)를 의미하는 '투어(tour)'에 행동, 상태, 주의 등을 나타내는 접미사 '-ism'을 붙인 언어로 행동의 양태를 나타내기는 하였지만, 그 의의를 떠오르게 하는 언어는 아니다. 하지만 '관광'은 그 어원에 비추어보면 관광행동의 의의를 시사하는 정치 있는 언어이다.

이 어원은 중국 『역경(易經)』 속의 '觀國之光 利用賓于王'이라는 문구에서 유래한다. 『역경』이란 고대 중국의 전국시대에 편찬된 복서(卜筮)로서 즉 점보는 책이다. 역(易)의 방법은 산목(算木)을 계산해서 음과 양의 효(爻)를 얻고, 이것을 짜 맞추어 64괘(卦)로 한다. 그 하나하나의 괘가 상징하는 사태를 기초로 해서 점을 친다. 64괘 가운데 20괘가 '觀'이다. 『역경』에는 하나하나의 괘와 각각 6개 있는 효를 설명하는 괘사(卦辭)나 효사(爻辭)가 기록되어 있으며 관광의 어원으로 된 '觀國之光 利用賓于王'은 관괘(觀卦) 가운데 하나의 효이다.

이 효(爻)의 의미를 어떻게 이해해야 할까. 이마이(今井, 1987)은 '대관하는 임금을 우러러 보며, 왕조의 벼슬아치로 나아가 임금을 돕고자 한다'고 풀어 설명하였다. 이마이의 뜻풀이에 따르면 나라의 빛을 보는 것은 임금을 따르고 순종하는 것이다. 반면에 미우라(三浦, 1988)는 유교적 이데올로기에 물들기 이전의 역경을 해석하는 입장에서 '수도(首都)의 눈부신 발전을 보고 그 나라의 벼슬아치가 되는 것이 이롭다'라고 번역하였다. 이렇게 '나라의 빛'이란 임금의 인덕과 선정에 의하여 나라가 번영하고 그 나라를 방문한 사람들에게 나라가 빛나 보이게 하는 것을 말한다. 또한 후단(後段) 부분은 벼슬(仕官)을 구하는 현명하고 덕 있는 선비가 그런 빛나는 나라를 방문하면, 어진 덕이 있기 때문에 국왕으로부터 내빈의 환대를 받고 그 결과, 국왕을 도와서 점점 나라의 번영을 위해 공헌한다고 해석할 수 있다.

또 하나 흥미로운 점이 있다. 그것은 관괘(觀卦)의 첫머리에 '나라의 빛을 본다'가 동시에 '나라의 빛을 보여준다'고 기술한 부분이 있다. 원문은 생략하고, 공자가 역경의 괘 이미지를 설명하기 위해 썼다고 전해지는 상전(象轉)에는 아랫사람이 우러러 보고 감화되어 복종함을 의미한다고 한다. 이마이(今井)는 통석으로서 관괘(觀卦)는 위가 아래로 나타내는 의미이기 때문에 아래는 위를 우러러 보게 되며, 결국 관(觀)은 두 가지 뜻을 지니고 위에서 아래로는 '보여주다', 아래에서 위로는 '본다'의 의미라고 한다.

'관광'은 1910년대 이전에는 오히려 원뜻인 '보여주다'의 의미로 사용되었다. 도쿠가와(德川) 막부는 1855년 네덜란드에서 보내온 목조 증기선을 '칸코우마루(觀光丸)'라 명명하고 해운 연습선으로 사용했다. 사노번(佐野藩)이 1864년에 개교한 한코우(藩校)는 '칸코우칸(觀光館)'으로 명명되었다. 한편, '우러러 본다'의 용례로서는 1893년 시부사와히데오(渋沢秀雄) 등이 외국인 손님을 유치할 목적으로 '희빈회(喜賓会 ; Welcome Society)'를 창립했지만, 취의서(趣意書) 속에 '먼 곳에서 온 남녀를 환대해서 여행의 쾌락과 관광의 편리를 누리게 해라'고 되어 있다고 말한다(井上 전게서).

어원이 시사하는 바에 의하면, 관광이란 어떤 지역을 방문한 여행자는 손님(guest)로서 그 지역 나라의 빛, 즉 문화를 우러러 보고, 한편 지역 주민은 주인(host)으로서 해당 지역의 문화를 자랑스럽게 보여주는 것이다. 여기에서 문화란 그 장소에 고유의 자연환경 속에서 육성되며, 시간 경과와 더불어 세련되는 생활의 지혜이다. 즉 관광이란 손님과 주인이 서로 생활의 지혜를 교환하는 것이다(Smith,

1977/1989). 특히, 관광은 단순히 보는 것뿐만 아니라 오감을 동원해서 보아야 한다. 주인과 손님이라도 주인이 여행에 나서면 입장이 바뀌어 손님으로 되기 때문에 관광이란 생활의 지혜 교환이며 문화 교류이다.

관광에 의한 문화교류는 중요하다. 사람들은 자국 문화의 무엇이 개성적이고 무엇이 뛰어나며 무엇을 소중하게 해야 할 지, 스스로 인식하기는 어렵다. 오랜 시간이 걸치면서 육성되었기 때문이다. 자국 문화 특성의 자각은 여행자의 눈길을 의식할 때이다(Urry, 1990). 여행자가 선망의 눈으로 바라보는 모습을 보게 되면 자국의 문화에 대한 긍지를 느끼며, 더욱 더 잘하려고 하며, 반대로 이것이 문제라고 지적을 받으면 바로 해결할 것이다.

뉴욕, 런던, 파리 등 다른 나라로 부터 많은 여행자를 유치하고 있는 도시는 이러한 문화의 세련된 호순환(好循環)이 기능하지는 않는지. 바꾸어 말하면, 도쿄(東京)와 같이 얼마 되지 않는 외국인 여행자밖에 유인할 수 없는 도시는 세련된 문화 메커니즘이 발생할 방법이 없다. 자국 문화의 어디가 뛰어난가. 깨달음을 얻을 기회를 갖지 못하기 때문이다. 그 결과 환경이 변화하는 가운데 자국 문화를 어떤 방향으로 변화시키면 좋은 것인가를 정할 수 없다. 문제를 지적할 기회도 없기 때문에 이를 개혁의 계기로 삼을 수도 없다. 일본처럼 바다로 둘러싸인 섬나라는 다른 나라와의 왕래가 불편하기 때문에 안전하게 생활하기 편한 나라라는 굳은 믿음에 빠지기 쉽다. 물가가 세계최고 수준인 점이나 지금 결코 안전하지 않다고 하더라도 실감이 나지 않는다. 도시에서 관광 왕래는 도시성장의 계기이고 원동력이며 도시의 성숙도를 나타내는 지표라 할 수 있다.

2

매력의 원천으로서 '다양성'

사람들이 도시를 방문하는 이유는 다양하지만 크게 나누어 상용 등 필요에 의해서나 즐거움을 얻기 위한 목적 등 2가지다. 이주나 취직하는 경우를 제외하고 사람들이 일시적으로 도시를 방문하는 현상이 도시 관광(Urban Tourism)이다. 여행의 목적은 다양하다. 필요에 의해서는 경우는 업무적인 상거래 얘기와 각종 컨벤션 참여, 무역전시회(trade show) 시찰, 개인적인 관혼상제, 시험 등 교육관련, 취직 등이 있고, 즐거움을 목적으로 한 여가활동으로서의 여행 목적은 쇼핑, 보는 것부터 체험하는 것까지 도시관광의 실태는 다채롭다.

도시에 한정되지 않은 일반 관광은 이동과 체류 과정에서 소비를 동반하기 때문에 그 경제적 중요성이 주목을 받는다. 관광현상을 대상으로 한 학술적 조사연구도 관광의 대중화를 배경으로써 먼저, 관광의 경제적 중요성에 주목하는 것부터에서 본격화했다. 도시를 목적지로 하는 관광에 대해서도 그 경제적 중요성이 주목받았지만, 1990년대에 이르러 구미의 도시에서 중심시가지(inner city) 황폐화에 대한 도시재생의 수단으로 관광진흥을 주목하게 되었다.

1993년 로우(Law, 1993)에 의해 최초로 『도시 관광』이라는 제목을 붙인 단행본이 간행되었다. 대도시에 대한 관광수요의 현황을 정리하고 있지만, 그 후 타일러(Tyler, et al. 1998)나 저드(Judd, et al. 1999) 등이 중심시가지 재개발 과제와 관련하여 관광진흥책 실시에 따른 도시의 변화에 주목하여, 도시관리의 방법을 묻는 연구 등이 이루어졌다. 관광진흥의 비경제적 측면에 대한 연구도 관광의 대중화가 자연환경과 전통문화의 파괴를 야기함에 따라 생태학과 문화인류학 연구자가 관심을 갖게 되었지만, 특히 도시를 대상으로 관광의 비경제적인 측면에 주목하는 연구는 여전히 미개척분야라고 할 수 있다.

도시관광의 매력은 어디에 있는 것일까. 대부분의 사람들은 비즈니스 업무를 위해 도시를 방문하지만, 그 중에는 순수하게 즐거움을 목적으로 도시를 방문하는 사람도 많다. 무엇 때문에 사람들이 도시에 매혹당하는 것일까. 비즈니스 업무의 경우 도시에 비즈니스 기회가 있기 때문이다. 왜 비즈니스 기회가 생겼는지, 그 인과관계의 연쇄성을 더듬어 가는 것은 어렵지 않다. 단적으로 말해 도시는 비즈니스를 하기에 편리한 무엇인가가 있다. 그러나 편리함만으로는 순수하게 즐거움을 목적으로써 도시를 방문하는 사람들의 기분을 설명할 수 없다. 비즈니스의 경우에도 도시는 편리함을 넘어서 도시에 입지한다는 데 장점이 있다.

도시를 방문하는 매력은 그 다양성(diversity)에 있지 않을까. 많은 도시는 오랜 세월을 거쳐서 형성되었기 때문에 옛것과 새로운 것이 공존한다. 많은 도시는 이질적인 문화를 가진 사람들이 교류하고 그 중에는 정주하는 사람들이 나타남에 따라 이질적인 문화가 공존한다. 많은 인구가 도시에 모이는 것은 성별, 세대별, 직업별 등 이질적 생활양식(life style)이 육성되어 공존함을 의미한다. 예술의 경우에도 역시 도시규모가 그 다양성을 가능하게 한다. 이러한 다양성을 오감에 의한 체험은 사람들에 있어서 즐거움이라고 말할 수 있다. 도시의 매력은 이 다양성이 초래하는 변화에 기인한다.

제이콥스(1961)는 그의 저서 『미국 대도시의 죽음과 삶』에서 도시개발의 방식에 대한 근원적인 비판을 전개하고, 그 후 도시계획에 혁명적이라고도 할 만한 영향을 미친 학자로 알려졌다. 제이콥스는 미국의 많은 도시를 여행하고 마을을 걸어 다님으로서 거주자들이 살기 좋은 인간적 매력을 갖춘 도시에는 공통적으로 다양성이라는 특징이 있고, 도로나 거리(街區)에 넘쳐날 정도의 다양성을 산출시키기 위해서는 다음 4가지 조건을 충족시켜야 한다고 했다. 제이콥스는 도시관광을 계속 되풀이하면서 매력적인 도시에 공통된 나라 빛의 발생원을 발견했다.

4가지 조건이란 ① 지구(地區)는 하나의 기본적인 기능뿐만 아니라 그 이상의 기능을 가져야만 한다 ② 대부분의 거리(街區)가 짧기 때문에 길과 길모퉁이가 많아야 된다. ③ 지구(地區)에는 건축된 연대와 상태가 다른 건물이 뒤섞여 있어야 한다. ④ 거기에 있는 목적이 무엇이든 주거지를 포함해서 사람들이 충분히 밀집되어 있어야 한다.

제이콥스가 말한 4가지 조건은 다양성이 결여된 도쿄(東京)의 오피스거리와 관청가가 무엇이 매력적이지 못한가를 상기시키는 강한 설득력을 지닌다. 또한 제이콥스는 다양성을 지닌 도시는 새로운 비즈니스의 인큐베이터라고 했지만, 시부야(渋谷) 처럼 대기업 빌딩이 거의 없는 것 같지만 다양성이 넘치는 거리에서 애니메이션 분야 등 다수의 벤처 기업이 생겨나는 사실을 상기시킨다. 시부야 내의 오피스 거리와는 달리 집세 이외는 저렴하고, 젊은 세대도 오피스를 준비할 수 있다. 다양한 배경을 가진 사람들이 모였기 때문에 만남은 신선하고 사람들은 일생 한 번의 만남을 소중히 여긴다. 이러한 거리이기 때문에 새로운 비즈니스의 인큐베이터가 될 수 있다.

3

'지속적 투어리즘' 시대

　　　　　　　　21세기 도시 관광의 방식을 고찰하기 위해 관광 현상의 추세를 살펴보고 관광 현상의 현대적 경향과 과제를 정리하고자 한자. 여행 즉, 인간의 공간적 이동의 역사는 인류의 탄생까지 거슬러 올라갈 수 있다. 인간은 살기 위해 경제적, 군사적, 종교적 동기를 지닌 여행에 나섰기 때문이다. 즐거움을 목적으로 하는 여행의 역사에도 고대 그리스와 고대 로마시대에 이미 인식되었지만 상세히 당시의 모습은 18세기에 영국의 귀족계급이 행한 대륙을 유람하는 '그랜드 투어(Grand Tour)'에서 엿볼 수 있다.

　18세기에 시작된 산업혁명은 교통혁명을 수반하고, 19세기에 이르러 손쉽게 여행하는 방법이 급속하게 진전되었다. 즐거움을 목적으로 한 여행 즉 관광여행도 보급되었고, 19세기 중반에는 영국에서 단체여행인 패키지 투어를 기획해서 서민적 가격으로 판매하는 여행업도 탄생했다. 영국은 국내 관광여행의 대중화가 본격화되어 부유한 유한계급들 사이에는 식민지를 유람하는 외국 여행이 유행하였다.

　이시모리(石森:1996)는 1860년대 교통통신혁명에 의한 여행 붐을 제1차로 시작하여, 세계가 근대에 이른 지금까지 50년마다 3차례의 '관광혁명'을 경험했다고 말한다. 20세기에 들어와 1910년대 미국의 중산계급을 대상으로 한 제2차 여행 붐이 일어났다. 자동차 보급은 국내 관광을 활성화시켰고, 여객선의 대형화와 고속화는 제1차 세계대전을 계기로 유럽으로의 관광여행 붐을 일으켰다.

　제2차 세계대전 후 관광은 점차적으로 유행하게 되었고, 1969년

점보제트기 취항이 제3차 관광혁명을 일으켰으며, 관광객은 세계 각지로 확산되었다. 공업화를 달성한 나라는 관광의 대중화가 점차적으로 진행되어 '대중관광(Mass Tourism)' 단계에 이르렀다. 제3차 관광혁명의 특색은 공업화를 달성한 선진국이 경제 진흥을 위한 손쉬운 수단으로써 '관광입국'을 도모하는 개발도상국으로 대규모의 관광객을 보냈다. 선진국 사람들은 3S(Sun : 태양, Sand : 해변, Sex : 섹스)를 찾아서 대규모로 개발도상국을 목표로 삼았다(安村, 2001).

그러나 대중관광은 그 후, 대규모 관광객을 받아들인 개발도상국에서 자연환경과 전통문화의 파괴, 매매춘, 관광 사업을 통해 선진 공업국의 경제적 식민지화라고 말하는 많은 폐해를 초래했다. 이러한 이유로 1980년대 말 대중관광을 대신하는 또 하나의 관광으로서 '대안 관광(Alternative Tourism)'을 부르짖게 되었다(Smith and Eadington, 1992). 하지만, 이 용어는 일반화 되지는 않았으며 지구환경 문제가 논의되는 가운데 일반화된 '지속가능한 발전(Sustainable Development)'의 개념에 보조를 맞추는 형태로 '지속가능한 관광(Sustainable Tourism)'이라는 용어가 보급되어 오늘에 이르고 있다.

지속가능한 관광 이념은 대안관광과 같아서 우선 자연환경 파괴가 아니라 보호·보전하고, 경우에 따라서 복원하는 등 공생을 목표로 하는 것이 과제이다. 각국 정부는 NGO와 NPO가 자연환경과 공생하는 관광의 존재방식을 모색하고, 그 와중에 생태(Ecology)와 관광(Tourism)을 합성한 '생태관광(Eco-tourism)이라는 용어가 생겨, 오스트레일리아 등에서는 실천적 경험의 축적이 급속하게 진행되었다. 일본도 마에다(前田;2003)가 Economic Affairs No. 7(『도시의 르네상스를 찾아서-사회적 자본으로서의 도시 1』) 속에서 규슈(九州)의 아소(阿蘇) 초원에서 관광 진흥에 의한 초원 부활의 시도를 한 바와 같이, 자연환경과 공생을 향해 본격적으로 몰두하기 시작하였다. 생태관광은 책

임을 동반한 관광이라는 의미에서 '책임관광(Responsible Tourism)'이라
고도 한다.

　지역문화와 공생에 대해서도 자연환경의 경우와 같은 방향으로
문제해결을 도모하고 있다. 문화인류학자는 지역문화의 파괴자로서
관광객을 눈엣가시로 여겼지만, 예를 들면, 최근 전통예능을 관광사
업 속에 무리 없이 짜 넣음으로서 전통예능을 현대로의 계승이 가
능하며, 관광객의 시선을 통해서 지역주민의 문화에 대한 정체성이
(Identity) 높아졌고, 플러스 측면에도 관심을 기울이게 되었다. 실제,
관광객의 시선 속에서 전통문화를 보다 세련화 시킨 경우도 있다.
이런 경우 관광교류는 새로운 문화 창조의 기회로서 기능한다고 말
할 수 있다.(山下, 1996)

　현대 관광의 새로운 형태를 시사하는 용어로서는 생태관광(Eco-
Tourism) 외에도 농업과의 공생을 지향하는 녹색관광(Green Tourism)이
있다. 1990년대에 보급된 '아무 것도 없는 농산촌(農山村)에서, 아무
일도 하지 않고 머무는 데 있다'(滯在)'(山崎, 2002). 관광사업은 농림어
업 같이 자연의 혜택을 자원화 하는 사업이지만 농림어업의 경우와
같이 가시적 생산물은 아니며 서비스라 불리는 비가시적인 생산물
을 생산하는 사업이기 때문에 이해하기 어려운 면이 있다.

　녹색관광 농산촌(農山村)에서 이루어지는 관광이기 때문에 '농촌관
광(Rural Tourism)'이라고도 불린다. 도시에서 행해지는 관광은 '도시관
광(Urban Tourism)'이다. 관광은 이미 예전부터 도시에서 이루어져 왔
지만, 90년대에 들어와 새삼 도시 관광이 주목받는 배경에는 중심
시가지의 황폐를 관광 진흥에서 모색해야 한다고 말할 정도로 경제
적인 것보다는 관광 현상의 본질인 손님과 주인 사이의 문화교류,
여기에서 기대할 수 있는 문화창조 기능이 주목받았기 때문이다.

　환경에서 아름답다는 의미에서 대중관광 시대의 관광을 '경성관

광(Hard Tourism, 물리적·양적 환경파괴를 무릅쓴 극대 개념의 관광)'이라 부르며, 최근에는 '연성관광(Soft Tourism, 조용히 보고 느끼고, 좀 느리게 자연과 조화하는 사색적인 관광)'이라고 해야만 한다. 도시관광은 모처럼 도시를 방문하기 때문에 가능한 한 많은 곳을 보거나 진기한 음식을 많이 먹는 것이 아니라, 방문하는 도시의 지극히 일상적 생활을 자원봉사의 도움을 받아 방문객이 이질감없이 체험하며, 음미하려는 스타일이 앞으로 정착되지 않을까.

4

살기 좋은 도시는 방문하기 좋은 도시

관광마을 만들기의 기본원리

관광진흥 분야는 '마을 만들기'라는 말을 사용한다. '마을 만들기', '거리 만들기'라고도 쓰지만, 물리적 측면뿐만 아니라 시민생활의 내용을 담았다는 뉘앙스를 나타내기 위해 음절문자(히라가나, ひらがな)를 사용하는 경우가 많다. 관광진흥을 지향하는 지역에서는 '관광거리 만들기'나 '관광지 만들기'라고 한다. 그런데 관광지 만들기 전문가들은 '살기 좋은 마을'이 '방문하기 좋은 마을'이라고 부른다. (溝尾, 2002)

'살기 좋은 마을'이 '방문하기 좋은 마을'이라는 것은 관광마을 만들기의 기본원리이지만, '방문하기 좋은 마을'이 반드시 '살기 좋은 마을'이라고 하지 않은 경우도 있다는 점에 주의해야 한다. 한결같이 관광객의 욕구를 우선하고 주민의 욕구를 소홀히 한다면 관광객은 이를 피부로 느낄 수 있기 때문에 반드시 기분 좋지는 않다. 주인과 손님은 대등한 입장에서 처음으로 서로에게 의의있는 교류가 가능하며, 게스트가 손님이기 때문에 주인을 서비스에 종사하는 하인(召使)로 본다면 바람직한 관광지로 만들 수 없다.

반대로 '살기 좋은 마을'이 반드시 '방문하기 좋은 마을'이 아닌 경우도 있다는 것도 주의해야 한다. 예를 들면, 역의 개찰구를 나서면 여행자를 위한 안내소는 세계 도시에서 일반적으로 볼 수 있지만, 일본의 도시는 행상들의 목소리가 멀리까지 들릴 뿐 손님을 환영하는 의사 표시인 사인이나 안내소를 찾아볼 없는 역이 대부분이다. 타관 사람인 여행자에 대한 배려가 없는 증거라고 말할 수 있다.

니시무라(西村;2002)는 관광마을 만들기의 기본은 지역주민, 지역자원, 방문객 등 3자 사이의 조화로운 발전에 있으며, 각각 지속 가능성을 갖는 것이 중요하다. 지역주민의 지속 가능성이란 생활환경이 향상되고 산업이 활성화되며 삶의 보람을 느끼고 살아가는 편안함이다. 지역자원의 지속 가능성이란 이용과 보전이 조화로운 것이다. 방문객의 지속 가능성이란 방문객이 방문에 만족하며, 다시 방문 싶다는 생각이다.

예를 들면 음악제와 영화제 등 이벤트의 경우, 많은 관광객이 모이는 규슈(九州)의 유후인(由布院)은 이러한 이벤트를 관광객을 위해 시작한 것이 아니라 먼저 지역주민 자신들이 즐거워지고 싶어서 시작했다고 한다. 그랬더니 결과적으로 다른 지역사람들에게 유후인을 방문해 보고 싶다고 하는 생각을 만들게 되었다. 즉, 마을 만들기의 결과에 의해 방문자가 증가했으며, 그 반대는 성립되지 않는다. 바꾸어 말하면 누구도 방문해 보고 싶은 생각을 하지 않은 마을은 누구도 살고 싶은 생각이 없다는 마을이라고 할 수 있다. 이

런 의미에서 많은 관광객이 우르르 몰려들 것 같은 지역의 마을 사
람들은 이 사실을 자랑으로 여겨도 좋다.

도시관광진흥의 기본원리도 마찬가지이다. 살기 좋은 도시는 방
문하기 좋은 도시이다. 그곳에 사는 사람들은 그곳에서의 생활이
안전하고 쾌적하며 즐겁고 개개인의 성장에 기여하며 취업기회도
많기 때문에 그곳에 계속 살고 싶다고 생각하며, 방문객은 그런 생
활을 자신들도 체험해 보고 싶다고 생각한다. 그곳에는 살고 있는
사람들과 그곳을 방문하는 사람들의 만남이 필연적일 것 같은 기회
와 장소가 풍부해 실제로 교류가 일어나고, 교류는 서로에게 스스
로를 재발견할 기회가 되며 말할 것도 없이 상호 성장의 계기가 된
다. 이런 메커니즘이 완전하게 기능할 수 있는 물리적, 제도적인
기반 등은 사회적 자본의 일부라고 할 수 있다. 이 의미에서 이러한
도시 만들기는 정주인구에 교류인구를 고려하여 시행해야 한다.

지방분권과 도시의 개성

정신과 의사였던 카미타니(神谷;1966)은 불치병에
걸려 살아가는 것이 절망적으로 보이는 환자가 내일도 살려고 하는
삶의 보람의 원천으로서, 예를 들어 병실에서 관찰할 수 있는 식물
이 내일이면 얼마 안 되지만 성장해서 변화한다는 사실에 대한 기
대를 갖고 있음을 발견했다. 사람이 관광 여행하려는 기본적 동기
도 삶의 보람으로서 변화에 대한 기대이다. 일상생활이 아무리 만
족할지라도 사람들은 그때그때 일상이 아닌 다른 일상의 체험을 찾
아서 다른 토지를 방문한다. 건강을 유지하기 위해 태양을 찾고 추
위와 더위를 피하는 관광도 있지만 태양의 혜택을 받아 추위와 무
더위에 문제가 없는 곳에 사는 사람들도 호기심이 강하게 발동하여

여행에 나선다.

 이 경우 목적지가 일상생활의 장소와 별반 다르지 않으면 일부러 방문한 보람이 없다. 일본의 도시는 긴타로 아메(金太郎飴. 어느 부위를 잘라도 단면에 똑같은 긴타로의 얼굴 모양이 나타나도록 만든 가락엿)처럼 어디 곳이라도 같다고 한다. 그 원인은 전후(戰後) 중앙집권적인 행정에서 기인한다고 본다. 일본이 전후(戰後) 황폐에서 다시 일어나 국민들이 평등하게 일정한 생활수준을 향유할 수 있도록 하기 위해서는 중앙집권적 행정이 필요했을 것이다. 그러나 오늘날처럼 일정한 생활수준이 보장되고, 게다가 고도한 생활의 풍요로움을 향유하려는 단계에서는 지역의 사정에 적합한 마을 만들기를 목표로 할 필요가 있다. 이 의미에서 현대는 지방분권 시대이다.

 지방분권이 기능해야만 각 지역에서 고유한 문화를 육성할 수 있다. 이것이 도시의 개성이고 일상이 아니고 다른 일상의 체험을 찾는 여행자를 유인하는 자원으로 된다. 지방분권이 철저하게 이루어지고 있는 구미에서는 경관 역시 주민이 독자적인 규칙을 제정하고 스스로 맡아서 하기 때문에 경관의 개성적 내지는 심미적 질서가 유지되어 여행자들이 거리의 집들을 보면서 그 거리의 집 뒤쪽에 거주하는 사람들의 개성적인 생활 스타일, 즉 문화에 마음이 쏠릴 수 있다.

환경의 시각화, 경험화

 관광행동의 출발점은 보는 데 있다. 따라서 먼저 시각적으로 형체를 볼 수 없다면 아무리 매력적인 사실이라도 여행자는 이해할 수 없다. 이러한 문제를 해결하고 관광교류를 왕성하게 하려면 먼저 소재를 시각화할 필요가 있다. 우선 특정 도시에 고유의 자연환경, 역사, 주민들의 일상생활 등을 시각적으로 표현해야 한다.

파리, 런던, 뉴욕 등과 같이 많은 여행자들이 방문하는 도시에는 반드시 광대하고 매력적인 공원이 있고 가로변에는 잘 손질된 가로수가 식재되어 있다. 도시를 방문하는 사람들은 공원과 가로를 산책함으로써 도시의 기반인 자연환경과 접촉한다. 역사와 문화도 시각화할 필요가 있다. 여행자에게 인기 있는 도시에는 반드시 충실한 박물관과 미술관이 있다. 도쿄의 에도도쿄(江戸東京) 박물관은 외국인 여행자에게도 호평을 받고 있다.

관광행동의 출발점은 '보는 데 있다'라고 설명했지만 현대 여행자는 단순히 보는 것으로만 만족하지 않는다. 마케팅 분야에서 현대는 '서비스' 시대에서 '경험'의 시대로 이행하였다. '경험(Experience)'이라는 용어는 파인(Pine)과 길모어(Gilmore)가 1998년에 '경험경제로의 초대(Welcome to the Experience Economy)'라는 논문을 『하버드 비즈니스 리뷰지』에 게제해서 마케팅의 방향성을 시사하는 키워드로서 유행어가 되었다.

관광객은 단순히 보는 것만이 아니라 추억에 남는 감동적 경험을 체험하려고 기대한다. 2002년 마이하마(舞浜)의 디즈니랜드(Disneyland)에 인접해 있고 1,300억엔 자금을 투자한 새로운 테마파크인 디즈니 씨(Disney Sea, 도쿄 디즈니랜드에 속하는 파크)가 개업하였다. 디즈니 씨는 대단히 인기여서 방문객수가 이 추세라면 투자금액을 10년 정도면 회수할 수 있다고 한다. 모든 것이 픽션인 디즈니랜드가 그토록 사람들을 매혹시키는 이유는 디즈니랜드가 사람들에게 추억에 남길 수 있는 감동적인 경험을 제공하는 면에서 성공했기 때문이다.

파인과 길모어(Pine & Gilmore)는 그림 7-1과 같이 경험에는 4가지 영역이 있다고 말한다. 4가지 영역은 '고객 참여도'와 '고객과 경험의 관계성 및 상황성'의 두 축을 교차시켜 구성한다. 가로축의 '고객참여도'는 '수동적 참여'와 '적극적 참여'로 나눈다. 세로축의 '고객과 경험의 관계성 및 상황성'은 고객이 자기 자신 속에 경험을 흡수해 버릴 것 같은 상태를 의미하는 '경험의 흡수·수용'인 위쪽과 경험 중에 고객의 정신을 듬뿍 쏟는 상황을 의미하는 '경험에의 몰입'인 아래쪽으로 나누어진다. 제1상한은 '교육경험(Educational)'이라고 부르며 고객의 적극적인 참여에 의한 지식과 기능의 습득을 말한다. 제2상한은 '오락경험(Entertainment)'으로 텔레비전의 오락 프로그램을 보는 경우이다. 제3상한은 '심미경험(Esthetic)'으로 미술관에서 그림을 차분히 감상하는 경우이며, 제4상한은 '탈 일상체험

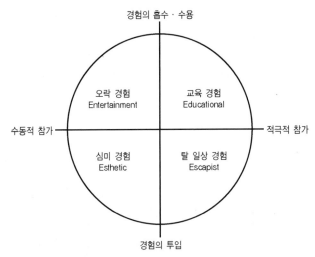

| 그림 7-1 | 경험연출의 4E 모델(경험의 4가지 영역)

출처 : B. J. バイン Ⅱ + J.H. ギルモア著, 電通 '經驗經濟' 研究會譯 '經驗經濟' 流通科學大學出版, 2000年, p.65.

(Escapist)'이며 테마파크의 어트랙션(attraction)에 열중하는 경우를 가리킨다.

파인과 길모어(Pine & Gilmore)가 말한 4가지의 영역을 도시에 적용하면, 먼저 '교육경험'에 대해 도시에는 모든 종류의 교육기관이 있어서 교육경험의 보고이다. '오락경험'도 도시는 무수한 엔터테인먼트(entertainment)의 기회를 제공하였다. 뉴욕이나 런던을 방문한 대부분 관광객의 목적은 스포츠와 뮤지컬의 관전이다. '심미경험'도 도시는 절호의 무대를 제공한다. 예를 들면, 뉴욕의 5번가를 산책하는 일은 세계에서 가장 걷고 싶은 길을 산책한다는 심미적인 경험을 부여한다. 도시에는 '탈 일상경험'의 장소도 있다. 레저 랜드(leisure land)에서 현기증을 일으킬 것 같은 놀이기구를 타는 일이나 카지노에서 도박(gamble)에 열중하는 경우이다.

파인과 길모어에 의하면 경험의 4가지 영역은 서로 독립할 이유가 없고, 가장 풍부한 체험은 4가지 경험영역의 전부에 걸쳐 있으며, 2개의 축이 교차하는 "스위트 스폿(sweet spot, 골프채 · 테니스 라켓 · 야구의 배트 따위에서, 공이 가장 효과적으로 쳐지는 부분)"에 집중되었다고 말한다. 그렇다면 도시는 경험경제의 시대에서 모든 종류의 추억에 남기는 경험을 제공할 수 있는 장소이기 때문에 오늘날처럼 관광이 일상화되면 도시는 관광목적지로서 앞으로 점점 더 많은 사람들을 유인할 것이다.

산업의 시각화, 체험화

도시는 그곳에 살고 있는 사람들에게는 생활의 장소이다. 도시에는 수많은 기업이 있고 다채로운 기업 활동을 전개하며 도시에 사는 사람들에게 취업기회를 제공하였다. 이들 기업

활동은 직업별 전화번호부를 보면 이해할 수 있듯이 매우 다채롭다. 게다가 새로운 색인이 빈번하게 많아지듯 도시에서는 항상 새로운 비즈니스가 탄생하였다. 이런 의미에서 도시는 새로운 비즈니스의 인큐베이터(incubator)이다.

도시에서의 다채로운 기업 활동을 관광의 관점으로 보면 관광자원으로서의 성격을 지닌다. 관광분야에는 '산업관광', '공장관광'이라는 용어가 있어서 실제로 기업 활동, 산업 활동은 관광의 대상으로 되었다. 예를 들면, 미국의 플로리다 주에서 우주산업의 쇼 케이스로서 역할을 다하고 있는 케네디우주센터는 매년 많은 관광객을 모으고 있다. 도시에는 기업 등이 건설하여 운영하는 다수의 박물관이나 쇼룸이 있어서 활용방식에 따라서는 귀중한 관광대상의 기능을 한다. 상품 제조국으로 유명한 일본은 상품 제조와 관련한 다수의 기업박물관이 존재한다. 또한 일본에는 아직 적은 수이지만 공장을 개방하는 경우가 있는 데 공장견학은 귀중한 기업 PR의 기회이다. 정보공개가 요구되는 현대에서 공장견학을 위한 시설과 공간은 앞으로 급속하게 정비될 것이다.

도시는 새로운 비즈니스의 인큐베이터라고 설명했지만 새로운 비즈니스의 동향을 알 수 있는 산업견본시장(trade show)에는 수많은 사람들이 모인다. 산업견본시장은 해당 산업에 종사하는 사람들뿐만 아니라 소비자를 포함한 일반 사람들이 강한 관심을 나타낸다. 예를 들면, 도쿄(東京)는 애니메이션 산업의 중심지이기 때문에 도쿄(東京)에서 개최된 애니메이션 관련 산업견본시장에는 해외로부터 수많은 사람들이 방문한다.

2001년 도쿄 도(東京都) 미타카(三鷹)시에서 '센과 치히로의 행방불명(千と千尋の神隠し)'으로 크게 알려진 미야자키 하야오(宮崎駿) 감독의 애니메이션 영화세계를 체험할 수 있는 '미타카(三鷹)의 숲 지브리미

술관(Ghibli Museum)'을 개관했다. 이 미술관은 예약제로 운영되고 있기 때문에 미리 예약을 하지 않으면 입장할 수 없다. 개관 후 1년 이상 경과했는데도 여전히 수개월 전부터 예약을 해야 할 정도로 성황을 이루고 있다. 이 미술관은 새로운 산업을 시각화해서 체험화했다는 의미에서 대서특필할 만하다. 더구나 이 미술관이 존재함으로서 미타카(三鷹)시와 인접한 무사시노(武蔵野)시의 번화가인 키치죠우지(吉祥寺)에는 일본 각지에서 많은 사람들이 가족 동반으로 방문하고 있다. 2002년 우에노(上野)의 숲에서 열렸던 국립국제 어린이도서관과 비교해 볼 때 부모와 자녀가 함께 즐길 수 있는 기회를 창출했다는 의미에서도 귀중하다. 일본은 관광이라고 하면 학교와 직장의 단체여행이나 젊은 여성그룹 여행이 현저하지만 유럽에서 즐거움을 목적으로 하는 여행이라면 가족단위의 외출이라는 틀이 잡히고 있다. 일본에서도 점차 학교가 토요일에도 쉬고 3일 연휴도 증가하기 때문에 앞으로 도시가 가족여행의 목적지로서 선택될 기회는 증가할 것이다.

'걷는 관광'의 시대

관광행동의 출발점은 보는 것이라고 설명했지만 또 하나 관광행동의 기본은 이동이다. 인간은 지금까지 다양한 이동수단을 개발했다. 19세기 이후의 철도보급, 20세기 초 여객선의 대형화와 고속화, 20세기에 이르러 본격화된 자동차의 보급, 1970년대 이후 보급한 대형 항공기 취항 등에 의해 세계는 물리적인 거리에 변화가 없더라도 시간적인 거리는 급속하게 줄어들었다. 그 결과 국경을 넘어 장거리를 이동하는 관광 왕래가 매년 왕성하게 늘어 오늘에 이르고 있다.

그러나 아무리 단시간에 장거리를 이동할 수 있더라도 목적지에서 뭔가를 차분히 보거나 맛보거나 체험할 경우에는 걸을 필요가 있다. 걸을 필요가 있는 것뿐만 아니라 걷지 않으면 목적지의 역사와 문화를 오감으로 마음에 느껴 이해할 수 없다. 길을 걷다보면 주민 생활을 피부로 느낄 수 있다. 시장을 보면 그 고장 사람들이 어떤 식생활을 하고 있는가를 손쉽게 이해할 수 있다. 홍콩의 시장에서는 도무지 냉동식품류를 볼 수가 없다. 어류와 가축류는 대다수 산 채로 팔리고 있다. 여기에서 홍콩 사람들의 식생활 수준이 높음을 알게 된다.

현대는 교통기관이 고도로 진보하는 한편, '걷는 관광(Walking for Pleasure)의 시대'이다. 현대의 여행자는 전차 등 공공 교통기관을 이용하면서 자동차의 창에서 거리를 바라보지 않으며, 걷는 것에 의해 그 거리의 생활을 오감으로 마음에 느껴 이해하는 데 관심이 있다. 예를 들면, 뉴욕에서는 4달러를 지불해서 패스를 구입하면, 지하철이든 버스든 하루종일 마음껏 탄다. 모든 면에 빈틈없는 서비스라고 말할 수 있다. 도쿄(東京)도 하루 몇 번이라도 사용할 수 있는 차표를 팔고 있지만, 특정 노선밖에 사용할 수 없고 더군다나 고액이어서 여행자의 욕구를 충족시키는 데 충분하다고 생각할 수 없다.

여행자가 도시의 매력을 맛보기 위해서는 길을 걷기 쉽고, 여행자의 눈에 보이는 거리 집들의 경관이 매력적일 필요가 있다. 현대 일본의 도시는 용적률이 화제가 될 뿐 도로와 거리의 집이 지닌 심미적 질서에 대한 문제의식은 모자란다. 건물 내부에는 관심을 갖지만 건물 외관이 전체 풍경 중에서 어떤 위치를 차지하는가에 대한 배려는 부족하다. 이 때문에 일본의 도시경관은 개성이 없고 여행자도 심미적인 경험을 기대할 수 없다.

마미야(間宮;1994)는 도로는 이동공간으로써가 아닌 생활공간으로서 가로(街路)로 되어야 한다고 말했다. 가로는 거리의 집과 상점, 빌딩으로 둘러싸인(조형된) 긴 공간이어서 본질적으로 광장과 마찬가지이다. 여행자는 가로를 걸음으로써 그 공간과 말을 하면서 도시의 문화에 대한 느낌을 전파한다. 이것이 관광의 본질이며 '걷는 관광'은 이런 의미에서 관광의 기본이라고 할 수 있다.

여행자에게 도시의 역사와 문화를 전달하기 위해서는 여행자 자신의 노력에 맡기는 것만으로는 충분하지 않다. 박물관과 미술관은 이를 위해 존재하지만 걷는 관광도 모든 면에서 빈틈없는 대응이 요구된다. 이런 의미에서 자원봉사 안내원의 역할이 점점 더 중요하게 되고 있다. 유료 서비스도 요구된다. 런던에는 지하철역을 집합장소로 하여 안내원이 함께하는 도보투어(참가비는 8파운드)를 진행하는 '런던 워크스(London Walks)'라는 여행회사가 있다. 이 회사는 매일 전문가를 동행시켜 역사, 소설, 사건 등의 현장을 방문하는 다채로운 투어를 제공하였다. 일본도 벳푸(別府) 온천에서는 그 고장의 자원봉사자가 '벳푸 핫토(別府八湯) 워크'라 부르는 '타케가와라 뒷골목 산책(竹瓦界隈路地裏散歩)', '칸나와 온천 증기 산책(鉄輪温泉湯煙気散歩)', '야마테(山手) 레토로(retrospective, 과거를 그리워하는 회고적인) 산보(散歩)' 등을 진행하였다. 일요일에 실시하지만, 참여자가 20명이 넘는 경우도 있어 매우 호평을 받고 있다. 참여해 보고 인상적인 점은 걷는 관광객을 대하는 그 고장 사람들의 눈길이 다정했다는 사실이다.

만남과 교류의 장소 정비

관광행동의 보고 걷는다는 기본적인 측면에 대해 언급했지만, 다음은 쉬고 마시거나 먹거나 하는 '숙소'가 필요하다. 음식을 먹는 일은 누구나 하루에 몇 번이라도 경험하는 행위지만, 인간이 교류할 때의 매개체로써 기능한다는 점에서 중요성을 갖는다. 이를 위해 도시를 안내하는 가이드북에서는 음식에 관한 정보제공이 중시된다.

도시로서 뉴욕의 매력은 그 민족적 다양성(Ethnic Diversity)에 있지만, 뉴욕을 방문하는 여행자는 세계 각국의 요리를 즐길 수 있다. 도쿄(東京)도 세계의 요리를 즐길 수 있지만, 도쿄(東京)의 민족요리(에스닉 요리, 주로 아프리카 · 아시아 민족 등의 향신료(spice)를 사용한 요리)는 일본식으로 변형된 듯한 기분이 들어간다. 도쿄(東京)에는 세계 대도시의 어느 곳이라도 있는 중국인 거리(china town)가 없듯이 지금까지 외국인 거리가 형성되지 않았다. 하지만, 최근 오오쿠보(大久保) 근처는 한국요리 가게가 많이 늘어선 한국인 거리의 모습을 볼 수 있으며 앞으로의 발전이 기대된다.

숙박시설 정비도 도시 관광의 기본과제이다. 국제적인 숙박시설로서 호텔이 있지만 호텔의 역할은 사람을 숙박시키는 것만이 아니다. 도시에 호텔이 없어서는 안 될 기본적인 이유가 여행자뿐만이 아니라 지역주민에게도 만남과 교류의 장소로서 기능하기 때문이다. 호텔의 근원적인 사회적 역할은 호스트(host)와 게스트(guest), 호스트끼리, 게스트끼리의 만남과 교류의 장소가 되고 있다.

이를 위해 호텔은 사람들이 모이기에 편리한 장소에 입지해서, 누구라도 그것이 호텔이라고 알 수 있는 외관을 지녀야 하고, 훌륭한 현관이 있어서 도어맨이 방문자를 환영하고, 안으로 들어가면 만남의 장소인 로비가 있고, 차를 마시면서 환담할 수 있는 라운지가 있다. 식사를 위한 레스토랑이 있고, 본격적인 교류를 위한 연회 · 집회용 시설이 있고, 그대로 머물면서 교류도 가능하도록 수면 장소인 객실도 완비하였다. 인간과 교류를 하면 그곳에서 반드시 무엇인가를 기대할 수 있다. 새로운 지식 등의 정보교환이 이루어지고, 좋은 일을 한 사람은 상과 칭찬을 받고, 서로 이해와 우정을 깊게 하고, 새로운 목표를 향해 결의를 새롭게 할 수 있기 때문이다.

호텔은 이런 의미에서 도시의 교류기능을 상징적으로 짊어진다. 호텔은 도시 속의 도시이다. 역설적으로 말하면, 대규모 다기능형 호텔이 죽 늘어선 듯한 도시는 도시로서 성숙도가 낮은 도시이다. 도시로서 성숙한 도시에는 도시전체로서 역에 인접한 멋진 현관, 만남의 장소로서의 광장, 산책하면서 교류할 수 있는 공원, 걷는 자체만으로도 그 도시의 세련된 문화를 마음으로 느껴 이해할 수 있는 가로가 있다. 가로에는 도보에 직면해서 휴식과 환담을 할 수 있는 포장마차 카페, 어떤 식욕에도 대응할 수 있는 각종 레스토랑이 있다. 또한, 보고 즐기기 위한 박물관·미술관과 극장, 운동을 하기 위한 스포츠클럽, 몸을 보살피기 위한 에스테티크(esthétique) 살롱, 쇼핑을 즐겁게 즐기는 수많은 가게가 있다. 이들을 정리해서 말하면, 호텔은 수면 장소의 역할만을 완수하면 좋으며 숙박에 특화된 시설이 있으면 충분하다.

매년 세계에서 자국의 인구보다 많은 관광객을 받아들이고 있는 나라는 프랑스이지만, 수도인 파리에는 미국의 도시에서 보듯이 1,000실을 넘을 듯한 대규모 호텔이 적다. 미국 도시의 호텔이 맡고 있는 역할 대부분을 파리에서는 도시전체에서 맡고 있기 때문이다. 프랑스에서는 맛있는 식사를 하기 위해 일부러 호텔에 나가려는 사람이 적다고 한다.

IT혁명과 관광

21세기 초에 가장 큰 변화의 원천은 정보처리와

통신분야의 기술혁신, 즉 IT혁명의 진행이다. 인터넷의 보급을 기반으로 해서 관광현상은 이후 극적으로 변화한다. 우선 호스트와 게스트 쌍방에 의해서 정보수집과 제공이 매우 쉽다. 호스트 측은 전 세계의 몇 억이라는 사람들을 향해서 실시간 정보를 발신할 수 있다. 정보의 내용은 문자, 영상·화상, 음성, 어느 것이나 모두 디지털 신호에 의해 처리할 수 있다. 번역기능의 발전에 의해 관광객이 언어의 장벽을 극복할 수 있는 것도 시간문제라고 말할 수 있을 것이다.

표준적인 정보를 전 세계의 다수 사람들을 향해서 보낼 수 있으며 특정하게 받는 사람의 개별적인 욕구에도 대응할 수 있다. 일방적으로 보내는 것이 아니라 쌍방향에서 주고받는 것도 가능하다. 이용한 결과가 어떠했다는 다수사람들의 경험담을 활용할 수도 있다. 관광은 형체가 있는 물건이 아니라 경험이기 때문에 가시적인 것보다는 경험담을 신뢰한다. 따라서 인터넷 능력을 활용하면, 적은 규모의 숙박시설이라도 세계를 상대로 비즈니스를 전개할 수 있다.

도쿄(東京)의 변두리인 지하철 치요다(千代田)선 '네즈(根津)'역과 가까운 다이토구(台東区) 야나카(谷中)에 '사와노야(沢の屋)'라는 가족이 경영하는 여관이 있다. 목욕탕 없는 방이 10개실, 목욕탕 붙은 방이 2개실로 계(計) 12개의 객실을 가진 소규모 여관이다. 요금은 호텔과 같은 객실 요금제로 한 사람이 이용해도 1박에 4,700엔 내지 5,000엔이고, 식사는 조식만 제공되며, 일본식(和食)이 900엔(반드시 예약), 양식이 300엔이다. 이 여관을 지금까지 80개국에서 총 7만5천명 이상의 외국인이 이용했다고 한다. 이 여관의 강력한 판매촉진 수단은 일본과 미국의 2개 국어로 소개하는 웹사이트이다. 웹사이트만 있으면, 한 채의 작은 규모 여관이라도 전 세계를 상대로 비즈니스를 할 수 있다. 인터넷은 '규모의 경제'가 심리적으로 마음의 자유를 잃게 하는 일(呪縛)에서 소규모 사업자를 해방시켜 준다.

'사와노야(沢の屋)'가 외국인에게 인기가 있는 것은 오래된 거리의 집들이 남은 야나카(谷中)에서 변두리의 문화, 인정에 접촉할 수 있기 때문이다. 식사는 조식밖에 제공되지 않기 때문에 저녁식사는 그 고장의 선술집 등을 소개한다. 선술집에는 사진이 들어간 메뉴가 준비되어 있어서 식사가 진행되는 사이에 식(食)문화를 통해 저절로 그 고장 사람들과 서로 즐기기 시작한다. 사와노야(沢の屋)가 실천하는 것은 누구라도 어디에서라도 할 수 있다. 인터넷을 활용하면, 도시에서 평상복 생활의 매력을 세계를 향해서 발신할 수 있다.

도쿄 도(東京都)는 아시아의 21개 대도시가 네트워크를 형성해서 상호협력를 도모하기 위해 2002년 참여도시를 모집하기 위한 '웰컴 아시아 캠페인'을 전개하기 위한 협의회('아시아관광촉진협의회')를 발족시켰다. 베이징(北京)과 델리 등 8개 도시가 참여해서 발족했지만 같은 해 8월에 열린 협의회에서는 공통 로고 마크 제정 등을 결정하였다. 이후 웹사이트에 링크하는 것부터 시작해서 인터넷을 활용한 여러 가지 공동사업을 전개할 수도 있다고 본다. 일본인이 유럽을 방문하는 경우에도 특정 국가만을 방문하는 일은 적다. 많은 국가를 돌아다니는 것이 보통이며, 아시아 도시의 연계는 유럽과 미국에서 관광객을 유치에도 효과가 있을 것이다.

어쨌든 IT혁명은 멀리 떨어진 도시들 간 네트워크 형성을 가능하게 한다. 도시 간 연계가 시민수준에서 이루어지게 되면, 시민수준의 관광교류를 촉진하게 되며, 시민수준에서 문화교류가 이루어지게 된다. 도쿄 도(東京都)는 베이징(北京)시나 뉴욕시와 자매도시 관계에 있다. 여기에서 시민 가운데 참여자를 모집해서 상호방문을 계획해야 한다. 이 경우 교류하고 싶은 상대의 직업 등에 대해서 희망을 택해 매칭 시도를 제안한다. 세상에는 많은 여가활동이 있지만 여가활동의 공통적 동기는 인간적인 교류에 있다. 만남의 욕구에서 기인한다고 할 수 있을까. 여행을 동반하는 여가활동으로서 관광의 경우도 같다. 교류할 수 있는 상대가 일상 생활권에서는 만날 수 없는 사람인 경우에는 교류의 만족감이 더 커질 것이다.

우연한 만남의 필연화

첫머리에서 관광은 호스트와 게스트 사이의 문화교류라고 설명했다. 도시를 방문하는 여행자는 주민과의 교류를 실제로 체험하고 있을까. 기회는 반드시 많지 않다고 본다. 특히 해외여행의 경우 현 상황에서는 언어장벽으로 인하여 현지 주민과의 교류는 어려운 면이 있다. 국내여행도 관광의 현재 상황은 밀접한 교류로까지 이루어지는 경우는 적다.

그러나 앞으로의 관광교류는 우연한 만남을 필연화하는 방향으로 나아지 않을까. 비와호(琵琶湖) 부근 시가(滋賀)현에 나가하마(長浜)라는 도시가 있다. 전국시대에는 후에 천하를 얻은 하시바히데요시(羽柴秀吉)가 통치하여 라쿠이치(楽市)·라쿠자(楽座)를 두는 등 자유상업 도시로서 번성한 마을이지만, 1970년대부터 80년대에는 교외에 쇼핑센터가 설립되는 등 상업 집적이 이동하고, 다른 도시와 마찬가지로 중심 시가지가 황폐하는 문제에 직면했다. 여기에서 오사카(大阪)에서 나가하마(長浜)를 종점으로 한 신 쾌속선 개통을 계기로 지역사람들 중심으로 나가하마(長浜)가 역사적으로 죠카마치(城下町), 키타쿠니카이도(北国街道)의 슈쿠바마치(宿場町), 몬젠마치(門前町), 미나토마치(港町)이라는 성격을 지녔던 점에 유의하면서 적극적인 관광지

만들기에 나섰다. 역사적인 흑벽 건물을 남겨두는 한편 그 중에 유리공예라는 새로운 사업을 도입함으로써 90년대를 걸치면서 순조롭게 방문객 수를 신장시켜 도시재생의 성공 사례로서 전국의 주목을 받고 있다.

규슈(九州)의 유후인(由布院)의 경우도 그렇지만, 나가하마(長浜)에서는 온고지신(溫故知新), 라쿠이치(樂市)・라쿠자(樂座)의 지혜를 현대에 살려 관광객뿐만 아니라 관광객을 상대로 장사를 시작하려는 사람을 막지 않았다. 타 지역 사람이 새로운 지혜를 제의해서 마을을 활성화시켰다. 유후인(由布院)도 마찬가지다. 현재 높은 평가를 받는 어떤 여관의 경영자는 유후인(由布院)이 오늘만큼 유명하지 않을 때 작은 서양요리 가게를 유후인(由布院)에 열었으며, 그 후 그 고장출신의 경영자와 함께 유후인(由布院)의 발전에 공헌한 사람이다.

나가하마(長浜)의 사례로 또 하나의 주목을 받는 점은 나가하마(長浜)에서는 여행자를 위해 시민이 자원봉사자로서 관광안내를 도맡아 하였다. 여행자는 사전에 관광정보센터에 전화를 해서 자원봉사 안내를 의뢰하지만 안내가 호스트로서 게스트를 안내하는 구조로 되어있다. 자원봉사 안내는 본 장의 문맥으로 말하면, '나라 빛의 이야기 부(国の光の語り部)다. 관광자원봉사 안내 조직은 전국에 있고, 일본관광협회가 매년 전국대회를 조직해서 정보 교환 등을 수행한다. 외국어를 살려 외국인을 대상으로 무상 관광안내를 하고 있는 선의(善意)의 통역 자원봉사자 안내(Goodwill Guide) 조직도 전국 각지에 있고, 통역자원봉사자는 국제관광진흥회가 지원하였다.

자원봉사자 안내제도는 우연한 만남을 필연화한 것이며, 관광의 본질인 문화교류를 내실화한 계획으로서 높은 평가를 받는다. 현재 상황에서 안내를 도맡아서한다는 일방통행의 관계이지만, 자원봉사자 안내는 예전에 도움을 준 적이 있는 여행자의 도시를 방문해서,

이번은 주객 입장을 바꾸어 도움을 받았다고 말할 수 있다. 앞에서 언급한 사와노야(沢の屋) 경영자는 매년 6월이 되면 장기간 해외에 나갈 때 예전에 사와노야(沢の屋)에 머무른 적이 있는 사람들과의 재회를 즐기고 있다.

도시를 방문하는 경우에 누구도 아는 사람 없이 방문하는 경우와 누군가가 자신을 기다려 주는 상황이라면 관광체험 내용이 크게 달라지지는 않을까. 실제 사례가 있을지 어떨지 명확하지 않지만, 예를 들면 앞에 언급한 도시 간 네트워크를 활용하는 등, 관광자원봉사자 안내서비스를 물물교환 거래의 대상으로 하는 시스템으로 구축할 수는 없을까. 만남을 촉진하는 제도로서 의의가 있을 것으로 생각된다.

결정하는 사람은 호스피탈리티

관광자원봉사자 안내를 도맡은 사람들은 여행자에 대해 생각해 주는 사람들이다. 환대(hospitality)라는 말이 있다. '손님 접대' 등으로 번역되지만, 자신은 손을 대지 않고 남이 모든 시중을 드는 대로 편하게 지내는 손님 접대가 아니라 타지역 사람으로서 무엇인가 불편을 느끼지 않도록 여행자에 대해 개인으로 할 수 있는 범위에서 도와주는 사람이 아닐까. 다도(茶道)에 '일기일회(一期一会)'라는 말이 있지만, 일생에 한 번 과장해서 생각하는 것이 아니라, 평상시와 같은 기분으로 여행자에게 친절하고 싶다는 마음이다. 이렇게 하는 것이 관광교류를 촉진하고 서로의 문화를 다시 볼 수 있으며 새로운 문화를 육성하는 계기가 된다.

'인정을 베푸는 일은 남을 위한 일이 아니다'고 말할 수 있지만 환대 마인드를 가진 도시는 발전한다. 타 지역사람이 모여서 새로운 아이디어를 제의하기 때문이다. 한편 '적의가 있다'는 의미의 hostile는 호스피탈리티(hospitality)와 같은 어원이다. 생각해 보면 호스트가 여행에 나서면 게스트이다. 게스트를 생각하는 것이 부족한 도시는 장기적인 안전보장에 대해서 불안하다고 인식할 수 있다.

첫머리에서 서술한 바와 같이 도시에서 관광 왕래는 도시성장의 계기가 되고 원동력이며, 도시의 성숙도를 나타내는 지표라고 할 수 있다. 일본이 매년 받아들이고 있는 외국인 여행자의 수는 500만명 이하 세계 순위는 30위 이하이다. 일본 인구의 40%에도 못 미치는 한국보다도 낮다. 이상하게 낮다고 할만하다. 일본처럼 외국으로 많은 사람들이 관광을 나가는 대신에 방문하는 손님은 매우 적다면 국가의 장래는 위태롭다고 말할 수 있다. 이런 의미에서 도시 그중에서도 수도 도쿄(東京)의 국제관광에 대한 책임은 매우 무겁다.

제8장

숙련의 집적과 지역사회
- 오오타구(大田區)를 통해 생각한다 -

柳沼 寿(야기누마 히사시)

1

들어가며

오오타구(大田区)에서 소규모 영세공장의 집적과 고도로 유연한 분업시스템을 1970년대 말부터 받아들였다. 본고는 이러한 관점 속에서 그 배후에 있는 숙련과 숨겨진 지혜의 다양성, 거래비용을 낮춘 혁신(innovation)을 촉진시킨 신뢰를 산출한 사회교류자본 내지는 제도자본의 역할을 강조함으로써 오오타구(大田区)라는 지역사회를 종래와는 다른 각도에서 조망해 보려고 한다. 오오타구(大田区)에서 영세공장이 지역사회와의 상호의존적 관계 속에 독자적 기질을 보유한 숙련공들을 산출하고, 숙련공들이 지역사회의 혁신(innovation)에 관여하여 지역사회를 지속적으로 발전시켜온 모습을 살펴보고자 한다.

본 장에서의 논의는 지금까지 별로 시도되지 않았던 관점으로 폴라니(M. Polanyi)의 논의와 사회학에서 사회적 자본(Social Capital) 또는 경제학에서 제도자본의 개념 등을 언급하고자 한다. 이러한 관점이 새롭게 무엇을 제공해주는지 아직 충분하고 명확하게 설명할 수는 없지만 지역사회에서 산업과 사람과의 관계가 더욱 더 확대되고 있으며 적어도 인간적인 관점을 조금이라도 더 반영하려고 한다. 또한 후반부에서 도시경제학 모델을 사용한 분석에서는 구체적인 자료를 통한 실증분석까지는 못했지만, 오오타구(大田区)의 공장 집적에 대해서 조금이나마 이해하는 데 도움을 주고자 한다.

다음의 논의는 먼저 오오타구(大田区)에서 공장의 집적과 구조에 대해 간단한 통계자료에 기초하여 실태를 분석한 후, 이것을 경제학적 관점에서 어떻게 설명할 수 있을지를 검토하였다. 그리고 숙련의 의미를 숨겨진 지혜의 학습과정으로 보고, 그 확산과 전달이 지역사회의 혁신(innovation)과 깊은 관계가 있다는 점을 고찰하고자 한다.

그리고 숙련공들의 기질이 지역사회와의 상호의존적 관계 속에서 형성되었음을 설명하고 지역사회에서 사회적 자본 또는 제도자본의 의의를 살펴보려고 한다. 마지막으로 오오타구(大田区)의 다양한 숙련의 집적과 고도의 분업시스템 존재를 고려한 '오오타구(大田区) 모델'을 살펴보고, 이 모델이 오오타구(大田区) 독자적인 다양성 있는 도시로서 설명할 수 있다는 사실과 특히, 최근의 동시적인 환경변화가 오오타구(大田区)의 공장집적에 중대한 영향을 미친 점을 논하려고 한다.

2

오오타구의 공장 집적

오오타구의 공장 집적 역사

메이지(明治) 초 오오타구(大田区)는 농산물과 해태 등의 어업을 중심으로 생활한 지역이었다. 공업으로서는 통조림 공장과 맥고제품(여름모자용. 보리의 짚으로 가공한 제품)이 눈에 띌 정도였지만 맥고모자는 당시 중요한 수출상품이었다(岡部·柳沼. 1978). 그 후 도쿄(東京) 가수오오모리(瓦斯大森) 공장(1909년), 쿠로자와(黑沢) 상점(1911년), 일본특수강(1915년), 도쿄가수(東京瓦斯)전기공업(1917년), 니이카타(新潟) 철공소(1918년) 등 공장이 진출을 했지만 여전히 전원적 분위기가 짙게 남아 있었다.

그러나 관동대지진(1923년)의 발생에 따라 도심지역으로부터의 공장 이전과 만주사변의 발발(1931년)에 의한 군수산업의 증가는 오오타구(大田区)의 공장 집적 확대와 하청 외주가 증대해서 오오타구(大田区)는 공장 수에서 시나가와(品川)를 앞질러 케이힌(京浜)공업지대의 중핵으로 등장한다. 공장 수는 1932년 1,112에서 41년에는 5,148로 급증하였다.(岡部·柳沼(1978)에서 인용)

제2차 세계대전의 패전은 오오타구(大田区)의 공업에도 엄청난 타격을 미쳐 공장 수는 1948년도에 41년 수준의 절반으로 감소한 채 가동을 멈추었다(Whittaker, 1997). 하지만 일본경제가 고도 성장기에 들어서면서 오오타구(大田区)의 공업도 다시 활황을 보여 공장 수는 1961년에 전쟁 전의 정점인 41년을 상회한 후 경기 동향에 따라 점차적으로 증가했다(岡部·柳沼, 1978). 오오타구(大田区)의 공장 수가 최대 정점을 맞이한 것은 1983년이다.[23] 이 시기는 일본경제가 제 1차 석유위기(1973년), 제2차 석유위기(1978년)를 극복하고 경제성장률 이 저하되었지만 대폭적인 경상흑자를 내며 경제대국의 힘을 세계 에 알렸던 시기와 일치하였다.

┃표 8-1┃ 오오타구(大田區)의 금속기계 산업사업소 및 소규모 영세 사업소
　　　　　구성비

	1960년	1980년	1990년	1998년
금속기계산업	77%	79%	84%	78%
소규모영세사업소	42%	79%	80%	82%
사업소 수 합계	4,987	8,307	7,860	6,038

자료출처 : Whittaker (1997), 개발계획연구소 (1994), 関·加藤 (1990), '오
　　　　　오타구(大田區)의 공업'.
주1 : 금속기계 산업이란 철강, 비철금속, 금속제품, 일반기계, 전기기계, 수송
　　　용 기계, 정밀기계 등 7개 업종을 가르킨다.
주2 : 쇼규모 영세사업소란 종업원 10명 미만의 사업소를 가르킨다.

---

23) 경기가 정점(피크)일 때, 공장수를 쓰기 시작하면 다음과 같이 (1975년까
　　지는 '도쿄(東京)의 공업', 그 후는 '오오타구(大田区)의 공업', 모두 岡部·
　　柳沼 (1978), 개발계획연구소 (1994), 중소기업종합연구기구 (1996)에서 인
　　용).

1963년	7,556
1966년	7,031
1970년	7,257
1973년	8,893
1978년	8,380
1983년	9,190

또한, 도쿄(東京)의 오오타구(大田区)와 잘 비교된 히가시오오사카(東大阪)
시의 공장수도 묘하게 1963년에 정점을 맞이하였다(中沢, 1998).

그 후 급격한 엔고(円高)와 저금리가 버블(Bubble)현상을 초래하여
버블이 붕괴한 후의 후유증으로 인하여 크게 벗어나지 못했다. 오
오타구(大田区)의 공장 수가 버블 이전에 정점(pick)을 맞이했던 것은
버블과 그 후의 후유증에 휘말린 일본경제에 의해 뭔가 상징적인
의미를 지닌 것처럼 느껴진다.

오오타구(大田区)에서 공업집적의 큰 특징이 금속기계 가공산업의
특화와 소규모 영세사업소의 구성비율의 높다는 것은 잘 알려진 사
실이다.(표8-1) (岡部·柳沼, 1978; Whittaker, 1997 ; 関·加藤, 1990)

1960년대 이후의 사업소 수 및 소규모 영세사업소 비율의 급상
승한 이유에 대해 Whittaker(1997)는 고도성장이라는 거시적적 요인
에 공해와 도시화에 따른 공장의 교외이전, 어업보상 해결에 따른
김 건조장의 임대, 공장화와 공해공장의 구(区)내 이전·집단화 및
주단조(鋳鍛造)·열처리·프레스 공장에 대한 행정 측의 계속적 지원
을 들고 있다.

그렇지만 글로벌리제이션에 의한 제조업의 해외진출, 중국과 한
국을 시작으로 한 해외제품의 유입, 산업구조의 전환, 도시화와 산
업기술의 변화 등 환경변화의 영향을 받아서(개발계획연구소, 1994), 오
오타구(大田区)의 공장은 급속히 감소하였고, 1998년(종업원 1~3명을 포함
한 숫자로 판명한 현재 시점)에 6,038개소 공장으로 정점 때보다 30% 정
도 이상 밑돌고 있다. 이것은 2003년 현재 40년 전의 1963년보다
도 적은 수준이다.

공장 집적의 다양성과 유연한 공정연쇄

오오타구(大田区)에서 공장들의 다양성이란 각 공

장이 단일 공정을 담당하고 있어도 전체로서 다양한 가공을 떠맡고 있다. 앞에서 살펴본 바와 같이 오오타구(大田区)의 주된 산업은 금속기계 산업이지만 이것은 제품별 분류인 일본 표준산업 분류에 따랐기 때문에 이 분류로는 특정한 가공단계와 기능에 특화한 오오타구(大田区)의 공장 다양성을 세상에 알리는 것이 어렵다. 세키·카토오(関·加藤, 1990)의 그림을 약간의 수정하면 표 8-2와 같은 공정분류가 가능하다.

┃표 8-2┃ 오오타구(大田区)의 금속기계 산업에서 공정분류

공정·기능	구체적 내용
소재	철강·비철금속메이커, 상사(商社), 재생업, 재료상
성형공정	용접결합(제관·판금·용접·작은 조립),
	소성가공(단조·프레스·홀치기 염색·분말야금),
	용융·성형(주조·다이카스토), 금형·야공구
제거공정	기계가공 (절삭·연삭·연마), 프레스, 열처리
마무리공정	표면처리 (도금·아르마이트·메타리콘)
조립	플라스틱 성형, 프린트 기판, 조립(부품조립·도장)

대부분 오오타구(大田区)의 금속기계 관련 공장은 위에 기술한 공정 중 단일 기능에 특화하였다. 가장 비율이 높은 공정은 공장 전체의 30% 이상을 차지하고 있는 절삭(切削)이다. 다음으로 판금(8%), 프레스(7%), 금형·야금공구(7%), 플라스틱성형(4%) 등의 순이다. 최근에는 제품 디자인·설계와 연구개발, 시험작품 제조 지원, 발주처 수배 등으로 특화하는 경우도 등장하였다(중소기업종합연구기구, 1996). 이렇게 각각의 공장이 특화된 공정이 다양할 뿐만 아니라 이들 공장으로 유입되는 재료과 부품도 다양하다. 취급하는 소재도 금속 이외에 세라믹스, 카본, 유리섬유 등 여러 분야이다. 예를 들어, 금

속에 따라서도 종류·재질·형상·크기 등 다양하게 다른 재료를
들여와서 가공한다. 이들을 고려하려면 오오타구(大田区)의 공업단지
가 전체적으로 처리할 수 있는 가공의 다양성은 팽대해 진다.

그럼에도 불구하고 가지고 들어온 재료는 단일 공정을 거쳐 즉시
발주처로 되 보내지 않았다. 원재료와 부품은 목적과 필요에 따라
다양한 공업단지 내에서 복선적으로 경유하고, 그 과정에서 다양한
가공과 처리된 후에 발주처로 되돌아온다. 여기에서는 공장들이 전
체적으로 산업 연관을 연계하는 구조이다. 그럼에도 불구하고 이
공정 연쇄 또는 분업은 항상 고정되지 않았고 각 공장이 가진 잠재
적 처리능력 속에서 필요에 따라서 일부를 작업하는 형태로 이용할
수 있는 탄력적이며 항상 변경 가능한 처리능력이 집적된 점이 중
요하다. 이러한 계획을 피오레와 세이블(Piore & Sable 1984)는 유연적
전문화(flexible specialization)라고 부른다.

이렇게 다양한 처리능력을 가진 공장들의 이용은 발주기업이 다
양하고 질적으로 서로 다른 욕구를 파악해 공정별로 분해하고, 어
떤 공장에서 어떤 공정과 처리를 분담시키는 것이 적절한지를 생각
하고, 수요와 공급의 매칭 역할을 담당할 사람도 필요하다. 예전부
터 도매상과 브로커(취업알선업자)들이 이 역할을 담당해 왔다(岡部·柳
沼, 1978). 또한 동료 간 거래라는 형태로 동업자끼리 서로 공정을 분
담하거나 서로 수·발주를 하기도 한다(岡部·柳沼, 1978; Whittaker,
1997). 최근에는 대기업이 직접 공장으로 가지고 들어오거나 주문
중개를 전문으로 하는 업자(다카오카(高岡, 1998)은 공장 군(群) 밖과 안의 중간
에서 이러한 기능을 수행하는 기업을 연계(linkage) 기업이라고 부름)도 등장했다.
어떤 경우에도 오오타구(大田区) 내에 존재하는 개별공장의 처리능력
을 충분하게 파악하는 것은 쉽지 않다. 오오타구(大田区)의 다양한
공장 집적은 이러한 환경 속에서 '절차탁마(切磋琢磨)'라는 말이 들어

맞는 것처럼 상호 경쟁적이며, 다른 한편으로 '동료간 거래'로 대표
되듯이 상호보완적 또는 협조적인 독자적 구조로서 기능하였다.

도시에는 최종재와 중간재의 질적으로 다른 욕구가 대량이면서
다양하게 존재한다. 반드시 소규모 영세공장들이 대량 수요에 대한
대응을 분담하는 경우는 없다. 오오타구(大田区)의 공장들은 개별공
장의 처리능력의 다양성과 이것을 숙지하고 있는 주문 중개업자와
동업자라는 탄력성 있는 공급능력이 집적되어 수요자의 다양한 발
주가 이루어짐에 따라 다양한 중간제품을 산출할 수 있다.

신제품을 개발하기 전에는 디자인·원료·가공기술 집단과 사용
자 및 각종 정보의 축적이 두터운 도시 내 소규모 공장의 활용 이
익이 크다. 오카베와 야키누마(岡部·柳沼, 1978)는 오오타구(大田区)의
소규모 영세공장이 이러한 상황을 배경으로 다종다양한 시험작품과
소형 로트(lot) 특수품을 직접 제작하고, 다른 분야제품으로의 다각
화를 활발하게 시도하였다. 오오테(大手) 전자·통신·자동차부품
메이커 등에서 직접 수주하고, 의과대학·이과대학과의 공동개발
등의 사례도 있으며, 이러한 전문화·독자제품 개발 등의 경향은
그 후에도 진전하였다.(関·加藤, 1990)24)

---

24) 岡部·柳沼 (1978)에서는 오오타구(大田区) 특히 소규모 영세공장 집적지
  에 있어서 1인당 부가가치액과 1인당 현금급여 총액이 전국 수준에 비해
  높은 것, 또는 자사제품이나 특허의 보유율도 다른 지역 내지 전국과의
  비교에 있어서 높다고 지적하였다. 즉, (재)중소기업종합연구기구 (1996)
  는 1994년 시점에서 오오타구(大田区) 1인당 출하액이 다른 금속기계공업
  집적지와 비교해도 높게 나타났다.

숙련의 집적과 첨단성

오오타구(大田区)의 공장에서 생산한 다종다양한 제품들은 지역 내에서 하나의 공정과 기능면에서 특화된 공장들의 집적을 빼놓고는 이야기하기 어렵다. 이들 공장들이 보유한 설비를 조사하면 특수한 기계장치를 소유하고 특수한 제품을 만드는 경우도 있지만, 대부분의 영세공장은 거의 표준 내지는 정형적 범용기기 밖에 소유하지 않았다(개발계획연구소, 1994). 소규모 영세공장은 이러한 범용기계 설비를 가동시켜 다양한 중간제품들을 만들어내었다. 제품들의 다양성과 기계설비의 범용성 내지는 균일성이라는 모순된 문제의 해결은 이들 소규모 영세공장에서 일하는 사람들이 오랜 세월에 걸쳐서 길러진 기능, 즉 범용성 있는 설비기계를 다양하게 공부했거나 새로운 야금공구(冶工具)를 만들어서 목적에 맞게 잘 사용하고 있는 능력을 갖고 있기 때문이다. 이 능력이 바로 숙련이다.

범용설비를 재질과 형상에 따라서 어떻게 잘 사용하는 것이 가능한가? 오오타구(大田区)의 금속기계 관련 공장 내에서 가장 대표적인 절삭공정의 중심인 선반(旋盤)을 취급했던 고제키(小関, 2000)는 숙련이 지닌 깊은 뜻을 알려주었다.

숙련공은 들어온 재료의 재질과 형상, 크기, 가공내용, 정밀도 등의 도면과 지시에 따라 최종 마무리 상태를 미리 예상한다. 그리고 어느 부분을 주의해야 하는지, 어느 부분이 절삭해야 할 포인트인지 가공의 모든 과정을 꿰뚫어 본 후에 사용할 절삭공구(bite), 사용해야 할(필요에 따라 만들어야 할) 야금공구, 절삭스피드를 정확하게 판단한다.25) 고제키(小関, 2000)는 이러한 능력을 '업무의 깊이를 통찰

---

25) 종종 가공대상과 내용이 공장에 반입되는 단계에서는 엄밀하게 묘사되어

하는 눈'이라고 표현하였다. 이것은 단순히 솜씨가 뛰어난 것과는 다른 차원의 능력으로 오랜 세월의 경험과 지혜가 축적되어 있다.

이런 준비를 전체적으로 확인한 후에 절삭작업을 시작한다. 다양한 재료를 선반으로 깎는 소리가 들린다. 그 소리는 금속이나 기타 재료의 종류, 칼날의 형태, 기계의 회전속도, 칼날 대의 움직임 방향, 기계의 상태에 따라 다양하게 변화한다. 숙련된 선반공은 단순하게 기계에 설치된 가공물만 보지 않고 소리에 의한 상황 판단도 할 수 있어야 한다. 또한 가공할 때에 나오는 '금속 부스러기'(버려진 부분)의 색이나 형태에 의해서도 가공물과 절삭방법이 적절한지 아닌지를 판단할 수 있어야 한다. 그들은 '절단하다', '뚫다', '문지르다', '켜다', '불태우다', '쳐내다', '파내다', '세우다', '후비다', '도려내다', '긁어내다' 등의 표현력으로 가공작업 전체의 미묘한 차이를 표현한다.(小関, 2000)

게다가 도면에 기입되어 있지 않은 부분을 사전에 깎아두는 '절삭법', 또는 금형을 만들 때에 완성된 제품부분과 관계없는 부분에 넣는 '주형법' 등은 숙련자가 가공범위 이외의 부분에 독자적 연구를 시행함에 따라 필요한 제품을 완성시키는 매우 수준 높은 창조력의 산물이다.(小関, 1997)

숙련공이 지닌 다양성 넘치는 가공능력은 첨단적 분야에서도 독창성을 발휘해 왔다. 예를 들면, 고제키(小関, 1998)는 표 8-3과 같이, 다른 어느 곳에서도 할 수 없는 작업을 특정한 소규모 공장에서 최초로 가능하게 한 사례를 게재하였다. 숙련공의 손에서 얼마만큼 많은 첨단적이고 창의와 고안으로 많은 일들이 새로 만들어져 왔는

있지 않다. 통칭 '만화'라 불리는 엽서의 약도가 반입된다. 이것에 기초해서, 숙련된 선반공은 일하는 절차 전체를 견적하는 것이다. '만화'의 실제 예는 額田(1998), 小関(2001)에 게재되어 있다.

가를 이해할 수 있다.

│ 표 8-3 │ 오오타구(大田區) 공장에서 생긴 첨단제품과 부품 사례

예1	자동차 엔진 시험작품 회전자(rotort)의 절삭 외전자부분에 저융점합금을 채워 가공해서 완성 후에 녹인 것으로 해결
예2	신간센(新幹線) 차량 바닥 밑의 전기계통용 스테인레스 메시 케이스(mesh case) 재료의 가공 메시 케이스를 화지(和紙)로 뒷면에 덧붙이고 가공한 후에 녹인다는 고안
예3	휴대전화용 스테인레스제 리튬전지 케이스의 프레스 다른 회사가 버린 디프 드로잉(deep drawing) 기술을 미크론 단위에서 마무리하는 능력을 이용
예4	H2로켓트 첨단 커버(페어링)의 홀치기 염색 가공 스피닝(spinning) 기술을 이용하여, 손끝의 감촉으로 30미크론 수준에서 가공
예5	유리제 비구면 렌즈의 고정밀 연마 고정도의 비구면 렌즈를 특수한 도구를 사용해서 10미크론 수준으로 연마하는 직공의 능력
예6	손끝의 떨어지지 않는 플톱 깡통용 덮개의 금형개발 덮개의 단면을 S자상 르프 구조로 해서 1000분의 1미리 단위로 겹치지 않도록 비켜서 시행착오를 하여 성공

물론, 모든 공장이 이와 같은 창조적인 업무만을 하는 것은 아니다. 그럼에도 불구하고 마을 공장밖에 할 수 없었던 일들이 얼마나 충실한 내용을 담고 있는지 표 8-3의 예를 보면 잘 알 수 있다. 이러한 오오타구(大田区) 숙련공의 다양한 집적을 대기업도 주목하였고, 다양한 사람들이 오오타구(大田区) 안의 공장을 출입하는 모습은 '눈에 보이지 않는 업무의 길'(小関, 2000)이라고 표현할 정도로 이미 1950년대부터 높은 평가를 받고 있었다.(Whittaker, 1997)

3

연결의 경제성과 외부경제성

분업과 조정비용

자동차 공장의 생산 라인과 화학 플랜트에서는 생산규모의 증대가 제품단위당 비용을 줄이는 경우가 많다. 이 현상은 '규모의 경제성(economies of scale)으로 잘 알려져 있다. 하지만 오오타구(大田区) 공장들이 떠맡아 책임지는 것은 이러한 균질적인 제품의 대량생산이 아니다. 서로 다른 제품을 생산할 경우 경제성에 관해서는 '범위의 경제성(economies of scope)'이라는 개념이 있다 (Baumol et al., 1988). 범위의 경제성은 복수의 제품을 생산하는 경우 서로 다른 조직이 각각 생산하는 것보다 단일조직들이 그것을 통합해서 생산하는 편이 비용면에서 유리하게 된다. 바꾸어 말하면 대규모 조직에서 다각화된 장점이다. 그러나 이것도 오오타구(大田区) 공장들의 다양한 집적에 대해 설명할 수 없다.

스미스(A. Smith)가 '분업의 이익(division of labour)'을 강조한 것은 유명하다. 분업의 이익은 공장 내 노동력 배분에 관한 논의이지만 각 공정을 독립된 다른 조직 간의 관계로서 받아들여, 공정에서 특화한 공장의 존재를 설명할 수 있다. 또한 잘 알려지지는 않았지만 마샬(A. Marshall)은 대규모 기업조직보다도 중소 영세기업조직 쪽이 효율적이라고 지적했다.(鎌倉, 2002)

Whittaker(1997)는 플로렌스(Florence, 1948)도 특정 과정으로 특화한 기업체들이 총체적으로 소수의 대기업 조직보다 뛰어날 가능성이 있다고 서술하였다. 어느 것이나 개개의 과정마다 규모의 경제성이 다르기 때문에 발생한 '특화의 경제성(economies of specialization)'의 존재를 지적했다. 게다가 미야자와(宮沢, 1988)는 정보화가 기업활동에 따른 조정비용의 절감을 통해서 단일한 대규모 조직이 사업 활동을 하기보다 소규모 조직을 '연결'해서 각각의 능력을 묶는 쪽이 효율적일 가능성이 강하다고 지적하였다. 이것을 '연결의 경제성'이라고 부른다.26) 이렇게 한 제품을 마무리하는 데 필요한 수많은 중간단계가 존재하는 경우, 대규모 조직이 모든 중간단계를 담당하기보다도 소규모 조직이 각 단계를 분담하고, 전체로 이들을 연결해서 마무리하는 쪽이 보다 더 효율적일 수 있다는 것을 보여주고 있다. 오오타구(大田区)에서 나타난 분업시스템을 설명하는 데 적절한 이론이라고 본다.

그런데 이상에서 볼 수 있었던 경제성 개념에 등장하는 생산요소는 물적 자본과 인적자원에 한정시킨 것이 통례이다. 본래, 생산요소 중에는 해당 활동을 꾸려나가기 위해 이루어진 사람과 사람을 연결하는 조정활동이라는 요소를 포함해야 함에도 불구하고 이 점을 종종 빼먹는 경우가 있다. 이 기능이 빠지면 단순히 공정마다 서로 다른 규모의 경제성을 가진 공장만이 존재하게 되기 때문에 그들이 유기적인 관련성을 갖고 생산활동을 전개하는 시스템으로 될 수 없다. 오오타구(大田区) 공장들을 외부에서 이용하고 또는 내부에서 상업 업무를 융통하는 편익이 존재하기 때문에 외부 발주자와 개별 공장이나 개별 공장끼리 이루어진 수·발주 내지는 정보교환 등 조정활동이 저비용으로 이루어질 필요가 있다. 동료거래에서 상

---

26) 柳沼(1995)는 연결의 경제성이 성립하기에는 비용관수가 우가법성(super additivity)이라는 성질을 충족시킬 필요가 있다고 하였다. 이것은 Baumol et al. (1988)이 검토한 범위의 경제성을 성립시키기 위한 비용관수의 조건인 열가법성(sub additivity)과 정확히 반대의 조건이다.

대의 선택이나 기술과 업무상의 아이디어 또는 힌트 교환이나 흡수의 용이함 등도 조정비용이며, 이러한 조정비용이 저렴해진다면 서로 거래하거나 기술을 상호교환하면서 향상시키는 장점이 커진다. 조정비용이 비싸면 소규모 영세공장은 상호 유기적으로 연결된 시스템이 기능하지 않을 수 있다.

조정비용에서 중요한 것은 '신뢰재'이다. 애로우(Arrow, 1974)는 '신뢰라는 재화는 시장에서 구입할 수 없지만 한번 신뢰를 얻으면 경제활동이 효율적으로 처리된다'고 설명한다. 당사자 사이의 신뢰가 존재하지만 다양한 조정활동은 비용을 들이지 않도록 이루어진다. 연결의 경제성에서 중요한 역할을 담당하는 조정활동은 신뢰재의 존재에 크게 영향을 받는다고 할 수 있다. 애로우는 어떻게 신뢰재가 형성되는지를 설명하고 있지 않지만 신뢰재는 일종의 자본이라고 간주해도 된다. 신뢰재는 부적절한 관리와 과잉이용 또는 돌발된 위기나 인간관계의 붕괴 등 투자중단(dis investment)에 의해 스톡(stock)으로서 수준이 저하되면 본래 제공되어야 하는 신뢰를 유지할 수 없다. 한편 지속적인 당사자 간의 교류나 적절한 인간관계의 유지가 계속된다면 스톡(stock)으로서 수준이 개선되고 당사자 간에 신뢰가 고도로 유지되어 갈 수 있다.

원래 '신뢰'는 '다른 사람이 자신을 속이지 않는다는 기대를 가지고 억지로 다른 사람이 속일 위험에 스스로 맡기는 것'이다(山岸, 1998 ; Nooteboom, 2002). 신뢰를 쟁취하기 위해서는 지역공동체나 문화에의 동화, 전문분야에서의 자격과 규칙에의 적합, 파트너에 대한 충성 내지는 약속(commitment) 유지, 학습을 통한 훈련 등을 통해서 자신들의 평판을 확립하는 것이 필요하다. 이렇게 얻어진 신뢰는 특수 관계적인 투자에 따른 강탈(holdup) 문제나 정보의 스필오버(spillover, 누출 또는 확산)문제 등의 '관련된 위험부담(relational risk)'을 저하시켜, Williamson이 말한 거래비용 또는 조정비용을 삭감시킨다 (Nooteboom, 2002)27). 신뢰가 높아지고 조정비용을 절감한다는 구체적인 상황으로서 누카타(額田, 1998)는 오오타구(大田区)의 분업시스템에 숨어있는 '신용' 단계에서 '최초에는 중요도가 낮은 업무를 하게 하는' 단계와 '공장현장에 있는 것을 인식하는' 단계의 두 종류가 통관항(Port of Entry) (Kerr, 1954)으로서 존재한다고 지적했다.

지리적 집중과 외부경제성

이상의 논의는 왜 많은 소규모 기업이 상호분담 한쪽이 대규모 조직보다 이익이 있는가를 설명할 수 있어도, 오오타구(大田区)나 히가시오사카(東大阪)와 같은 특정 지역에서 다양한 소규모 영세사업소의 집적에 관한 설명에서 성공했다고 할 수 없다. 이를 위해서는 '특화의 경제성' 또는 '연결의 경제성' 개념으로 사람과 사업 활동에 필요한 자원 이동에 수송비용이 들어가고 일대일(face to face)로 정보교환과 조정활동의 편익이 크다는 부류의 조건이 필요하다. 이것은 지리적 집중에 의한 외부경제성(external economies)으로 연결된다.

외부경제성의 존재를 명확히 지적한 마샬(A. Marshall)은 동종의 소기업이 다수 집적하는 '지역특화경제(Industrial Community)' 또는 '산업지구(Industrial District)'에서 집적의 장점인 '외부경제'로서 다음 사항을 들고 있다.(표 8-4, Krugman(1991)에 의함)

---

27) 신뢰와 기업 간 거래에 관한 실증적인 분석으로서 예를 들면, Nooteboom (2002)은 EU 및 일본에서 신뢰가 몇 가지 경로를 개재시킨 거래관계를 강화하고 있는지를 확인하였다.

▌표 8-4 ▌ 마샬이 열거한 외부경제 (Krugman, 1991)

①	다양하고 특화된 기능자에 대한 층이 두터운 시장.
②	지원적 산업에 의한 다양하고 저렴한 비거래투입재(non-traded input)의 제공.
③	기술이나 경영혁신의 파급에 따른 혁신(innovation)의 촉진.

몇 가지의 실증분석에 의하면 기술과 지식의 스필오버(확산)와 층이 두꺼운 기능인 시장이 마샬의 외부성의 기본에 있다고 시사하였다.[28]

최근 도시화 지역이 혁신(innovation)의 중요한 원천이라는 인식을 배경으로 마샬의 외부성 개념의 확장이 이루어지고 있다. 예를 들면, 헨더슨(Henderson et al. 1995)은 도시화 지역에서 외부성을 크게 2가지로 나누어 표 8-5와 같이 정리하였다.

▌표 8-5 ▌ 정태적 외부성과 동태적 외부성

정태적 외부성
 '지역특화의 경제성 (localization economies)'
　　동일 산업에 속한 기업 간 정보확산과 교류에 따른 효과를 지적하고 해당 산업에 특화된 소규모 내지 중규모 도시를 형성하기 용이하다.
 '도시화의 경제성 (urbanization economies)'
　　도시화 지역의 규모와 다양성 전체에서 발생한 정보의 확산과 전달(스필오버) 효과를 지적하고, 이 외부성은 다양성이 있는 대규모 도시에 집적한다.

---

28) 마샬의 외부성에 관한 실증분석 예로서는 Dumais *et al.* (1997)은 미국의 신규공장 입지를 분석한 결과, 도시에 있어서 산업 집적의 이유로서 부품업자나 고객과의 근접성은 그다지 중요하지 않고 지식의 확산효과와 두터운 층의 노동시장이 중요한 것을 지적하였다.

동태적 외부성

'마샬=아로=로마의 지역특화의 경제성(MAR localization economies)'
    지역 내 상호교류나 장기적 거래역사로부터 발생한 지역 고유의 지식
(역내 기업비밀)을 서로 이용하는 효과를 말하며, 동일 산업에 속한 기업
에 의해서 이용가치가 크며, 산업 집적이 지속성(persistence)를 가진 중
소규모의 도시가 발생하기 쉽다.

'제이콥스의 도시화 경제성 (Jacobs urbanization economies)'
    역사적으로 형성되어 온 산업의 다양성 전체에서 생겨난 기술이나 고
용에 관한 정보를 서로 이용하는 효과의 것이며, 다양한 숙련 기술의 축적
을 가진 도시에서 신산업의 형성이 진행되기 쉽다.

    확장된 외부성의 논의에서는 기술과 지식의 확산과 전달이 도시
화지역에서 혁신(innovation)을 촉진시킨다는 인식이 전제로 된다. 이
러한 사고는 오오타구(大田区)의 공장들이 상호 시장과 기술에 관한
다양한 정보와 아이디어를 교환하면서 창의적 고안에 노력했다는
점을 회고할 때 충분한 설득력을 갖는다. 동태적 외부성의 개념은
도시화 지역에서 정보축적의 원천이 과거로부터 역사적으로 형성되
어 배양된 것이며, 이것이 향후 도시 발전 경로에 영향을 미친다는
생각이다. 도시에서 산업의 집적과 발전을 지식과 기술의 원천으로
보고 역사적 경위를 중시하는 경우 데이비드(David, 1985)와 아서
(Arthut, 1994) 등이 말한 '경로 의존성'과 '정(正)의 환류(feedback)' 등과
관련성도 있다. 미국을 비롯한 많은 나라에서 실제로 증명하였
다.[29] 오오타구(大田区)에서 나타나는 현상은 언뜻 금속기계산업이라

───────────

29) Dumais et al. (1997)에서는 미국에 있어서 도시의 산업 지적에 대해서
    '도시화의 경제성'과 '제이콥스의 도시화 경제성'의 존재가 확인된 반면,
    '지역특화의 경제성'과 'MAR의 지역특화의 경제성'은 인정되지 않는다고
    하였다. Henderson et al. (1995)에서는 새로운 산업이 '제이콥스의 도시
    화 경제성'이 존재하는 도심지역에서 발생하고, 성숙산업은 'MAR의 지역

는 동일 산업의 집적지라고 볼 수 있지만 생산된 제품과 숙련기능의 다양성 또는 다른 산업과의 연계를 생각할 때 장기적 거래와 역사성을 고려하는 동태적 외부성의 측면을 강하게 지니고 있다. 이것이 'MAR의 지역특화 경제성'인지 '제이콥스의 도시화 경제성'인지는 실증적으로 확인해야 할 과제이다.

4

숙련과 숨겨진 지혜의 확산과 전달

숙련의 경험성과 신체성

오오타구(大田区)에서 나타나는 다양한 숙련의 집적은 개개 숙련공의 오랜 기간에 걸친 경험이 누적되면서 구축되었다. 누카타(額田, 1998)는 숙련이 장인적 기능과는 다른 점을 서술하였다. 기계와 재료의 특성을 다 알아서 가공 방법을 목적에 따라 적

특화의 경제성'을 누리기 쉬운 분산화된 소도시에 모이는 것을 분명히 하였다. 스페인에 대해서는 de Lucio *et al.* (2002)의 분석이 있고, 'MAR의 지역특화 경제성'은 존재하기는 하였지만, '제이콥스의 도시화 경제성'은 확인되지 않고 있다. 덧붙여 de Lucio *et al.* (2002)에서는 동일 산업에 속한 기업 간 강한 경쟁도가 지식의 스필오버를 높여 외부성을 초래한다고 말하는 '포터의 도시화 경제성'은 확인되지 않았다고 기술하였다.
도시와 산업의 다양성 관계에 대해서 Duranton and Puga (2000)는 대규모 도시일수록 다양성이 높고 따라서 '도시화 경제성' 및 '제이콥스의 도시화 경제성'이 높은 것, 반대로 중소규모의 도시에서는 '지역특화의 경제성' 및 'MAR의 지역특화 경제성'이 작용하는 것을 미국의 데이터에 기초해서 찾아내고 있다.

절하게 사용해 작업할 수 있는 기능을 가진 것만으로는 단순히 솜씨가 뛰어난 장인적 기능인에 지나지 않는다. 숙련은 여기에 비정형적인 주문과 가공공정에서 발생하는 문제에 대해 유연하게 대처할 수 있는 능력을 갖추고 있어야 한다. 고제키(小関, 2000)에 따르면 숙련공은 부분이 아닌 전체를 보는 눈을 가지고, 최종 마무리까지 각 과정이 어떻게 진척되는지를 사전에 예상할 수 있다(누카타, 額田, 1998) 업무의 기본원리를 이해할 수 있다고 설명한다). 그렇기 때문에 반입된 재료의 잘못을 지적하거나 고객의 의도를 읽음으로써 도면과 가공방법 등의 수정과 변경 제안도 가능하다. 고제키(小関, 2000)는 숙련공이 다기능공(多技能工)과 다른 점을 강조하고 있지만 어쩌면 이것은 전체를 보고 순서를 결정하고, 재질과 작업에 적합한 연구를 덧붙인다는 종합성 내지는 전체성이라는 관점을 갖는지, 갖지 않는지라는 관점에서 평가하기 때문이다.

▌표 8-6▐ 장인의 조건 (尾高 (2000)에서)

---

1. 도구·기계를 스스로 소유해서 독립성이 높다.
2. 객관적으로 평가 가능한 기능을 가진다.
3. 사람에게 체화해서 축적된 기능을 갖는다.
4. 업무에 관해서 큰 폭의 재량권을 가지고 있다.

오다카(尾高, 2000)는 독립성이 적은 재량권조차 한정되어 있다고 하여 공장에서 일하는 직공을 전통적 의미의 장인(職人)과 구별하고, 게다가 고도 성장기를 통해 장인의 세계가 소멸하였다고 한다.[30] 오다카(尾高)가 열거한 장인은 표 8-6의 조건을 충족시킨 사람이다.

---

30) Veblen (1914)도 근대적인 기계 산업의 발달에 따라 직공적인 기능 또는 '제작자 기질의 본능'(宇沢, 2000)을 잃어버리고 있다고 보고 있다.

이루어진다. 숙련이란 이렇게 얻어진 경험의 총체이며 단순한 기능 습득에 머무르지 않고 인간적인 만남과 공장 경영 측면까지도 포함해 광범위하게 여러 겹으로 쌓인 경험이다.[31]

오오타구(大田区)의 공장처럼 소형 제품(lot)에서 다양한 주문을 받는 경우에는 동일 재질과 가공법을 되풀이 학습하는 경우는 그다지 없다. 타 공장과의 거래관계와 인간관계를 포함한 다양한 처리와 대응 방법을 수없이 경험하며 단순한 기능공의 수준을 넘어 다양성 있는 욕구에 대응할 수 있는 숙련공으로 된다. 따라서 숙련공이 되기 위해서는 오랜 기간의 경험이 전제되어야만 한다.

한편, 숙련에 이르기까지 학습과정은 작업자의 신체에 체화 (embodied)된다. 공장으로 반입된 가공 대상은 도면에 최종적인 상태로 제시되지만 최종상태에 이르기까지 도중의 경로는 '작업자의 자유'에 맡긴다. 전체적 준비와 절차를 어떻게 할지, 작업 도중에 무엇이 필요하게 될지 등의 판단은 매뉴얼이나 외부로부터 지시가 없어도 숙련자는 자신의 경험에 비추어보아 가장 적절하게 처리할 수 있도록 생각을 한다.

비록 도중에 가공방법과 내용을 지시받더라도 국면마다 작업 내용을 일관되게 외부에서 지시와 확인은 불가능하다. 각 장면에서 해야 될 작업은 지금까지 경험에서 얻어지고 신체에 체화되어 말로 표현할 수 없는 기억으로부터 발휘된다. 특히, 작업 실행은 숙련자의 손끝과 앞에 놓여 있는 기계이며, 양자가 하나로 되어 움직여가는 감촉이 손끝에 전해져 체내의 기억을 살리면서 가공을 진행한다.

---

31) 額田(1998)의 주에서는 몸을 사용해서 제조에 종사함(직접성), 오랜 경험이 요구됨(경험성), 신체에서 느끼는 기능을 발휘함(신체성), 전체를 이해해서 창의 고안함(주체성)으로서 숙련의 특징을 정리하였다.

스스로 작업을 완수할 수 없는 경우, 다른 공장에 작업을 의뢰할 필요도 생기게 된다. 누구에게 어느 부분을 의뢰해야 할지를 결정할 때 중요한 사항은 일의 내용에 따라 상대방이 어느 정도의 기능을 가지고 있고, 어느 정도로 신뢰할 수 있는가라는 점이다. 이것은 오랜 세월에 걸친 거래 관계나 기능과 아이디어의 교환 과정 등을 통해 축적된 판단에서 이루어진다. 이러한 판단도 외부에서 주어진 기준에 근거하지 않고 어느 정도 언어화가 가능하더라도 개개인인 숙련공의 신체 내부에 체화되고 기억된 지식이라는 성격을 강하게 지니고 있다.

이러한 성질을 가진 숙련은 그 전달 면에서도 신체성에 강하게 의존한다. 숙련에 이르는 처음 단계는 기본적인 작업내용을 학습해야만 한다. 이 단계는 전통적인 장인(職人)의 세계처럼 도제적인 지도를 받는 것이 보통이다. 이곳에서의 학습은 해설과 설명서에 의한 학습만으로는 부족하고, 손과 기계에 의한 작업을 모방하는 경로를 통해서 자신들의 신체에 습득시켜야만 한다. 또한 가공 경험을 높임에 따라 작업내용의 고도화뿐만 아니라 인간관계나 거래관계도 더 많아져 다양한 판단력을 가져야 할 필요가 있다. 이것은 일반적인 매뉴얼을 통해서 학습하지 않고 구체적으로 누군가의 시중을 들고, 바로 그 장소에서 직접 경험을 통해 배우고, 몸에 익혀 자신의 것으로 만드는 과정이며 그러한 노하우 전달도 신체를 통해서 이루어진다.

숨겨진 지혜의 확산과 전달(spillover)

숙련이라는 다양한 경험의 총체는 실제 구체적인 상황 속에서 신체 내부에 줄기차고 끊임없이 이어져온 언어화할 수 없는 다양한 지식을 어떻게 구성할 것인가라는 '절차적 기억 (procedural memory)'과 깊은 관련성을 갖는다. 이런 지식은 실제 특수한 상황 속에 파묻혀 있는(embedded) 것으로 '숨겨진 지혜(tacit knowledge)의 성격을 갖는 경향이 강하다(Nooteboom, 2002). '사람은 말할 수 있는 것보다도 많은 것을 알 수 있다'고 폴라니(Polanyi, 1966)은 기술했다. 숙련공이 오랜 세월에 걸쳐 기계가공에 종사하고 그 과정에서 배우고 계승하는 '과정 속 지혜'(伊東, 1997)로서 신체 속에 모아 온 다양한 경험 또는 기억의 총체는 확실히 '말하는 사실보다 많은 것을 알고 있다', '숨겨진 지혜'로서 결실을 맺고 있다.

폴라니(Polanyi, 1966)는 바깥 세계(外界)라는 형태를 끊임없이 경험하는 것은 인간의 신체 외에 할 수 없고, 모든 지식이 여기에서 발생하는 이상 '숨겨진 지혜'(Polanyi가 말한 '개인적 지식, personal knowledge)') 만이 인식의 기본이 되어야만 한다. 우리는 신체와 직결되는 시각·청각·촉각·후각·미각 등의 '근접 항목'을 통해서 직접 세계를 감지하고, 이들의 경험을 기능 실행과 전체적 모습 등의 포괄적 파악 또는 '원격 항목'을 향해서 능동적으로 통합 내지는 재편성해 간다. 이 능동적인 통합력이 암묵적인 힘으로서 인식에 의해 불가결한 부분을 구성한다. 특히 '숨겨진 지혜'라는 형태로 경험을 통합하는 암묵적인 힘을 갖춘 자의 동작에 관찰자의 잠입(dwell-in)을 통해 최초로 이해하여 지식으로 전달된다.

지식이 '언어화 가능한 또는 기술 가능한 지식'과 '숨겨진 지혜'로 구성되었다면 기술과 사회의 진보에 의해 '숨겨진 지혜'의 역할은 저하되는 것일까. 이런 경향이 있다면 '숨겨진 지혜'는 단순히 전자의 대체적 역할을 수행하는 것에 지나지 않는다. 그렇지만 '숨겨진 지혜'는 '언어화 가능한 또는 기술 가능한 지식'의 이해라고 해석을 하고 이들을 새로운 '원격 항목'을 향해서 통합하고 고쳐가기 위해서라도 불가결한 요소이며 Nooteboom(2002)도 양자가 서로 보완하고 조화되는 것이야말로 우리가 인식하는 세계에 대한 이해를 깊게하고 있다는 점을 잊어서는 안 된다고 지적했다. 더해서 '～에 대한 정보 또는 지식'이라는 표현이 있듯이, 지식이나 정보에는 계층성이 있다. 만약 지식의 계층마다 '기술 가능한 지식'과 '숨겨진 지혜'의 보완적 관계가 있다면 '숨겨진 지혜'의 존재의의는 결코 잃어버릴 것 없이 지혜의 계층을 오르는 과정에서 형태를 바꾸어 가면서 계속 존속하게 된다.

숙련에 불가결한 오랜 기간에 걸친 학습과정은 경제학적으로는 매몰비용(sunk cost)의 성질을 가지며 이 업무를 정지하고 다른 일로 전환하려 해도 그 비용을 회수할 수 없다. 숙련의 경지까지 도달한 지혜를 지닌 개인은 학습에 필요한 많은 액수의 비용을 회수할 수 없기 때문에 다른 업무로 전환하기보다는 해당 분야에 머무르는 것이 유리하다는 일종의 경로 의존성을 나타내는 경향이 있다.[32]

오오타구(大田区)에서 보는 바와 같이 공장 간 분업조정은 목적에 적합한 절차나 거래상대를 확인해서 최적 선택을 하는 숙련의 집적에 의해 보다 용이하게 되고, 매몰비용이 새로 만들어 낸 숙련이 조정비용을 절감시킨다. 특히, 숙련의 존재는 종래의 분야나 방법에 집착하는 형태가 아니라 새로운 혁신(innovation)을 흡수하고 보급·촉진하는 형태로 기능하였다. 도시지역에서 발생하는 혁신(innovation)에 의해 지식과 정보의 스필오버 효과(확산효과)가 중요하다는 것은 이론적으로나 실증적으로 잘 알려져 있다.[33] 도시지역은 숙련의

---

32) 오다키(大滝, 1994)는 매몰비용의 존재가 경로의존성 내지는 히스테레시스(hysteresis, 이력효과)를 초래하는 원인이라는 것을 엄밀하게 증명하였다.

33) 앞의 주7에 열거한 문헌 외에 Simmie(2002)는 잉글랜드 남동부 지역에 대해서 혁신(innovation)이 도시지역에 집중하는 현상은 국소화된 지식

존재와 집적이 계기가 되어 새로운 혁신(innovation)으로 연결될 가능성도 높아진다고 보았다. 실제로 오오타구(大田区)에는 이미 지적해 온 바와 같이 이런 사례들이 많이 존재했다.

지금까지 지식 확산이나 전달에 따른 효과에 관하여 수많은 분석이 이루어졌다. 하우얼스(Howells, 2002)는 지식이 확산과 전달하는 것은 통상 표 8-7과 같은 형태를 갖게 된다고 보았다.

┃표 8-7┃ 지식의 확산·전달경로[34]

1. '의도된, 코드화된 형식'
   특허나 특허의 인용등이 그 예, 매뉴얼 등도 포함한다.
2. '의도되지만 주로 비공식적 형식'
   특정단체, 연구기관이나 업계단체 등의 장소를 통한 경로.
3. '의도하지 않은 비공식적 형식'
   연구자의 이동, 비공식적 노하우의 공유, 의도하지 않은 신호(signaling) 등에 의함.

(localized knowledge)의 확산(스필오버)과 국제적인 지식의 이전(移轉)으로 돌아가게 할 수 있다고 하였다. 또한 사이먼(Simon et al, 2002)은 도시의 성장에 의해 도시 내에서 발생한 지식이 지역 내에서 확산·전달되는 것에 의한 효과가 크다고 보고하였다.

34) 하우얼스(Howells, 2002)에 의한 이 분류는 코드화된 형식과 코드화되지 않은 형식, 의도된 전달과 의도되지 않은 전달, 비공식적 형식과 공식적 형식의 분류방법이 어중간한데다, 각각 '언어화 가능한 지식'과 '숨겨진 지혜'에 대해서 의존하는 점을 고려하면, 본래 16가지로 분류해야 한다.

	의도된 전달		의도되지 않은 전달	
	공식	비공식	공식	비공식
코드화된 형식				
코드화되지 않은 형식				

그렇지만 지금까지 대부분의 연구는 지식을 공공재로 간주한 '의도되고 코드화된' 경로를 문제 삼았다(Howells, 2002). 실제로 주12)에서 지적한 바와 같이 위 표에 등장하지 않는 '코드화되지 않는 형식'에 의한 전달만이 숙련 형성과정의 학습형태이며, '숨겨진 지혜'의 전달과정에서 가장 중요한 형식이다. 여기에 '숨겨진 지혜'는 '코드화된 형식'을 해석하기 쉬운 '언어화 가능한 지식'의 해석과 이해를 위해서도 불가결하다. 그리고 혁신(innovation)과 같이 불확실성이 높고 관계자간 상호 지식과 해석이 공유되지 않은 상태에서 양자가 지닌 숨겨진 지혜를 어떻게 공유화해야 할지가 중요하다(Nooteboom, 2002). '숨겨진 지혜'는 신체에 체화되고 다른 사람으로 전달도 공동 장소를 통해 이루어지는 것이 일반적이다. 따라서 전달은 특정도시 지역에서만 용이하게 된다는 것이 종래의 분석에서 이루어졌다. 하지만 표 8-7이 이것을 명시적으로 제시하지 않고 드러나듯이 실제 어떤 경로가 중요한지, 그 결과 거래나 혁신(innovation)에 어떤 영향을 미치는가에 대해 충분히 검토된 사례는 발견되지 않는다. 오오타구(大田区)에서도 이러한 관점의 분석이 요구된다.

5

업무에 대한 의식과 '사회적 자본'

업무 자세와 지역사회

이상과 같이 숙련은 숨겨진 지혜의 원천으로서 깊은 의미를 지녔다고 할 수 있지만, 한편으로 숙련에 이르기까지 오랜 기간에 걸친 학습과정 그 자체는 많은 비용이 드는 과정이다. Becker(1993)의 인적자본(Human Capital)에 관한 논의에 따르면, 고액의 비용을 들인 교육과 훈련을 통한 학습은 앞으로 생산성 향상과 자금 상승이라는 금전적인 담보가 있었기 때문이다. 확실히 숙련을 몸에 익혀 자신의 것으로 만든 직공은 지금까지도 도달하지 못한 직공과 비교해서 높은 수입을 올릴 수 있다. 공장 경영자도 이런 발상으로 직공에게 훈련을 시키는 경우도 있다. 그렇지만 오오타구(大田区)에서 숙련공은 이러한 방식과는 다른 발상을 가지고 있었다.

장기간에 걸친 학습은 매몰 비용을 들여가면서 습득한 기능이 무엇을 충족시켜 주는가. 고제키(小関, 1997, 2001)는 몇 가지 이와 관련된 발언을 했다.

- '미크론 단위의 정밀도에서 렌즈를 충분히 닦아 원기(原器)에 맞춰서 생각한 대로 결과가 나올 때에는 가슴이 설렌다.'
- '경영적인 실패보다도 업무상 실수나 바람직한 업무를 방치하는 것을 보다 심히 부끄럽게 생각한다.'
- '공장의 장인은 도면대로 개성 없는 물건을 만들어야만 한다. 그런데도 그들을 장인(職人)이라고 부르는 것은 완성하기 일보 직전까지 개성을 발휘하기 때문이다.'
- '귀찮은 업무가 반입되면 처음에는 주저하지만 이것이 실제로 그 사람의 기계에 설치될 경우에 그 사람의 표정이 생기가 돌며 전리품을 붙잡은 매처럼 눈이 빛난다.'
- '(바이트 등 도구류를) 만들어 사용해서 처음으로 진보가 있다. 제작사상(思想), 창조성은 이곳에서 태어난다.'
- '우리는 시대가 요구하는 기술을 구체화하는 기능디자이너이다.'

- '좋은 업무를 하자. 적더라도 좋은 물건을 만들려는 암묵의 의
  지는 경제적인 행위와는 질이 다르다.'
- '회사가 커지면 사람(종업원)을 위해 일한다. 나는 자신을 위해
  일하고 싶다. 분수에 맞는 생활을 할 수 있으면 좋다.'

지금 떠오르는 것은 공장에서 일하고 있는 사람들이 자신의 업무를 필생의 사업(life work)으로서 참된 기쁨을 여기에서 찾아내고, 자신의 업무를 지적이며 창조적으로 간주하고, 이것에 자부심을 갖고 노력을 꾸준히 해 나가는 모습이다. 경제적인 보증은 거기에 비하면 차원이 한 단계 낮다. 업무 내용과 질에 대한 만족, 독립심과 개성 발휘가 가장 중시되는 세계와 인적 자본에 대한 논의가 이루어지는 세계에는 매우 심한 차이가 있다. 금전적인 사항에 휘둘린 어려운 자기규율 내지는 생활양식도 경제적 계산으로 환원할 수 없는 이런 만족감과 달성감에서 이루어진다. 숙련공의 습득을 위해 들어간 비용은 기능과 인간관계나 지적 창조력을 폭넓게 습득하기 위한 시간과 노력이다. 이러한 비용을 들여서 얻어진 결과는 고도의 기능, 폭넓은 인간관계와 인간관계를 유지하는 상호신뢰, 지적 창조력, 업무에 대한 열의, 개성존중, 독립심 등 말하자면 '장인(職人) 기질'이라는 말로 표현된다. 이러한 의식과 행동은 경제적인 풍요로움 뒤에 오는 인간의 본질적 욕구 충족이라는 방식으로 이루어지는 모습과 크게 중복되었다.

이러한 감각에 대해 마샬은 '산업 지역(industrial district)'에서 육성된다. 앞에서 열거한 바와 같이 기능과 인간관계의 깊이와 폭을 모두 갖춘 숙련공의 자질은 한 사람 한 사람의 개인 자질이지만, 그들은 공통 거주지역과 직업의식을 가진 선배와 동년배들로 구성된 '장소'(지역사회라 해도 좋다)를 통해 이어받고 확대되며, 깊은 관계 속에서

이루어져 왔다. 이러한 개인의 자질이 동일한 자질을 갖춘 동료끼리 인간관계의 방식을 규정하고, 여기에 이런 장소를 공유하는 동료를 육성하는 것과도 관계를 맺어 간다. 이렇게 숙련공 개인의 자질과 지역사회의 '장인(職人) 기질'을 길러 이어온 특성(일종의 지역문화) 사이에는 상호의존적 관계가 있다. 이 상호작용은 지역사회에서 이런 특성이 높으면 새로운 참여자도 이 자질을 몸에 익혀 자신의 것으로 만드는 데 용이하며, 또한 업무나 거래상으로도 편익이 큰 성질을 가진, 아서(Arthur, 1994)가 말한 사회현상에서 '수확 체증(increasing return)' 내지는 '자기 증강(self reinforcement)' 효과로써 작용한다. 이 작용 결과로 독자적인 분위기를 지닌 지역사회는 '경로 의존적'인 방향에 누적하여 한쪽으로 경사져서 구축되어, 말하자면 숙련공의 재생산이 진행되어 간다. 이러한 지역사회의 독자적인 장인의 기질적 분위기는 일종의 지역 공공재라 볼 수 있으며 지역고유의 특성과 문화의 형성과 유지에 중요한 기능을 담당한다.

'제도자본'으로서 '사회적 자본'

'서로의 편익을 위해 협력과 협조를 하기 쉽게 하는 사회생활의 측면'으로서 '사회적 자본(social capital)'이라는 개념이 있다.[35] 사회생활에서 '타인과의 네트워크, 규율, 신뢰'가 사회적 자본으로서 상호협력을 새로 창출하는 역할을 담당한다고 Putnum(1997)은 밝히고 있다(Sobel, 2002). Nooteboom(2002)은 '시장, 재료, 식

---

35) 사회적 자본(Social Capital)에 대해서는 공공적인 자본 스톡(stock)을 '사회자본'이라고 부르는 것이 이미 경제 세계에서는 정착되고 있는 것 외에, 山岸(1998)에서는 '신뢰된 측의 특성'을 의미함으로서, Social Capital 에 '관계자본'의 말을 얹고 있다. 여기에서는 이들과의 혼동을 피하기 위해 억지로 본문과 같이 부르기로 했다.

품, 자금, 입지, 정보, 기술, 능력, 합법화, 신용, 평판, 신뢰' 등 사
회적 자원에 접근(access)하는 방법이라는 Leenders and Gabbay
(1999)의 정의나 '타인으로 부터의 정보, 의무와 기대, 규율과 벌칙'
이라고 말한 Coleman(1988)의 정의 등을 열거하였다. '사회적 자본'
을 신뢰 그 자체라고 하는 견해도 있으며(예를 들면 Schotter(1998)), 공통
적인 정의는 아직 없다. 사회적 자본은 '사회적 자원'을 획득하기
위해 사람들이 접촉하고 교류하는 장소 및 그곳에서 개인에게 요구
되는 자질과 행동 방식 또는 사회가 그를 위해 개인에게 부과하는
룰(rule)과 업무라고 할 수 있다. 신뢰는 사회적 자본이 새로 산출한
서비스로 구분한다.

오오타구(大田区)의 소규모 영세공장을 중심으로 한 지역사회의 독
자성은 한 사람 한 사람의 숙련공이 동료와의 접촉과 학습, 거래
등을 통해 '숨겨진 지혜'를 몸에 익혀서 자신의 것으로 만들어 온
것뿐만 아니라 숙련공을 재생산하는 계획을 갖고 있다. 숙련공의
총체적 경험은 지역사회에서 다른 동료와의 접촉하거나 교류하는
장소에는 매너와 룰이라는 '사회적 자본'을 통해 얻어지게 된다. 그
결과 몸에 배인 노하우 또는 '숨겨진 지혜'의 총체인 숙련이 만들어
진다. '사회적 자본'이란 지역이 제공하는 접촉 장소를 통해 신뢰와
평판이 확립되고 기능 축적과 거래상의 편의는 개인도 얻기가 쉬워
진다. 이렇게 사회적 자본이라는 관점을 관철시킴으로써 오오타구
(大田区)의 숙련 재생산과 신뢰에 기초한 거래관계 등의 의의를 새롭
게 할 수 있다.

우자와(宇沢, 1995)에 의하면 베블렌(Veblen)은 조직, 관습, 심리적
조건을 포함해서 제도라는 언어를 이해했다. '사회적 자본'은 개인
이 행동할 때의 룰이나 매너, 공적 또는 사적인 접촉 및 교류의 기
회와 그 사회가 설정한 업무를 총괄한 개념이며, 베블렌(Veblen)이

말한 제도의 일부라고 생각된다. 한편 우자와(宇沢,1994)는 '자연자본' 및 '사회자본'과 함께 '제도자본'을 '사회적 자본'의 구성 요소로서 평가하였다. '제도자본'이란 교육, 의료, 사법, 행정, 금융, 경찰, 소방, 시장 등의 사회적 기반시설(infrastructur)을 제도적인 측면에서 유지한다. 이 개념은 '모든 인간 활동이 이루어지는 장소를, … 사회적, 문화적, 자연적, 제도적 환경으로서 받아들여 … '한 것으로 제도자본이 제공하는 서비스는 이윤 추구를 따지지 않고 공급되어야 한다(宇沢, 1994). '사회적 자본'은 지역사회가 제공하는 접촉과 교류의 기회 이외에 룰과 행동규범을 포함한 개념으로 일종의 '제도자본'이라고 할 수 있다. 다만 일부 이윤추구에 의해 이런 기회가 제공될 가능성은 있으며 '제도자본'에 완전히 포함되지 않은 면도 있지만 여기에서는 포함시켜 본다.

이렇게 오오타구(大田区)에서 숙련공의 집적과 이런 사람들에게 '제도자본'으로서 '사회적 자본'을 제공하는 지역사회는 개인과 사회의 상호의존적 학습과정을 통해 독자적 숙련과 신뢰의 축적과 발전을 달성했다고 해석할 수 있다. 제도자본으로서 사회적 자본을 새로 만들어 온 숙련공의 자랑과 숨겨진 지혜는 동료끼리의 결합을 깊어지고(Putnum이 말한 bonding), 다양한 사람을 통해 외부와의 접촉을 확대하고(Putnum이 말한 bridging), 오오타구(大田区)에서 부업 시스템의 기능을 보다 높은 차원으로 만드는 데 공헌을 했으며 독자적 지역사회 구축과 유지에 기여했다.

6

다양화 지역의 발전과 환경변화

다양화 도시로서 '오오타구 모델'

오오타구(大田区)처럼 다양한 숙련의 집적을 지탱하는 지역경제의 발전과 변모를 생각하기 위하여 Duranton and Puga(2001) 모델을 살펴보자. 이 모델은 시제품의 생산을 취급하는 신흥기업을 산출하는 것을 통한 양육(incubation) 기능을 담당하는 다양화 도시와 여기에서 성공한 기업이 대량생산을 하는 특화도시가 존재한다.

다양화 도시의 내부에서 시제품 기업의 생산활동과 수요조건이 어떤 것인지를 살펴본다.

다양화 도시는 시제품을 만들지만 이에 대한 수요는 경제 전체 수요의 $100 \times \mu$%이며, 나머지 $100 \times (1-\mu)$%는 대량생산품 수요이다. 시제품은 전체에 잠재적으로 m종류가 존재하고 각각 성공한 시제품은 수요 측에서 보면 서로 경합적 내지는 대체적이다(대체의 탄력성은 σ).

다양화 도시에서 기업은 잠재적으로 m종류가 있는 기술 중에서 대량생산이 가능한 것을 시도한다. 시험작품은 해당기업이 존속할 수 있는 기간 내에 이루어지고 이것을 통과한 경우에는 폐쇄된다(폐쇄 확률은 δ, 평균존속기간은 $1/\delta$). 시제품 기업이 생산에 들인 비용은 고정적인 탐사비용(F)과 각 기술고유의 특수성을 지닌 고용자의 채용 규모와 함께 저하된 단위당 실효임금(단위 당 실효임금의 고용규모에 대한 탄력성은 ε)에 따른 변동비용이다. 성공률은 모든 시제품에 대해 동일하며(성공확률 1/2), 이것을 성공한 기업만이 특화도시로 이전(이전비용은 1기분의 생산고)해서 낮은 비용으로 대량생산 체제에 들어간다.(단위당 비용 저하율은 ρ). 고용자가 다양화 도시 안에서 일하려면, 다양화 도시 전체의 고용량에 비례하는 혼잡비용(총비용량의 $100 \times \tau$%)을 부담해야 한다.

다음에 오오타구(大田區)에서 다양한 숙련의 집적이 어떤 기능을 달성했는지를 지금까지의 논의에 입각해 다음 4가지로 집약해서 생각해 보자.36)

---

36) 이 4가지 조건은 Duranton and Puga(2001)의 모델에 다음과 같은 파라미터(parameter)의 변경을 초래한다. 우선, 다양화 도시에서 시험작품의 생산은 스스로 움직이는 공장을 경영하는 오너타입의 기업이라고 하면, 경영자(겸 노동자)는 새로운 업무에서의 만족도를 우선하고 잠재적인 시험작품의 수(m)를 늘리는 것에 힘을 쏟는다.

　A의 효과로는 고정비용 F외에, 단위당 실효임금이 저하한다. 그 결과 특화도시에서 대량생산 효과에 의한 비용의 저하율 ρ를 작게 한다. 덧붙여 잠재적인 시험작품 수의 증대(m의 상승)와 성공확률의 상승을 기대할 수 있다. 한편, 수요 측에 적극적으로 일을 꾸미는 효과로서, 특화도시에서의 수요를 포함한 최종 수요나 중간수요가 증가한다(μ의 증가). 폐쇄율(δ)을 떨어뜨리는 효과도 있을 수 있다.

　연결의 경제성 존재는 공장간 분업체제를 유리하게 하는 힘이며, 그 결과 각 공장 간에는 시험작품의 생산에 관해서 보완적인 관계를 갖는다. 즉, 특정한 시험작품의 생산에는 복수 기업이 협조·연결해서 분담하고, 시험작품당 담당기업 수의 증가가 발생한다. 규모의 경제성(ε)이 저하되어 소규모 기업에 유리하게 된다.

　C_i의 효과는 A와 유사하다. 즉, 지역사회에서 서로 신뢰를 높여 숨겨진 지혜나 기술에 관한 정보 확산과 전달을 촉진시키고, 생산비용 절감, 잠재적인 시제품의 증대, 시험작품 생산의 성공확률 상승이 있다. 폐쇄율과 수요 측면의 효과는 같다.

　따라서 '오오타구(大田區)모델'은 A와 C_i를 독립적으로 취급하지 않고, 어느 쪽인가를 받아들여 '연결의 경제성'과 새로운 지혜의 실현에 노력하는

① 숙련을 지닌 개인 및 지역 전체로서 '숨겨진 지혜'의 스톡
(stock)이 형성되고, 이것이 다른 지역에서는 불가능한 시험작
품이나 첨단 분야의 일부를 담당하는 제품을 새로 만들어내
고 있다(숨겨진 지혜 A의 형성).

② 가공공정마다 다른 규모의 경제성이 있는 것과 그들의 근접성
에 의해 '연결의 경제성'이 형성되고, 공장 상호간에 보완성을
가진 분업시스템이 높은 수준으로 발달하였다(공장 상호간에 있어
서 강한 생산의 보완성).

③ 오오타구(大田区)라는 지역사회에서 제공된 제도자본의 일부인
사회적 자본이 신뢰재를 창출하고, 이것에 의해서 거래비용
내지는 조정비용의 절감이 발생하여, 창의적 연구·절차탁마
(切磋琢磨)·동료거래라는 말로 상징되는 것처럼 경쟁적이면서
상호 협조 보완해서 이루어진 인적 교류와 숨겨진 지혜의 교
환이나 전달이 활발하게 이루어지고 있다(제도자본 C,의 형성과 이것
에 의한 동태적 외부성의 발생).

④ 숙련을 지닌 개인은 업무전체의 절차를 효율적으로 설정해서
창의적 연구에 힘쓰고 새로운 지혜의 실현에 만족한다(최대이윤
이하에서의 만족).

이들 4가지 조건을 고려한 '오오타구(大田区) 모델'은 엄밀하게 수
학적으로 풀지는 않았지만 Duranton and Puga(2001) 모델과 비교
하여 결론이 어떻게 변하는가에 대해 예상해 본다.

① 다양화 도시에서 생산비용의 절감과 수요의 증대가 발생하여,

행동으로 볼 수 있다.

일정한 수요에 대해서 보완적인 공장이 증대한다. 폐쇄율의 저하와 특화도시에 대한 상대적인 비용격차가 축소하고 다양화 도시에서 시험작품 생산기업의 수와 고용자 수가 증가한다 (도시규모의 증가).

② 다양화 도시에서 신뢰가 강화된 결과, 시제품 생산기업간의 정보 확산과 전달을 통해 새로운 기술개발과 보급이 촉진된다. 연결의 경제성에 의한 공장간 보완성이 강해져 분업체제가 발달한다.

③ 혼잡이 증대하지만 노동자는 혼잡에 따른 금전적인 부담을 별로 의식하지 않기 때문에 다양화 도시의 규모 억제력으로는 작용하지 않을지도 모른다.

④ 시제품 생산기업은 잠재적인 시제품 수의 증가에 힘을 넣어 그 결과 시험작품 개발에 성공한 기업의 비율도 증대한다.

⑤ 지역사회에서는 신뢰를 형성하는 접촉 장소나 그곳에서의 매너를 포함한 제도자본으로서의 사회적 자본의 수준이 높고, 이것이 학습과정을 통해 숙련이나 숨겨진 지혜의 형성과 유지에 공헌해서 이들의 확산이 지역사회 혁신(innovation)의 활성화를 초래한다.

⑥ 시제품 개발에 성공한 기업 비율이 증대해서 새롭게 특화도시로 대량생산을 일부러 이동하는 기업도 증가하여 다양화 도시의 양육기능이 높아진다.

이상과 같이 연결의 경제성과 숙련집적과 인적 교류나 정보교환에 의한 외부성 효과를 받아들인 '오오타구(大田区) 모델'은 오오타구(大田区)가 다양화 도시로서 보다 대규모 집적이 발생하여, 공장 간의 결합 심화작용(bonding)을 반영한 고도의 분업이 형성된다. 또한

다양화 도시는 양육기능을 떠맡고 특화도시와는 결합 외연화 작용
(bridging)의 강화에 의해 중간 수요에서 연결을 유지하며, 일하는 사
람들이 창의적 연구의 지혜를 짜내어 숙련이 학습과정을 통해 재생
산되는 다양화 도시로서 오오타구(大田区)의 구조를 세상에 알리게
되었다.

환경변화의 영향

오오타구(大田区)의 공장 수는 최근 격감하였으며,
40년 전의 수준을 밑돌고 있다. 어떤 원인이 이 배경에 작용하고
있는지를 실증적으로 분석하는 데에는 많은 작업이 필요하다. 여기
에서는 일본경제 및 오오타구(大田区)를 둘러싼 환경변화 요인으로
서 산업구조의 변화, 산업 활동의 글로벌라이제이션(Globalization), 도
시화, 정보통신기술 진보 등 4가지를 들어 '오오타구(大田区) 모델'의
결론에 어떤 수정이 초래되었는지를 검토한다.[37]

37) 각 환경요인의 변화가 모델의 파라미터(parameter)에 어떤 변화를 초래
할지 정리하면 다음과 같다.
산업구조의 공업으로부터 서비스로의 구조변화는 오오타구(大田区)가 제
공해 온 시제품이나 소형 로토부품에 대한 수요를 낮추도록 움직이며, 시
험작품 수요(μ)뿐만 아니라, 대량생산품 수요($1-\mu$)도 저하하기 때문에,
특화도시에서 다양화 도시로 나타나 중간품 수요도 저하한다. 적은 수요를
둘러싼 경쟁 때문에 시제품 상호간 대체탄력성(σ)이 높아질 가능성도 있
고, 시험작품 기업의 조업환경은 악화된다. 그 결과, 고도의 숙련과 사회적
자본으로 유지되고 있던 새로운 시도에 대한 의욕이 억제되며, 잠재적인
시제품(m)도 적어지게 된다. 공장의 폐쇄 확률(δ)도 상승할 가능성이 높
다.
해외에서의 생산활동 증대에 따른 수출의 현지생산으로의 대체는 수출 감
소와 역수입 증대를 초래해서, 다양화 도시 및 특화도시의 공업품 수요(μ,
$1-\mu$)를 저하시킨다. 해외 특화도시에서의 대량생산에 따른 비교우위(ρ)

중요한 것은 이상의 환경조건 변화가 각각 단독으로 발생하는 것이 아니라 동시 병행적으로 일어나는 것이다. 이들 상승효과가 '오오타구(大田区) 모델'의 결론에 어떠한 초래한 수정이 이루어졌는가를 검토해 본다.

① 오오타구(大田区)에서 시제품에 대한 수요는 산업구조의 전환과 해외투자에 의한 수출대체나 역수입에 의해서 감소한다.

② 수요가 축소하는 한편으로 다양화 도시 내에서는 경쟁시장화해서 고정비용의 상승 중에 시험작품 생산의 우위성이 저하한다.

가 강해지며, 해외로 이전하는 것이 대량생산기업은 유리하다. 잠재적인 시험작품 수(m)는 저하해서, 폐쇄 확률(δ)은 높아진다. 시험작품 상호간 대체탄력성(σ)의 상승이 발생할지도 모른다.

이들 두 가지 요인에 의한 영향은 매우 비슷하다. 차이는 전자가 공장에서 규모의 경제성에 영향을 미치는 것에 대해서, 후자는 특화도시에서 대량생산에 의한 비교우위를 높인다.

도시화는 공장지역이 고층 주택이나 오피스로 전환하고 있는 과정에서 다른 목적을 위한 입지경쟁이 지가의 상승을 초래하고 공장에 의해서 이전비용이나 혼잡비용(τ)을 높여, 시험작품 생산을 위한 탐사비용(F)을 상승시킨다. 교외로의 이전 등에 따라 다양화 도시 내에서의 폐쇄율(δ)도 상승한다.

정보통신기술은 통신비용의 저하나 수급매칭의 비용을 떨어뜨려 조정비용의 절감을 초래한다. 이것은 다양화 도시 내의 혼잡비용(τ)이나 시험작품 탐사비용(F)을 절감시킨다.

그 결과 원격지의 다양화 도시와의 연계내지 일체화를 촉진할 가능성이 높다. 동시에 규모의 경제성(ε)을 완화해서, 연결의 경제성을 강화할지도 모른다. 또한, 조정비용의 절감이 잠재적 시험작품 수(m)나 성공확률을 높이는 것도 생각된다. 수요 면에서는 원격지에서의 수요 환기, 정보통신기술 관련제품의 수요증대 효과도 있을 수 있다. 다만 정보통신기술의 진보가 페이스 투 페이스(face to face)에서의 접촉 장소인 사회적 자본과 얼마만큼 대체할 수 있을까, 문제도 있다. 또한 수요 면에서도 해당 기술의 쌍방향성이 해외 등으로 수요 유출을 초래하는 것도 부정할 수 없다.

③ 시제품에 성공한 기업은 해외 등 대량생산 효과가 큰 특화도
　시로 이전한다. 다양화도시로의 중간수요도 원거리화를 위해
　축소한다.

④ 도시화의 진전도 증가해서 공장 폐쇄율은 상승하고 시제품 공
　장의 조업이 불리하게 된다. 보완성을 잃어버리기 때문에 분
　업의 진화나 잠재적인 시제품의 개발에도 부(負)의 영향이 점
　점 나타나게 된다.

⑤ 정보통신기술은 이전비용이나 혼잡비용, 또는 생산비용을 인
　하하여 규모의 경제성을 약화시키는 효과가 있다. 연결의 경
　제성을 강화해서 광역적 연계나 원격지 수요의 환기 또는 시
　험작품 수의 증가효과도 있을 수 있다. 시험작품 생산의 확률
　을 높여 다양화 도시의 시제품 생산을 유리하게 할 가능성도
　있다. 하지만 반대로 원격지로의 수요유출, 접촉기회인 사회
　적 자본으로의 대체성 한계라는 불리한 면도 있을 수 있다.

　이상과 같이 산업구조의 변화와 글로벌라이제이션(Globalization) 및
도시화의 진전은 오오타구(大田区)에서 공장의 조업조건에 어느 것
이나 불리하게 작용한다. 이들이 동시 병행적으로 발생하는 것에
의한 상승효과는 그만큼 크며, 현실의 공장수 격감이 이들 복수요
인의 상승작용 결과인 것을 시사하였다. 이러한 귀결의 배경으로,
숙련의 집적이라는 스톡(stock)이 저하하고, 또한 사회적 자본이라는
지역사회 전체가 소유하던 제도자본이 저하하는 보다 근본적인 과
정이 숨겨져 있는 점을 간과해서는 안 된다. 숙련과 사회적 자본이
라는 스톡(stock) 변수가 시간을 들여 저하하는 과정에서는 장기적으
로 숙련과 신뢰를 토대로 연결되어 있던 공장간 보완적 관계나 혁
신(innovation) 활성화 기능이 쇠퇴할 가능성이 강하다.

정보통신기술의 발달은 이러한 경향을 저지하는 작용을 가질 수 있지만 동시에 완전히 역작용을 가질 수 있음에 유의해야 한다. 정보기술을 갖는 한계에 관해서는 야마기시(山岸,1998)가 지적하고 있는 바와 같이 다른 사람에 대한 신뢰가 보다 먼 곳의 사람들에게도 쏟아지면 종래와 다른 지역과의 연계가 형성되고 이것에 의해 지역사회의 새로운 발전으로 이어진다는 논의도 가능하다. 정보기술의 발전과 '신뢰의 해방'(山岸, 1998)은 미래를 향한 하나의 가능성이다.

미국에서의 공장폐쇄를 분석한 Bernard and Jensen(2002)에 의하면 자본 장비율이 높고 숙련된 일손이 많으며, 조업연수가 오래된 자사제품을 가진 공장일수록 오랜 기간에 걸쳐 생존할 수 있다. 또한 지역의 산업특화계수가 높은 경우에도 오랜 기간에 걸쳐 생존이 가능하다. 한편, 수요 측에서는 수출이 많고 수입과 경합이 적을 때에도 생존 가능성이 높다. 이 분석에는 숙련과 숨겨진 지혜, 또는 신뢰와 사회적 자본 등은 포함되지 않는다. 하지만, 적어도 오오타구(大田区)에는 숙련이나 사회적 자본 위에서 나타나는 생존상의 우위점이 존재했던 사실은 확실하다.

환경조건의 변화에 의해 수요조건의 불리화·도시화에 의한 생산조건의 불리화 등이 겹치고, 그 배경에 숙련과 사회적 자본스톡(stock)의 저하가 진행될 때, 오오타구(大田區)에서 공장의 조업조건에 대한 부(負)의 영향은 추측하기 어렵다. 이런 경향이 일시적인 현상이라고 볼 수 없으며, 고도로 유연한 오오타구(大田區) 분업시스템에 대한 영향이 크게 나타날 것이다.

7

마치며

　　본 장은 오오타구(大田区)에서 공장의 집적을 다양한 숙련과 숨겨진 지혜의 집적, 상호신뢰에 기초를 둔 높은 수준의 분업시스템, 신뢰와 사람들의 기질을 보호 육성하는 사회적 자본이라는 관점에서 파악하였다.

　먼저, 오오타구(大田区)의 공장집적이 최근 급격하게 저하되면서도 소규모 영세공장이 특정한 기능으로 특화해서 높은 수준의 분업을 수행하면서 첨단적인 업무를 취급해 온 점, 그 기본이 고도로 다양화된 숙련에 있는 사실을 확인했다.

　오오타구(大田区)의 공장들의 집적은 경제학적 관점에서는 연결의 경제성과 정보의 전달과 교류에서 발생하는 동태적 외부성에 의해 설명된다. 이것은 조정비용을 절감시키는 요소로서 신뢰가 있는 것, 숙련의 형성에 따른 숨겨진 지혜와 그 확산이 지역에서 혁신(innovation)의 중요한 요소라고 지적했다.

　그 다음으로 이러한 숙련을 갖춘 사람들이 업무를 완수한 느낌이나 창의적 연구 등 자기실현을 으뜸으로 하고, 금전적인 측면은 다음 두 번째로 보았다. 이러한 기질이 오오타구(大田区)라는 지역사회와 개인과의 상호의존적 관계에서 이루어진 점, 특히 이러한 기질을 재생산하는 사회적 자본이 존재하고 있다는 사실을 살펴보았다.

　특히, Duranton and Puga 모델을 약간 수정함으로서 오오타구(大田区)가 양육기능을 지닌 다양화 도시로서 설명이 가능하다는 사실을 제시했다. 다만, 최근의 산업구조변화, 산업의 글로벌라이제이션, 도시화라는 동시 병행적으로 발생한 환경변화가 오오타구(大

그렇지만 고제키(小関, 1997)는 기계부품을 만드는 직공이 물건을 만드는 구체적인 방법을 생각해서 도구를 고안해 내는 일이야말로 장인이 할 수 있다고 보았다. 즉, 공장의 숙련공인 직공이야말로 장인이라는 것이다. 고도 성장기를 통해서 살아왔던 오오타구(大田區)의 공장에서 수많은 수련공 자신들은 장인으로 설정하였다(小関, 2001). 또한 오오타구(大田區)의 공장에서 숙련공은 독립성을 지향하고 있으며, 시험작품이나 소형 로트(lot) 제품을 직접 다루는 가운데 계약상에는 없었던 실질적인 재량권을 갖는 경우도 많았으며 오다카(尾高)가 열거한 조건을 충분히 충족시키고 있다. 이러한 의미에서 장인의식을 가진 사람들의 세계는 소멸하지 않고 숙련공의 세계라는 형태로 오오타구(大田區)에서는 계속 유지되어 왔다.

다음으로 숙련이 형성되는 과정에 대해서 생각해 보자. 기본적인 숙련 형성은 스스로 몸으로 깨닫고(신체성), 기능습득에 시간이 걸리는(경험성) 학습과정이다. 그렇지만 이 두 가지 조건을 충족시킨다고 '숙련공'이 되지는 않는다. 앞에서 지적한 바와 같이 비정형적인 주문과 가공상 문제에 대한 창의적 고안이나 대응능력, 재료와 도면 수정 등의 환류(feed back) 능력, 타 공장과의 연계나 분업에 관한 식별 능력, 조정능력 등을 광범위하게 익혀서 자신의 것으로 만들어야 한다. 바꾸어 말하면 다양한 재질을 다루고 다양한 가공방법을 경험하여 상호 창의적 고안을 거듭하면서 기능을 경합하는 과정(누카타(額田, 1998)는 '장소의 정보를 획득한다'는 표현을 했음)을 거칠 뿐만이 아니라 그동안 기술상 또는 인간관계나 거래에서 다양한 성공과 실패를 경험한다. 그리고 실패와 성공의 원인을 살펴보고, 재차 실패하지 않도록 연구 방법을 배우고 학습하며, 다른 사람이 하는 방식도 받아들이는 등 다양한 학습(learning by doing, learning by using, learning by interacting, learning by learning, learning by asking 등으로 표현된 폭넓은 학습)이

田区)의 공장집적에 심대한 영향을 미치는 현상도 분명해졌다. 또 다른 측면인 정보통신기술에는 그 경향을 억제하는 힘과 촉진하는 힘 양면이 있으며, 신뢰의 해방이 하나의 가능성을 지닌 점도 언급했다.

본 장은 오오타구(大田区)라는 지역사회에 보이는 현상을 지나치게 단순화해서 받아들이고 있을지도 모른다. 본 장의 주된 요지는 오오타구(大田区) 사례를 통해 지역사회에 사는 다양한 인간의 지혜 저장과 그 전달과 확산의 중요성, 그리고 이것을 쉽게 이해하여 사람들의 기질을 기르는 사회적 자본의 역할을 인식하고 바로잡는 것이다. 오오타구의 이후를 예측하는 것은 본 장의 범위를 초월하지만 산업과 주민이나 오피스와의 유대나 연계를 통해 새로운 차원의 지역사회를 구축하는 방향성을 제시하고자 했다. 이를 위해서도 다양한 지역사회에서 지식과 사회적 자본과 산업 활동에 관한 이론적·실증적인 분석이 지속적으로 시행되어야 한다.

제 9 장

교통과 도시환경 보전
- 도로교통과 공공교통 -

國則守生(쿠니노리 모리오)

1
들어가며

　　20세기는 공업국가를 중심으로 한 대규모 인구 이동으로 인하여 도시가 확대된 세기였다. 각 국가들은 교통수단에 의해서 발생하는 문제보다는 양적인 생산과 소비활동에 중점을 둔 정책을 우선시 하였다. 그러나 도시화도 공업국가에서는 막다른 곳에 이르게 되었으며, 21세기에는 주변 국가를 포함해서 일하기 좋으며, 살기 좋고 매력적인 도시의 재구축, 즉 도시의 르네상스를 추구하게 되었다.

　본 장은 도시의 르네상스(Renaissance)를 생각할 때 빼놓을 수 없는 도시교통 문제에 초점을 맞추어 도로교통과 공공교통과의 관련성을 중심으로 논의하고자 한다. 논의의 전개 순서는 다음과 같다. 제2절은 환경과 교통 그 중에서도 증대하는 도로 교통과의 관계를 사례로 주변 지역을 포함한 도시지역의 여객(인원) 수송을 중심으로 고찰한다. 제3절은 제한된 사례지만 구미의 선구적인 중규모 도시를 대상으로 증대하는 도로교통에 대해 어떤 대책을 세우고 있는가를 살펴본다. 제4절은 제3절에서 살펴 본 공공교통을 중시하는 방식이 경제적인 측면에서 어떻게 평가되는지를 외부비용의 관점에서 몇 가지 접근방법을 소개하고, 제5절은 나머지 문제들에 대해 간단히 언급하고자 한다.

2

도시와 환경

환경의 역할

　　　　도시와 환경의 관련성을 논의함에 있어 처음으로 경제사회 일반과 상호작용 속에서 자연스럽게 대표되는 환경이 담당하는 역할은 다음 4가지 측면에서 살펴볼 수 있다.(Hanley, et al., 1997)

　환경의 첫 번째 역할은 에너지와 물질(material) 등의 자연자원을 경제사회에 공급하는 일이다. 경제사회는 자연자원을 투입(input)함으로써 다양한 생산·소비활동을 수행한다. 두 번째는 생산과 소비의 결과 다양한 폐기물의 흡수원(sink)으로써 역할이다. 이 경우 폐기물을 받아들여 분해하고 안전하게 변화시키는 동화 용량(assimilative capacity)을 환경이 어느 정도까지 소유하고 있는가라는 점이 큰 문제이다. 동화용량 이내라면 환경에 악영향을 미치지 않는다고 생각할 수 있는 경우는 극단적이며 그렇지 않은 경우가 많다[38]. 세 번째는 정신적·문화적·교육적인 가치를 만들어내는 어메니티(amenity)로써의 역할이다. 야생생물이 풍부한 지역이나 경관이 좋은 지역은 환경을 직접 이용하지 않아도 존재하는 것에서 큰 가치를 발견할 수 있다. 네 번째 역할은 첫 번째부터 세 번째까지의 역할을 포함한 지구 전체에서 생명을 유지하는 서비스(global life-support services)를 환경이 제공한다는 글로벌(global)한 시점에서의 역할이다. 수억 년에 걸쳐서 일정하게 환경이 일정하게 유지해 온 대기가 담당했던 기능과 기후·온도 등의 자연조건, 물과 탄소의 순환 등 지구 규모에서 움직이고 있는 다양한 요소를 포함한다.

환경의 역할을 도시와 관련하여 생각해 보면, 도시에서의 에너지 수요를 제어할 수 없는 형태로 증대하는 문제를 비롯하여 여러가지 대기오염과 열섬(heat island)현상을 일으키는 폐열 등의 문제, 특히, 생산자와 소비자로부터 발생하는 산업과 일반폐기물 문제 등 하나하나의 문제는 지방적(local) 문제일라도 총체적으로는 매우 대규모 환경문제가 도시에서 발생하였다. 온난화 등 글로벌한 문제도 자원을 이용함과 동시에 발생하는 광의미의 폐기물 문제로서 받아들일 수 있다. 특히, 자연이 담당하는 휴식과 편안함 등의 역할을 도시에 어떻게 받아들일까라는 어메니티에 관한 문제도 중요하다.

그렇지만 도시와의 관계에서 환경은 자연환경(natural environment)에

---

* 본 장의 집필에 즈음하여, 宇沢弘文 교수(同志社대학)의 지도를 비롯해서 토론회에 참석하신 분들의 귀중한 의견을 받았다. 또한 浅子和美 교수(一橋대학) 및 中川純典 씨(일본정책투자은행)로부터도 적절한 지적을 받았다. 여기에 기록해서 감사하려고 한다. 말할 것도 없이 이해부족이나 잘못은 필자의 책임이다.

38) 납(鉛), 카드뮴, PCB, DDT 등 화학물질의 예와 같이, 환경에는 문제의 물질을 무공해화 또는 피해가 적은 물질로 변환하는 자연과정이 존재하지 않는 경우가 있다.

272 | 사회적 자본으로 읽는 21세기 도시

만 한정시키지 않고 인공 환경(built environment)도 포함해서 생각해야 한다. 인공환경이란 다양한 유형의 인공 건축물을 비롯해서 교통, 전기·가스 등 사회적인 관점을 고려하여 건설·운영해야 할 기반 시설(infrastructur) 등 사회적 자본의 중요한 구성요소를 포함된다(宇沢, 1994). 특히, 도시의 인공 환경에는 공원 등과 같은 식생(植生)이라는 자연환경에 대한 수정·변경 등도 포함된다(Lombardi and Brandon, 1997). 그리고 각각의 사회적 자본은 이 도시 전체의 퍼포먼스(performance)를 규정한다.

따라서 도시와 환경의 관계를 논의할 경우 녹화의 촉진, 물 환경의 정비 등 자연자원의 재생에서 시작하여 에너지 절약·자원절약·리사이클이라는 순환형 사회의 재구축을 어떻게 진행하는가라는 과제에도 연결된다. 또한 '느끼는 것은 쉽지만 정의하기는 어렵다'(영국도시계획학자: 카링 워즈)라는 어메니티에 대해서도 어떤 각각의 상태가 '쾌적하고 지속가능한 상태', '인간다운 생활을 보내는 환경'(宇沢)이라는 뉘앙스를 가진 언어라고 해석할 수 있다.39) 따라서 어메니티를 포함한 환경이라는 개념에는 도시에 관한 경관(landscape)이나 생활양식(life style), 예술·문화유산을 비롯하여 공원의 배치와 보행하기 편한 도보 정비 등, 도시에서 인간이 창조적으로 생기 있는 생활을 보낼 수 있는 요소도 포함되어 있다. 예를 들면, 1960년대 이후 유럽에서 대도시를 중심으로 도시 내부의 역사적 유산이 대기오염 등의 공해에 의해 황폐해진 것으로부터의 회복을 목표로 하는 '환경' 보전 운동이 각지에서 나타났지만, 여기에서 환경이라는 말은 틀림없이 위에 기술한 바와 같은 문화유산을 포함하는 도시환경을 의미한다.

---

39) 木原 (1989), 宇沢 (1994) 등에서 인용.

도로교통의 증가

이러한 광의의 도시환경 퍼포먼스에 매우 큰 영향을 미친 요인이 교통의 방식이다. OECD 국가 전체에서 교통은 과거 30년 동안에 2배 이상 증가했고 그 중에서도 도로교통과 항공의 증가율이 가장 높았다(OECD, 2001). 현재, OECD 국가에서 5.5억 대의 자동차(세계에서는 7억대)가 등록되어 있고, 이 가운데 4분의 3이 승용차이다. 또한 OECD 국가의 교통에 사용된 에너지 소비 중에서 5분의 4는 도로교통에서 소비되었다. 장기적인 트렌드를 보더라도 교통전체는 경제활동과 밀접하게 관련해서 OECD 국가 GDP 합계의 성장을 조금 웃돌고 있지만 도로교통의 성장은 항공과 함께 GDP합계의 성장보다도 분명히 높게 성장하였다.[40]

이러한 교통증가는 지방(local), 지역(regional) 및 글로벌한 환경문제의 주요 요인의 하나이다. 지방, 지역적인 분야는 굉음과 진동을 비롯해서 광화학 스모그나 부유립자상물질(SPM) 등 다양한 대기오염 문제를 발생시키고 있다. 특히, 자동차 등에서 배출되는 질소산화물이나 탄화수소류는 광화학 스모그의 원인이 되고 있으며 디젤차의 배기립자(DEP) 등은 간과 기관지천식 등 건강피해에도 관여하였다.[41] 글로벌한 분야에서도 이산화탄소 배출은 지구온난화 문제와 관련된다.

이러한 교통에 관한 문제 중에서도 도로교통의 과제가 집중적으

---

40) 일본을 보더라도 국내여객 수송(명km) 및 국내화물 수송(톤km)의 각 상위 기관 분담률에 관해 여객에서는 1979년에 자동차가 철도로, 화물에서는 1985년에 자동차가 내항해운으로 대체되었으며, 이후 수위(여객의 60% 이상, 화물의 50% 이상)를 차지하였다.(국토교통성, 2002)

41) DEP는 화분증(花粉症 ; 꽃가루가 점막에 접촉해서 생기는 알러지성 질환)에 대해서도 늘 걱정을 하였다.

로 나타나는 곳이 도시이다. 도시교통은 인구밀도가 높은 지구를 중심으로 환경과 건강에 대해 여러 가지 부정적인(negative) 영향을 미쳤다. 피해 정도도 다양한 요인에 의해서 영향을 받고 있다. 예를 들면, 각 교통수단의 에너지 종류와 연소방법 또는 수송에 관한 부하(인원수, 화물중량, 이동속도, 노선의 평탄도 등의 다양한 요인)가 어느 정도 미치는지 또는 수송이 이루어지는 시점의 교통량은 어느 정도인지를 알아야 한다. 특히, 주차장을 비롯해서 교통 기반시설의 정비 상황과 다양한 도시시설의 위치와 규모, 도시주변의 스프롤 현상의 진전 상태 등 도시를 중심으로 한 토지이용 형태에서도 커다란 영향을 받는다.

도로교통에 대한 관점

도로교통에 과도하게 의존하는 문제는 지금까지도 많은 논의가 있었다. 그 중에서도 Newman and Kenworthy (1989)의 연구가 잘 알려져 있다. 이 연구는 구미, 유럽, 오스트레일리아 및 아시아의 32개 대도시를 대상으로 1980년 단면 데이터를 사용해서 도시의 인구밀도와 1인당 가솔린 소비와의 관계를 관찰한 결과, 2개의 수치 간에는 명료한 부(負)의 상관관계가 있다고 주장했다.42) 대상 도시는 3그룹으로 대별되는데, 제1그룹은 미국이나 오스트레일리아 등 대도시에서 낮은 인구밀도와 지극히 높은 연료소비를 하고 있다는 특징을 보이고 있다. 그 중에서도 미국 도시의 높은 연료소비가 두드러지게 나타난다. 제2그룹은 중밀도·중연비

---

42) 대상은 북미가 미국 10개 도시, 캐나다 1개 도시, 오스트레일리아 5개 도시, 유럽 12개 도시와 모스크바, 아시아 3개 도시(싱가포르, 도쿄 및 홍콩)이다.

의 유럽 대도시이며, 제3그룹은 고밀도·저연비의 아시아의 대도시이다. 대상 도시는 모두 소득이 높은 선진국 지역에 있으며, 또한 인구규모가 큰 도시라는 제약이 있지만, Newman and Kenworthy는 관찰된 부(負)의 상관관계 배경에는 통근 등을 위해 사람들이 도로교통을 어느 정도 이용하는가와 도시형태가 관련 되는 동시에 대체 수송기관인 공공교통이 어느 정도 발전했는지도 상관성이 있다고 주장한다. 즉, 저인구밀도의 대도시일수록 사람들이 교외로 확산하는 형태로 거주하는 결과 자동차의 운전거리가 길어지는 경향이며, 공공교통 등의 대체 교통수단의 정비·이용이 상대적으로 진척되지 않는다고 지적하였다.

이 연구에 대해서, 예를 들면, 베게너(Wegener, 1996)는 연료소비량과 대비될 만한 항목은 도시의 인구밀도가 아니라 가솔린 가격(대 1인당 소득)이며 도시 인구밀도는 매개변수에 지나지 않을 가능성이 있다고 주장한다. 연료가격이 낮아지면 낮아질수록 사람들은 확산하여 생활하기 위해 인구밀도는 낮아진다고 할 수 있다.

여기에서 인구밀도만이 아니고 도시 형태(토지이용형태)와 교통네트워크 형태의 관계에 주목하면 사람들 또는 물건이 어떻게 이동·수송되는가에 복잡한 관계가 존재한다.43) 도시 형태와 교통네트워크 2가지의 조합에 의해 도시에서의 에너지 사용이 어느 정도 절약될 것인가라는 일반적인 사항은 앞으로도 검토되어야 할 연구대상일 것이다. 하지만, 베게너 자신도 도시에서의 에너지 사용의 삭감을 위해서는 적어도 자동차에 의한 이동 비용(costs of car travel)요인과 공공 교통수단의 향상요인이 중요하다는 사실을 구체적인 도시를

---

43) 베게너는 토지이용형태로서 compact city, polycentric city, garden city, auto city를 교통네트워크로서 star network, mixed network, local network를 들고 있다.

대상으로 관찰하였다. 따라서 도시에서의 과도한 도로교통에 대한 의존을 낮추고 줄이기 위해서는 일반론으로서 교통에 관한 비용과 공공 교통수단의 배치 과제를 검토하는 것뿐만 아니라 각 개별 도시를 대상으로 도시를 어떻게 개편했는가라는 구체적인 시점이 매우 중요하다.

도시에서 도로교통의 폐해를 해결하기 위해서는 이상의 논점 외에도 도로교통을 담당하고 있는 자동차 자체를 보다 환경 부하가 걸리지 않도록 개량하는 수송수단 단체의 기술적 대응도 모색되었다.44) 하지만, 이들의 개별 대응만으로는 예를 들어 어느 정도 환경부하를 낮추어 줄어들었다고 해도 도로혼잡과 교통사고 등 해결할 수 없는 폐해도 많다. 따라서 공공 교통수단으로 전환하는 전환교통(Modal Shift; 기존에 도로(트럭)를 통해 운송하던 여객 또는 화물을 친환경운송 수단인 철도 또는 연안해운으로 운송수단을 전환하는 것)이나 구체적인 도시의 레이아웃(layout), 디자인 등의 변경이나 개편이라는 과제가 중요하다. 또한 이들 중에는 디자인 측면만이 아니라 중심시가지의 도로를 어떻게 이용할 것인가, 주차장을 어떻게 배치할 것인가, 어떻게 하여 교통기관의 연계를 높일까라는 교통이용 관점에서의 과제도 물론 포함되었다.

이상의 논의는 대도시만 적용해야 할 사항만 아니라 중소규모의 도시에도 적합하다는 점이다. 실제로 도시의 교통을 둘러싼 논의는 1) 도시 내부를 포함한 하나의 도시지역(region)인가, 도시지역 간(inter-region)인가라는 지역 확대의 관점과 2) 사람의 이동인가, 화물의 이동인가라는 교통 대상에 따라 다음 4가지 측면으로 구분할 수 있다.

---

44) 현재 개발 중인 연료전지 자동차나 디지털 차의 저공해화 등과 함께 연료의 저공해화 등 여러 가지 개별 기술적 대책이 있다.

① 도시 주변을 포함한 도시지역(urban region) 내에서의 여객교통 존재방식
② 도시 주변을 포함한 도시지역 내에서의 화물수송 존재방식
③ 도시를 연결하는 지역간(inter-region:국제간을 포함)에서의 여객교통 존재방식
④ 도시를 연결하는 지역간(국제간을 포함)에서의 화물수송 존재방식

　본 장에서는 주로 ①의 범위를 염두에 두고 논의를 하고자 한다. 다만 여기에서의 논점은 그 외의 측면에도 적용할 수 있다고 본다. 그리고 유럽과 미국의 중간 규모의 3개 도시를 들어 구체적으로 도시에서의 교통을 검증을 통한 이들 도시의 비교는 매우 선구적인 시사점을 제시한다.

3

구미 중규모 도시에서의 선구적인 대응

구미에서의 특정적인 움직임

　　제2차 대전 전(前)의 유럽도시 내에서의 공공교통은 일본과 같이 노면전차가 주체였다. 하지만 제2차 대전 후의 급속한 자동차의 생활화(motorization)에 따라서 노면전차 등의 공공교통은 같은 평면을 주행하는 자동차에 비해 속도 저하가 현저해져 그 서비스가 배제되는 경향이 나타났다. 이 상황에 대해서 유럽 국가는 크게 2가지의 대응 방안을 제시하였다.(西村·服部, 2000)

첫 번째는 영국·프랑스·스페인·포르투갈 등 중소도시에서의 대응이다. 이들 국가는 노면전차를 폐지하고 대체 교통수단으로서 버스를 운행하는 정책을 채택했다. 그러나 버스는 일반 자동차와 동일한 도로 위를 주행하기 때문에 증가하는 자동차에 의해서 지체되는 영향을 직접 받을 수 있고 공공교통으로서 정시적 서비스에 지장을 주거나 흐름을 방해하며, 수송력도 노면전차에 뒤떨어지는 측면이 있었다.

두 번째 대상은 독일·네덜란드·벨기에·스위스·오스트리아 등 도시에서의 대응이다. 노면전차의 유리함을 활용하여 서비스 수준을 유지하기 위해 노면전차가 주행하는 공간에서 자동차를 배제하고 정시성을 확보함과 함께 저상화·장편성화에 의해 노면전차를 고도화시켜 운행하는 방식이다. 특히, 중심 시가지에서 일반 자동차를 배제하고 도보나 자전거 이외에는 공공교통 밖에 중심 시가지를 주행할 수 없는 형태로 도시교통이 전면적으로 개혁을 이룬 사례가 많은 도시에서 나타나게 되었다. 이 두 번째 방법은 애초에 중심 시가지에서 상공업자 등의 반대운동 등도 있었지만 개혁에 의해 중심 시가지가 활기를 회복하는 현상이 발생했기 때문에 반대운동도 사라지고 개혁도 성공하는 상황에 이르렀다.

첫째 방법에 의해 도시 안에서의 자동차 교통 폐해에 함몰해 있던 프랑스 등 도시도 새로운 형태의 노면전차를 부활시키는 움직임이 1980년대부터 현저하게 나타나 유럽의 전 지역에서 노면전차 등을 중심으로 한 공공교통 재생이 많은 도시로 확대되었다. 물론 공공교통은 새로운 형태의 노면전차만으로 한정되지 않았다. 도시에서의 기존 철도망이나 버스망을 비롯하여 지하철·모노레일·VAL (전자동 지하철망) 등의 신교통시스템 등 많은 종류가 있지만 유럽의 중규모 도시에서는 새로운 노면궤도 시스템이 가장 주목을 받고 있다.

노면전차는 자동차 등에 다른 교통수단에 비해 현저한 특징을 지니고 있다. 특히, 80년대에 들어서 종래의 노면전차보다 저상(低床)의 새로운 LRT(Light Rail Transit)시스템으로의 변환이 추진되고 있다. 저상(低床) 및 무인 개찰 수단의 수용에 따른 승강시간과 주행시간을 단축시키는 데 기여하였다.[45] 그 외의 특징으로는 1) 환경부하가 적다 2) 차량의 장대 편성화, 궤도의 전용화에 의한 고속운행으로 버스 등과 비교해도 대규모 수송력을 갖고 있으며, 중소규모 도시에서는 충분한 수송력을 발휘하고 있다(베를린 등의 대도시에서도 유효하다), 3) 노면에서 조금 떨어진 플랫폼에서 단시간 내에 직접 승강할 수 있기 때문에 고령자와 장애인, 어린이 동반가족 등이 타기에 아주 뛰어난 장점을 갖고있지만 경우에 따라서는 4) 도시 경관에 매치(match)하는 차량 디자인을 고려해야 하며 5) 교외로 통하는 철도에 직접 연결 노선의 개설을 통한 시뮬레이션 운행을 통해 편리성을 높이는 사례도 나타났다(中尾, 2001). 이들 특징은 종래의 노면전차 이미지를 크게 초월하고 있다. 이 때문에 노면전차를 폐지했던 도시에서도 이 LRT 시스템을 받아들이거나 계획을 하는 경우도 있다.

LRT를 비롯해서 유럽에서의 공공교통은 무장애(barrier-free)·유니버설 디자인(universal design)의 관점도 중시되었다. 도시 내에서 편리한 이동을 하기 위해서는 이 두 가지를 연계시킬 필요가 있다. 하나는 시설의 연속성으로 출발지에서 목적지까지 복수의 공공교통수단 사이에서 무장애를 추구해야 할 필요성이다. 두 번째는 시간의 연속성으로 환승시 교통수단를 기다리는 동안 발생하는 시간의 연속성이다. 이 연속성은 공공교통만이 아니라 통로·엘리베이터·

45) 차량의 바닥높이는 15~30cm로 논스톱의 초저상(超低床) 차량.

에스컬레이터·출입구 등 이용자가 통행하는 경로 등에 모두 포함되어 있다(秋山他, 2001). 이러한 대책을 수립하여 상세히 반영함으로써 공공교통 전체의 편리성과 쾌적성을 높일 수 있다.

도시지역에서의 공공교통

도시지역의 환경과 공공교통의 발전을 구체적으로 살펴보기 위해 수많은 도시 중 특징을 지닌 독일의 프라이브르크(Freiburg), 프랑스의 스트라스부르(Strasbourg) 그리고 미국 오레곤주 포틀랜드(Oregon, Portland) 등 각 도시의 공공교통 정비에 대해서 살펴본다. 공공교통의 논의가 이들 도시에서 망라되었다고는 볼 수 없다.[46]

프라이브르크

프라이브르크는 프랑스와 스위스 국경에 근접한 독일 서남부에 위치하며 인구는 약 20만 명으로 예전부터 상업관광도시이다. 1960년대부터 구시가지의 교통지체와 산성비에 의한 검은 숲에서의 삼림파괴 등에 의해 시민의 환경의식이 높아졌다. 도시 내에서도 가능한 한 자동차 교통에 의존하지 않는 시책을 실시하고 있으며, 1972년부터 구시가(600m 서쪽)의 자동차 진입금지구역을 점차적으로 확대시킨 결과 현재는 구시가지 전체가 보행자 구역(zone)으로 정해졌다(今泉, 2001a). 보행자 구역(zone)을 주행할 수 있는 차량은 일정한 도로에서만 상품반입 차량과 몇몇 승강장에서 이용할 수 있는 택시 및 긴급 수리업자, 구급차, 의사뿐이다. 자동차 진

---

46) 도시의 노면 공공교통에 대해서는 본론에서도 참조한 西村·服部(2000)의 기술이 상세하다.(32개 도시를 대상)

입금지 이전인 70년대 초에는 구시가지의 대성당을 둘러싼 광장이 자동차를 위한 주차장으로 이용되어 많은 자동차가 구시가지로 진입하였다.

자동차를 대신해서 보행자 구역(zone)으로 운행하는 공공교통 수단은 노면전차와 버스 2개 노선이다. 노면전차가 시내 기간교통의 수단으로 되어 있다. 자전거도 중심가(Main Street)에서는 타지 못하고 내려서 손으로 끌고 가야 한다. 근교지역을 포함해 운행하는 공공교통은 노면전차와 버스 및 독일 철도이다. 90년대 후반에 교외 신도시(new town)까지의 새로운 노면전차 노선의 건설은 승용차를 이용한 통근량을 줄이고, 노면전차의 이용을 습관화시키기 위한 일환으로 시작하였다. 또한 프라이브르크시는 시민의 자전거 이용에도 노력을 하고 있으며, 자전거 이용을 위하여 도로와 보도 일부를 자전거 전용도로 변경해서 자전거 이용자에 대한 편의를 도모하였다. 프라이브르크에는 자전거 전용도로가 150km 이상 개설되었다.

스트라스부르

프랑스의 스트라스부르(인구 약 25만명)은 시가지 중심부(구시가)로 자동차를 타고 들어가는 것을 금지하는 동시에 트램(tram)이라고 부르는 LPT를 90년대 초에 도입하여 성공한 매력 적인 도시로 알려져 있다.[47] 이 조치 이전에는 시가지 중심부의 도로교통이 하루 5만대 정도였으며 단순한 통과교통이 그 반을 차지하였다. 상시적인 교통 혼잡을 막고 중심 시가지의 활성화를 목표로 삼은 시책은 스트라스부르 광역도시권(인구 약 45만명)의 종합 도시정

---

47) 여기에서의 기술은 2000년 11월에 실시한 듣기(hearing)를 중심으로 하였다.

책과 종합 교통정책 속에서 이루어졌다. 스트라스부르의 경우 처음
으로 광역도시권의 전체 계획 속에서 공공교통인 트램을 평가한 도
시로 유명해졌다. 특히 어떤 공공교통을 도입할지가 시장 선거에
커다란 쟁점이 되었다. 대항 안은 VAL(Véhicule Automatique Léger ; 경량
자동차량)이었지만, 통과교통을 배제하는 측면, 비용측면(VAL의 4분의 1),
정류장의 수(트램 쪽이 많고 많은 시민에게 기여할 수 있다), 도시전체의 경관(도
시계획 전체를 검토함으로써 연계하여 고려할 수 있다) 등의 관점에서 트램의 우
위성이 주장되었다. 트램 도입이 결정된 후에도 당초에는 고객이
감소한다는 점에서 도시 내 상공업자들의 격심한 반대가 있었다.
그러나 결과적으로는 중심 시가지 고객은 이전보다도 더 증가해서
쇼핑 비용의 증가뿐만 아니라 지가도 상승하는 효과를 거두었다.
또한 트램의 디자인도 도시미관과 매치(match)시켰다는 시민들의 높
은 평가도 하나의 성공요인이었다.

프랑스는 이미 1980년대 지방분권으로의 커다란 움직임에 힘입
어 도로를 포함해서 교통전반에 대한 주도권을 지방이 갖고 있다.
국가는 자금부담에 대한 대응을 위해 개입할 수 있지만 주도권은
가지고 있지 않았다. 운영에 관해서는 버스를 포함한 트램의 운임
수입은 총 비용의 60% 정도로 나머지 40%는 보전(補塡)이 이루어
지고 있다. 특히, 이 점에 관해서는 시민의 반대가 없었다.

포틀랜드(오레곤 주)

자동차 교통이 주류인 미국에의 오레곤 주 포틀
랜드 지역은 MAX(Metropolitan Area Express)라 부르는 LRT 공공교통이
발달했고, 미국 전역에서도 매우 매력 있는 도시로써의 높은 평가
를 받고 있다.[48]

제2차 세계대전 전에는 미국의 다른 도시처럼 포틀랜드에 노면 전차가 달리고 있었다. 하지만 전쟁 후에는 자동차의 점차적인 증가에 따라 1950년대에는 버스로 완전히 대체되었다. 1960년대 미국의 다른 도시처럼 포틀랜드 중심시가지도 주민과 기업이 교외로 이동하는 스프롤화가 현저하게 진행되었으며 교외와 시내를 연결하는 간선도로에는 교통지체현상이 만성화됨과 동시에 시내에는 노상주차의 증가로 중심 시가지의 매력을 감퇴시켰다. 1969년에 포틀랜드 시의회는 대중교통체계(Tri-Met, 현재는 TriMet라고 변경됨)의 창설을 결정하고, 운행하기 힘들었던 버스을 민간 교통기업으로부터 떠맡아 책임지고 운행을 개시하였다. 당시 도심(down town)은 대기오염이 심각해서 일산화탄소의 연방 규제치를 3일 중에 하루는 위반했지만 도심에는 대규모 공장시설이 없었기 때문에 대기오염의 원인은 자동차로부터 배출된 배기가스였다.(City of Portland, 2000)

이런 상황에 속에서 1972년에 새로 당선된 젊은 시장을 중심으로 공공교통을 우선시하고 도시의 재생계획을 실시하여 시민과 지역의 재계(財界)의 호응을 얻었다. 이 계획에 의거해서 대중교통 전용지구(Transit Mall)가 건설되었다. 대중교통전용지구는 일반 자동차의 진입을 금지하고 버스(후에는 LRT를 포함)만이 통행하는 지역으로 보도에는 노선마다 버스 정류장을 배치하였다. 또한 대중교통전용지구를 포함하여 비교적 광범위한 도심부의 300블럭에는 버스(후에는 LRT 및 노면전차) 승차 무료 지역(Fareless Square)을 설치함에 따라 도심에서 보행자의 편리성이 크게 높아졌다.

특히 1970년대의 상징적인 사건은 계획된 새로운 고속도로

---

48) 여기에서의 기술은 참고문헌 외에 트라이메트(www.trimet.org), 메트로 (www.metro-region.org), 포틀랜드시교통국(www.trans.ci.protland. or.us) 등의 관계기관의 정보를 참고했다.

(freeway) 건설 중지와 고속도로를 대체하는 LPT시설 계획이다. 애당초 도로에서의 교통지체와 도시의 쇠퇴를 방지하기 위해 동부의 교외도시에서 도시부까지 고속도로(Mt. Hood Freeway) 신설이 제안되었지만, 주민 반대에 부딪혀 당시 시장 선거의 큰 쟁점이 되었다. 결국 1978년 정식으로 고속도로 계획이 철폐되고 도로 예정지는 공원 등으로 변경되었다. 이 일은 이후의 주변지구를 포함한 포틀랜드 도시계획과 교통계획에 커다란 영향을 미친 기념비적인 사건이 되었다.

고속도로 계획의 대체로서 LRT의 계획이 수립되었다. 포틀랜드시를 비롯하여 트라이맵(TriMet)과 지역 재계는 LRT가 현실적 안인지의 여부를 검토해서 LRT와 역사적인 기념 구축물을 연결하는 노면전차(down city trolly)의 계획을 승인했다. 동시에 연방의회의 신입법에서 오레곤 주의 고속도로 건설을 위한 연방자금을 LRT건설을 위한 사용을 승인하고, 포틀랜드 중심가에서 동부 그레샴시(City of Gresham)까지 15마일의 LRT건설을 1981년에 시작하여 1986년에 완성한 시스템 전체를 포틀랜드시의 경전철(MAX)이러고 부른다. 포틀랜드시의 동쪽 회랑(corridor)의 승객 증대와 주변의 개발이 진척됨에 따라 주민 부담은 증가했지만 경전철(MAX) 확대를 위한 지지가 높아졌고, 서쪽 회랑의 경전철(MAX) 건설은 1994년에 시작해서 1998년에 완성했다.

그 후 1996년에 포틀랜드 남부에서 북부 워싱톤 주까지 남북선에 건설에 대해서 주민투표를 실시했지만 워싱톤 주 측에서 부결시켰다. 그 후 포틀랜드 측 투표에서도 주민 부담의 증가를 요구한다고 해 부결되었다. 그러나 1998년 완성된 서부선을 포함해서 승객 수 증가는 예상을 웃돌았고, 포틀랜드 국제공항을 관할하고 있는 포틀랜드 항만청(Port of Portland)은 현 상황을 고려하여 부족한 주차

공간과 혼잡해지는 도로의 확장에 대한 여지가 적어짐에 따라 포틀랜드로부터 공항까지 경전철(MAX) 도입을 추진했다. 고안된 새로운 자금조달 방법은 공항 근접의 항만(Port)이 소유한 토지 개발권을 민간기업(Bechtel)에 양도하는 대신에 공항까지의 경전철(MAX)건설의 일부비용을 부담시키는 방법이었다. 이를 위해 지방정부의 증세도 필요 없게 되어 경전철사업 건설이 결정되었으며 1999년에 착공하여 2001년 완공되었다.

세금 증액과 관련해 주민투표에 의해 부결되었던 남북선도 일부 노선(포틀랜드에서 북쪽에 있는 Expo Center까지)이 부활되었다. 건설자금은 지방정부와 개발지역의 민간자금만으로 불충분했지만 공항의 경전철(MAX) 및 포틀랜드 시내의 노면전차 프로젝트(쌍방이라도 연방자금이 투입되지 않음)를 연방자금에 대한 매칭 펀드(matching fund) 방식으로 연방정부의 보조금을 획득함으로서 2001년 공사에 착수했다(완성은 2004년 예정). 포틀랜드에서 남쪽지역 노선도 현재 검토하였다(2003년 4월에는 두개의 노선이 뒤에 기술한 메트로(metro)에서 승인됨). 이렇게 미국에서 대중교통을 적극적으로 추진한 포틀랜드는 선구적이고 매력 있는 도시로 평가를 받고 있다.

대중교통 정비의 배경

3개 도시로 대표되는 지역에서 대중교통 수단이 정비된 배경에 비교적 중요성을 갖는 3가지 요인에 대해 살펴본다.

광역적인 사고와 지방자치　　토지이용계획은 도시에 어떤 기능을 배치할 것인가를 정하는 계획으로 도시계획 중 가장 기본적인 계획이다. 특히 토지이용계획은 독일처럼 교통계획과 시설계획을 포함한

형태나 구체적인 토지이용계획을 정한 프랑스 등 유럽 국가와는 틀
이 다르지만 이 계획 속에 교통체계를 어느 정도 규정하고 있다(加
藤, 2000). 여기서 강조할 사항은 이러한 도시계획을 누가 어떻게 지
역적인 공간 확대로써 계획해서 실시하는가이다.

독일의 경우 도시계획과 교통계획은 기초자치단체인 시정촌(市町
村)이 수립하기 때문에 자치단체 내에서의 정합성을 유지하는 계획
이다. 그리고 도시계획을 수립할 때 주(州)정부가 수립하는 종합계
획과 정합성을 배려하고 간접적으로 인접 자치단체를 포함한 광역
단위의 정합성을 도모하는 계획으로 추진되어야 한다.(九州지역산업활
성센터, 2001)

대부분의 경우 프랑스는 광역지방권에 도시계획과 교통계획을
수립하는 역할이 맡겨져 있다. 예를 들어, 스트라스부르는 스트라
스부르 광역공동체(CUS)라 불리는 조직이 그 역할을 담당하며, 프랑
스 전역에서도 같은 조직이 존재한다. 각 시정촌의 대표가 CUS 의
원으로서 참여하고 광역지방권의 정책에 대한 의사결정을 한다.

포틀랜드는 메트로(Metro)라 불리는 지방정부가 해당 지역의 조정
을 담당하였다(川村·小門, 1995). 메트로는 오레곤의 3개 카운티와 24
개 시(市)의 주민 130만명 이상으로 이루어진 독자적 지방정부이며,
통상 시(市)와 카운티에 속하지 않고 미국에서 유일하게 직접 시민
이 선출하는 지방정부이다.[49] 메트로에서는 포틀랜드 메트로폴리
탄(metropolitan) 지역(region)의 도시성장관리(UGB : urban growth boundary),
폐기물처리, 자연보호, 공공교통 시스템 등의 광역적인 도시 및 지
역정책을 실시하였다.[50]

---

49) 메트로 자체의 재원은 고형(固形)폐기물의 수송·처리에 관한 과징금 등
    의 사업수입이나 메트로 구내의 자산세(100,000달러의 집 소유에 대해
    연간 28달러의 비율) 등이다.

도시성장관리를 위한 도시성장 경계는 1970년대에 오레곤주 전체 토지이용계획의 일환으로 이루어졌다. 도시 자연의 아름다움과 자연에 근접하는 아름다움이 도시의 무질서한 스프롤에 의해서 훼손되지 않도록 개발을 경계 내로 한정시켜 설정하고, 도시 용지를 효율적으로 사용해서 자연환경을 보전할 목적을 갖고 있다. 이를 위해 오레곤주의 모든 시(市)·카운티는 오레곤 전체의 장기계획과 정합성 있는 해당 지역의 장기계획을 수립했으며, 주(州)법에 의해 경계 내의 택지개발을 위해서 20년간 토지공급의 준비를 의무화 시켰다.

어떤 경우에도 도시지역을 초월한 광역 공공교통 수단이 조정·정비되어 기능하였다. 뒤에서 설명하겠지만 광역공동교통수단의 조정과 정비를 위한 재원도 준비했다. 일본의 경우 광역의 개념은 있었지만 그 실시주체는 집단적인 색채가 강하다. 또한 도도부현(都道府県)을 초월하여 광역적 연계가 어려운 상황이지만 문제의 필요성에 따라 광역적 연계의 의사결정 주체와 의결권 부여 여부는 도시와 그 주변 지역과의 관계를 고려할 때 빠뜨릴 수 없는 관점이다.

재정·자금적 조치　　도시지역에서의 공공교통 정비와 재원문제를 피할 수 없다.

일찍부터 독일은 1964년의 '자치단체의 교통상황을 개선하는 방법'이라는 보고서가 공공교통정비의 전환점이 되었다. 이 보고서는

---

50) 현재 메트로에서는 2040년을 향한 성장계획이 있다. 이러한 계획에 의해서 이후의 개발을 기존의 도시지역 또는 공공교통에 대한 어떤 신념(creed)을 갖는 것을 목적으로 하였다. 또한 도보·자전거·공공교통·자동차 등의 균형이 있는 교통시스템을 생각해서 직주(職住) 및 쇼핑의 근접을 고려하여 보다 좋은 커뮤니티 조성을 목적으로 하였다.

시민생활에 필요한 교통의 가능성을 고려하여 교통의 우선순위에 대해 자동차가 공공교통·보행자·자전거보다도 우선해야 한다는 방식을 채용하는 동시에 개인의 자동차 이용에 따른 도시의 교통문제의 해결을 위해서는 방대한 도로와 주차장이 필요하며, 공간적으로나 재원적으로나 대응이 불가능하다는 내용이었다(西村·服部, 2000). 이에 따라 연방정부는 특정 전차시설 정비에 한해서 보조가 가능하며, 1966년의 세제개정으로 가솔린 등의 자동차 연료에 대한 광유세(鑛油稅)의 증세분 60%는 도로건설에, 40%는 공공교통기관의 정비에 충당하였다. 그 후 이 조치는 1971년 '자치단체교통재원법 (GVFG)'이라는 형태로 법제화되고, 독일 공공교통의 정비를 담당했다. 이 법률에 따라 지원대상의 공공교통기관은 전용궤도를 소유해야한다는 사항이 전제조건으로 원조대상은 시설이고 운영비로는 충당할 수 없었다. 1972년에는 도로건설과 공공교통의 비율이 5대 5로 되었다. 그 후 주(州)의 자주성이 높아졌지만, 1992년 연방정부는 대규모 프로젝트용으로 총액의 20%를 유보하고 나머지는 주(州)가 독자적으로 판단하였다.

한편, 이러한 공공 통기관의 경영은 저렴한 가격 운임 때문에 재정보조를 실시하고 있지만, 시(市) 등의 자치단체를 중심으로 보전이 이루어지고 있으며, 주(州)정부로부터도 일부 보조금을 받고 있다. 프라이브르크의 사례에서는 시(市)가 설립한 도시공사의 전기·가스 등 에너지 공급부문의 흑자 부문으로 교통부문의 적자를 보전함으로써 시(市)의 보전이 적어지도록 하였다.

한편, 프랑스는 자동차를 중심으로 한 도시 교통정책에 대한 재검토가 80년대에 들어서 실시되었다. 이를 후원한 것이 1971년에 창설된 '교통세'이다. 처음에는 파리의 도시교통계획을 자동차에서 공공교통으로 전환할 때 신설한 통근 정기 할인분을 부담하기 위한 세금으로 도입하였지만, 이후 도시권에서의 공공수단 정비와 운영 비용으로 사용하는 목적세로 되고, 그 적용은 보다 작은 도시권으로까지 점차적으로 확대되었다. 과세는 대상 지역의 종업원 9인 이상 사업소에 대하여 지불 급여의 일정 비율로 하였다. 처음에는 0.5~1.5%(도시권의 규모에 의해 다르다)였지만 현재는 파리권 2.2%, 인구 10만명 이상 도시권 1.75%, 인구 2~10만명 도시권 0.55%가 각각 상한선으로 되어 있다. 이러한 재정적인 지원제도와 더불어 공공교통수단의 중요성을 인식시켰던 것은 1982년에 제정된 LOTI(국내교통기본법)이다. LOTI는 도시권 내에서 교통계획 수립을 의무화 시키고, 도시권에서의 토지이용계획과 함께 공공교통계획을 명확하게 설정해 정비를 추진하였다.

스트라스부르는 트램과 버스의 운영에 개선이 이루어졌지만 40% 정도는 공적인 운영보조가 경상경비로 이루어지고 있다.

포틀랜드는 연방정부의 자본비용 보조는 변동을 보였지만, 공사 중인 포틀랜드에서 Expo Center까지 남북선 일부의 자금내역은 연방정부가 73.6%, 포틀랜드시는 8.6%, 트라이 멧(Tri-Met)은 7.1%, 지역 교통재원(Regional Transportation Funds)는 10.7%의 계획으로 되어 있다.[51] 또한 독자적인 세제로서 트라이 멧의 운영보조를 위해 메트로권 내의 종업원 급여(payroll)에 과세가 이루어졌다. 이 세율은 0.6218%(즉 급여 1000달러 당, 6.22달러)이다. 트라이 멧의 2002년도 수입내역을 보면 총비용을 100%로 하면 운임수입 19%에 대해서 메트로구역 거주자로부터 급여소득세(payroll taxes)가 53%, 담배세가 1%, 금리수입이 1%, 기타 수입이 26%이다. 한 사람의 1회 승차당 단위 총비용은 버스에 2.01달러, MAX에 1.47달러이다.

---

51) 자금조달 비율은 동쪽 선에서는 연방정부가 83%, 지방정부(주를 포함)가 17%, 서쪽 선에서는 연방정부가 73%, 지방정부는 27%이었다.

이와 같이 국가와 지역에 따라 차이는 있지만 공공교통을 건설할 때의 자본비 및 이후의 운영비도 재정적인 보조가 이루어지고 있고 이를 위해 세제 또는 재원이 확립되었다고 할 수 있다.

지원·시스템 충실 LRT 등의 승차요금은 공적 보조가 이루어지기도 하고 저렴한 가격과 다양한 종류의 차표와 정기권을 이용하는 편의를 제공하였다. 이 때 요금은 복수의 공공교통을 포함한 이해하기 쉬운 구역제(zone)를 실시하는 경우가 대부분이다. 이것은 복수의 공공교통을 경영하는 주체가 1개 회사만이 아니라 독일의 사례에서 보듯이 관련 있는 공공교통 기업체, 주변의 자치단체와 주(州)로 이루어진 운수연합의 형태를 받아들여 승객이 이용하는 경로가 모두 단일노선처럼 이용할 수 있도록 적용 범위가 넓은 서비스를 제공하는 경우이다.

예를 들면, 프라이브르크는 1984년 시영교통의 노면전차와 버스가 공통적으로 사용할 수 있는 환경보호 카드를 도입한 후, 1991년에는 이용 범위를 인접한 두 개의 군으로 확대한 레기오카르테(Regiokarte, 기차와 전차, 버스를 정기권 한 장만으로 횟수나 환승 제한 없이 이용하는 교통카드)를 도입했다. 이 정기권은 지역 내의 17개 공공교통 기업이 운영하는 90노선을 공통적으로 사용할 수 있는 1개월 정기권으로 스위스의 바젤시가 시행하던 제도를 처음으로 독일에 도입하였다. 이 카드를 소유하면 운수연합에 가맹한 모든 공공교통 수단을 제한 없이 승차할 수 있기 때문에 많은 승객이 이용하였다. 카드는 몇 가지 종류가 있지만 무기명으로 대여 가능한 카드가 널리 알려져 있다. 이 카드는 휴일에는 또 다른 한사람의 성인과 어린이 4명까지 추가 요금 없이 동반할 수 있는 특전까지 부여했다. 이 외에도 저렴한 가격인 24시간 표(구입시로부터 24시간 유효) 등을 도입하여 승객이 사용하기 편리하고 요금이 상당히 매력적인 이 시스템은 성공을 거두었다. 독일 외의 다른 지방으로도 확대되었다. 이러한 요금제도는 프라이브르크, 레기오 운수연합에 의해 유지되고 있으며, 레기오카르테(근거리 대중교통이용권)에 의해 발생하는 손실은 주(州)와 프라이브르크 지역 근거리교통 목적단체(프라이브르크와 2개 군(郡)조직)에서 보조금으로 보전하였다.(今泉, 2001b)

또한 LRT와 버스 등 공공교통간 연계는 시간적으로나 공간적으로나 배려되는 예가 많다. 독일 칼를루에(Karlsruhe)의 LRT는 기술개발의 결과, 전기방식이 다른 독일 국철(현 독일철도)의 근교선까지 직접 개설되고 있으며 승객의 환승불편을 해소하는 시스템을 구축해서 호평을 얻고 있다.(今泉, 2001c)

또한 승용차를 탄 채 도시로 들어가는 것을 방지하기 위해 교외 또는 주변 지역에서 환승주차장(Park and Ride) 방식을 강구하는 사례가 많다. 앞에 소개한 3개 도시도 적극적으로 도입하였다. 프라이브르크는 시(市)의 주변 지역에 주차장을 설치해서 승용차 이용자에게 환승을 장려하였다. 스트라스부르에서는 시내 주차장이 시간당 7프랑인 데 비해 중심부를 벗어난 트럼의 정류장에 인접한 주차장은 하루 종일 15프랑(2.29유로)으로 주차할 수 있는 동시에 트램을 무료 티켓으로 이용할 수 있다. 포틀랜드도 시가지 주변의 MAX와 버스 정류장 약 60개소에 공공교통 이용자가 무료로 이용할 수 있는 주차장을 제공하였다. 이들 주차장으로 이용되는 대부분 장소가 주민이 제공하였다.(일본정책투자은행, 2000)

시민의 자전거 이용도 촉진되고 있으며, 포틀랜드는 MAX로 자전거를 가지고 탈 수 있고, 버스의 전면에 자전거를 보관하는 장치가 설치되어 있다. 또한 종업원의 자동차 통근을 억제하기 위해 기업이 일괄해 구입한 통근용 정기권의 할인제도를 만드는 한편,

고령자·장애인에 대한 대책으로서 버스 정류장 등에 유압식 리프트를 설치해 모든 버스에 접근할 수 있도록 하고, 통상 공공교통을 이용할 수 없는 장애인이나 이재민에 대해서 트라이 멧은 미니버스를 활용한 방문 서비스(LIFT라 부름) 등을 저렴한 가격으로 제공하고 있다.

　이상의 사례뿐만 아니라 다양한 대책이 빈틈없이 추진되어 있으며 전체적으로 공공교통의 편리성과 쾌적성 향상을 도모하고 환경부하와 교통혼잡 경감에 기여하였다.

4

교통 외부성

　　　　　지금까지 살펴본 구체적인 형태의 논의는 경제적인 측면에서 어떻게 평가할 수 있을까, 이에 대한 하나의 관점은 교통에 관한 외부성에 대한 관점이다.[52]

교통 외부비용

　　　　　교통에는 2가지의 유형이 있다. 첫 번째는 수단으로서의 교통, 두 번째는 목적으로서의 교통이다. '수단으로서의 교통'은 어떤 목적을 달성하기 위해서 목적지까지 사람을 이동시키거나 물건을 운반하는 데에서 발생하는 교통이다. 예를 들면, 어떤

---

52) 외부성의 관점이외에도 수송에 관한 효율성이나 사회적 약자 등에의 배려를 포함한 공평성 또는 건설 및 운영에 관한 자금조달면 등의 관점이다.

사람이 통근할 때 전차라는 교통의 이용은 사무실에서 업무를 할
목적이 있기 때문이며, 이를 위해 복수의 교통수단 중에서 전차를
선택한 경우이다. 이러한 형태의 교통수요는 파생적 수요(induced
demand)라고 한다. '목적으로서의 교통'은 어떤 교통수단을 사용하여
이동하는 자체에 만족을 얻기 위한 교통이다. 드라이브 자체를 즐
기기 위해 이동하거나 특정 열차에 타기 위한 목적으로 이동하는
교통수요는 본원적 수요(primary demand)라 한다.(土井·坂下, 2002)

대부분 교통수요는 그 자체 이용이 최종 목적이 아니라는 의미에
서 파생적 수요이다. 개개인의 이동에 관한 수요 전체 중에서도 여
객수송(passenger transport)은 소득수준, 거주 지점, 목적지까지의 이동
거리와 시간을 비롯한 다양한 요인에서 영향을 받고 있다. 한편, 화
물수송(freight transport)은 목적지까지 재화의 수요와 동시에 수송수요
도 발생하기 때문에 결합수요(joint demand)라고 부른다. 그리고 사람
과 물건의 수송가격과 비용은 어떤 교통수단과 방식(mode)을 선택하
는가에 따라 매우 큰 영향을 미친다. 그러나 교통수단을 이용하는
사람 자신이 부담하는 비용(이것을 사적 비용이라고 함)을 초월해서 사회
전체가 부담하는 비용으로 외부비용이 있다.

교통의 외부비용은 외부성(externality)이라는 현상을 통해서 발생한
다. 외부성에 대한 정의는 경제학자 간에 약간의 차이는 있지만 '어
떤 경제주체가 재화와 서비스를 생산하거나 소비 행위가 다른 경제
주체에 대한 부수적 효과-바람직하던 또는 바람직하지 않던-를
시장 기구를 매개하지 않고 미치는 현상'(奧野·鈴村, 1988)이라고 이해
할 수 있다. 이 경우 '부수적'이란 말은 악의 등에 의한 의도적 효과
를 제외하는 의미이다.

어떤 교통서비스도 편익과 비용을 초래하지만 교통서비스를 직접
이용하는 사람이 모든 편익과 비용을 누리고 부담하지 않는다. 이용

자가 부담하는 비용(사적 비용 또는 내부 비용이라고 부름. 자동차 사례에서는 차량비와 연료비 등 이용하는 사람 자신이 직접 부담하는 비용을 가르킴) 외에 다른 사람이나 지역과 사회 전체가 부담하는 비용(외부비용이라 부름)이 있다. 교통이 사고피해나 대기오염과 소음 등의 환경피해를 초래하여 사회적으로 큰 문제가 되고 있지만, 이들 대다수는 외부비용의 형태를 받아들이고 있다. 또한 교통혼잡은 사적 비용으로 이용하는 사람 자신의 시간을 낭비일 뿐만 아니라 외부비용으로서 다른 이용자의 시간을 상실시킴과 동시에 다양한 환경문제의 악화를 초래한다. 이렇게 건강과 환경에 관한 외부비용의 발생은 어떤 교통수단을 선택하는가에 따라 크게 달라진다. 교통을 이용하는 사람은 일반적으로 외부비용이라는 스필오버(spillover)효과를 의식하지 않고 행동을 하고 있기 때문에 외부비용이라는 부담은 부득이 제3자나 사회전체에 악영향을 초래한다고 본다.[53] 이러한 외부비용의 규모를 어떻게 평가할 것인가라는 관점은 크게 2가지 관점으로 나누어 볼 수 있다.

피해 접근법

첫 번째 관점은 어느 정도의 손해와 손실이 있는가를 직접 평가하는 관점이다. 이를 임시로 피해 접근법이라고 한다. 이 접근법에는 하향식(top-down) 접근법과 상향식(bottom-up) 접근법이 있다.

하향식 접근법　하향식 접근법은 국가 등 지역별로 교통의 외부비용을 추계하는 방법이다. 유럽은 1990년대에 들어와 많은 연구 사례를 발표하고 있지만, 최근 대표적인 측정사례는 INFRAS /

---

53) 사적 비용(내부비용)과 외부비용의 합계는 사회적 비용이라고 부른다.

IWW(2000)연구이다. 대상국은 유럽연맹(European Union) 가입 15개국에 스위스와 노르웨이를 가입시킨 EUR 17개국이다. 외부비용의 대상은 사고, 대기오염(건강피해·자원의 피해·생태계의 피해), 온난화 위험, 그 외 환경·비환경에 관한 피해 및 교통 혼잡을 대상으로 하였다. 측정 대상의 년도는 1995년이다. 측정 대상 교통기관은 도로교통(승용자동차·오토바이·버스·경량화물·중량화물별), 궤도(여객 및 화물별), 항공(여객 및 화물별) 및 내륙수운과 교통기관을 망라하였다.[54]

그림 9-1에 의하면 교통혼잡을 제외한 외부비용 합계는 EUR 17개국에서 5,300억 유로로 측정되었다. 이 규모는 대상국 전체 GDP의 7.8%에 이르는 규모이다. 교통 기관별로는 도로교통이 91.5%로 압도적인 몫(share)을 차지하고 있으며, 이어서 항공·궤도의 몫은 매우 적은 비율이다. 외부비용의 종류별로 보면 사고가 29.4%로 약 3할를 차지하고 다음으로 대기오염이 25.4%, 온난화가 23.0%로 나타났다.

수송별 평균 외부비용을 보면 1,000명/km당 여객수송의 외부비용은 자동차 87유로에 인데 비해 버스는 38유로, 궤도는 20유로이다. 명/km도 자동차가 상당히 큰 비중임을 알 수 있다. 자동차의 외부비용 중 사고가 40%로 가장 크며, 다음으로 대기오염 및 온난화가 각각 20%, 20% 이내 순이다. 한편, 화물수송에서는 1,000 톤/km 항공기가 205유로, 도로교통이 88유로인 데 비해 궤도와 내륙수운은 각각 19유로, 17유로이다. 이렇게 자동차 외부비용이 규모로나 평균비용으로나 모두 크다는 사실을 확인할 수 있다.

---

54) 자세한 분류는 몇몇 주요 도시와 도시 간 여객교통에 대한 추계도 보고되어 있다. 또한 파리·브뤼셀 간, 쾰른·밀라노 간, 노틀담·바젤 간 등 주요 회랑(corridor)에 대한 결과도 보고되어 있다. 이 연구는 대기오염에 대해서는 후술한 ExternE의 연구를 이용하였다.

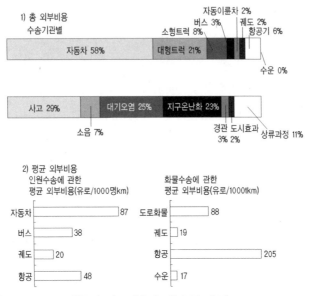

■그림 9-1■ EUR17개국의 외부비용 (교통혼잡 제외)

자료 : INFRAS/IWW (2000).

다음으로 교통혼잡을 추계한 중위추계에서는 혼잡비용이 1,280
억 유로로 대상국 GDP의 1.9%에 상당하는 규모이다(저위추계에서는
GDP의 0.5%, 고위추계에서는 GDP의 3.7%).55) 따라서 교통혼잡을 추계에 포
함된 총 외부비용은 6,580억 유로이며, GDP의 9.7%에 달한다. 기
관별로는 도로 93.2%, 항공 4.9%, 궤도 1.6%, 내륙수운 0.4%로 여
기에서도 도로 비중이 압도적으로 크다는 사실을 알 수 있다. 2010
년의 미래 추계에서는 현 상태의 교통정책이 계속되는 한 외부비용

55) 저위추계는 최적 혼잡가격이 도입되었을 때, 총잉여 순변동에 의해, 중위
추계는 혼잡 없는 상황과 비교하여 잃어버린 시간을 경제적으로 평가한
것으로, 고위추계는 최적 혼잡가격을 도입한 때의 수입으로 각각 계산하
였다. 중위추계의 가치는 유럽연합집행위원회(European Commission)에
서의 인용수치에 가깝다.

은 1995년 비해 42% 증가하고 그 중에서 자동차의 영향이 크다고 내다보고 있다.

외부비용의 추계에는 아직 이론적으로나 실증적으로 과제가 남아 있고 추계 수치에도 불확실한 측면이 있으며 추계 간의 수준 차이가 확실하게 나지만 어떤 추계에서도 도로교통에 따라 붙는 외부비용이 상대적으로 크다는 점은 변함이 없다(European Environmental Agency, 2002). 일본에서도 유사한 연구가 자동차 교통에 대해 이제 시작되었다(児山·岸本, 2001). 이 연구에 의하면 자동차의 외부비용 크기는 중위 추계에서 GDP의 6.6%(고위 추계 12.3%, 저위 추계 4.0%)이다.[56] 추계의 타당성과 기타 교통기관과의 비교는 향후 연구를 기다려야 하지만 일본도 자동차의 외부비용 규모는 무시할 수 없는 크기이다.

상향식 접근법　　유럽에서는 하향식 접근법의 추계에 더해서 상향식 접근법이라는 추계방식의 결과를 발표하게 되었다. 하향식 접근법은 국가라는 지역단위에서 외부비용을 추계하는 방식이 주류였다. 그러나 하향식 접근법은 제1 단계(step)로서는 유효하지만 개별적이고 구체적인 정책과제에 대응하기 위해서는 좀 더 상세한 분석을 할 필요가 있어서 개별지점의 기술정보를 기초로 상향식으로 외부비용을 계산하는 접근법을 고안하였다. 예를 들면 어떤 경로(route)의 교통기관에 관한(한계) 외부비용은 교통기관이 어떤 지점에서 언제 어떤 속도(speed)로 운전하고, 배기가스가 주변 지역에 어떻게 퍼져 나가지고(풍향 등에 영향을 받음), 그 주변 인구는 어떻게 확산되며,

---

56) 추계의 대상은 대기오염·기후변동·소음·사고 및 인프라정비의 과소부담 및 교통혼잡이며, 각각의 추계방법은 구미에서 표준적으로 사용하는 방법에 준하여 시행한다고 되어 있다.

어떠한 영향을 받는가를 분석하는 방식이다. 이러한 다양한 조건을 적용하여 개별 경로마다 외부비용을 추계하는 방법으로 진행된 경로분석접근방법(impact pathway approach)이 있다(Bickel, et al. 1997 ; Friedrich and Bickel, 2001). 이 방법은 European Commission의 지원 하에 유럽의 많은 연구소가 모여 결성한 ExternE라는 프로젝트에서 만들어졌다. ExternE 프로젝트는 처음에는 다양한 에너지의 연료와 사이클과 관련된 외부비용을 환경에 대한 영향 등을 포함하여 광범위하게 분석하기 위해 고안되었다. 교통에 관한 외부비용은 현재 유럽의 몇몇 지역에서 계산된 결과를 발표하였다. 대상은 교통에너지의 연소에 따른 대기오염물질 및 온난화가스의 외부비용 추계(사고는 포함되어 있지 않음)에 한정하였다. 추계는 ① 교통에 따른 배기가스의 배출, ② 대기 모델에 의한 배기가스 확산 및 화학적 반응, ③ 확산된 화학물질의 폭로반응관수(曝露反應関數, exposure-response function)에 의한 영향(impact) 분석57) ④ 효용의 변화 ⑤ 후생상의 손실 ⑥ 경제적 평가라는 경로를 찾아서 외부비용을 계산한다.

예를 들면, 벨기에서 결합된 외부비용을 측정한 사례로서 처음으로 도시 경로(urban trajectory), 지방 경로(rural trajectory) 및 고속도로 경로(highway trajectory) 등 3가지 대표적인 경로에서 외부비용을 측정했다. 이를 위해서 약 30개 노선에서 각각 대표적 노선을 하나씩을 선택하여 교통 기관별로 상세히 측정함과 동시에 각각의 주행거리 등을 사용해서 벨기에 전체로 확대시키는 작업을 하였다. 세 가지 루트에서는 승용차의 3분의 2의 외부비용이 도시경로에서 발생하는 것 외에 고속도로 경로는 20%가 앤트워프(Antwerp)시와 브뤼셀(Brussels)시 두 곳의 환상선(city rings)에서 발생하였다고 보고되었다

---

57) 화학물질에 대한 폭로(曝露)변화에 대응해서 발생하는 위험부담(risk)을 역학(疫學) 자료(date)에서 확률적으로 구한 것이다.

(이들 환상선의 거리는 벨기에 전체 고속도로의 4%에 지나지 않음). 또한 교통에서
발생하는 외부비용을 삭감하기 위해서 승용차(특히 특정 종류의 승용차)
및 중량화물차가 큰 목표임을 알 수 있다.

특히, 자동차의 생애주기(life cycle) 관점에서 교통(이용 시)의 외부비
용에 더해 자동차 연료를 제조할 때, 자동차를 생산할 때 및 기반
정비(infra) 정비 등 상위 과정의 외부비용도 합쳐서 외부비용 전체
의 추계가 이루어진다(표 9-1). 외부비용 전체는 GDP의 1.6%에 상
당한다.

┃표 9-1┃ 벨기에의 도로교통 에너지 관계 총 외부비용(1998년)

(단위 : 10억 유로)

	승용차	대형트럭	버스·코치	합계	(A,B/C)
이용시(A)	1.59	0.64	0.17	2.4	(66%)
(A/C)	(63%)	(70%)	(89%)		
비이용시(B)	0.93	0.28	0.02	1.2	(34%)
(연료생산)	(0.15)	(0.04)	(0.00)	(0.19)	(5%)
(차량생산)	(0.37)	(0.13)	(0.01)	(0.52)	(14%)
(인프라)	(0.41)	(0.11)	(0.01)	(0.53)	(15%)
계 (C)	2.52	0.92	0.19	3.6	
	(69%)	(25%)	(5%)		(100%)
주행거리 :	77.10	6.36	0.61	84.1	
10억km	(91.7%)	(7.6%)	(0.7%)		(100%)

주 : 미니버스, 자동이륜차, 외국 트럭은 제외.
자료 : Friedrich and Bickel (2001).

외부비용 삭감을 위한 한계가격 / 가격붙임

이상과 같은 거시적 기반(macro base) 및 미시적
기반(micro base)의 추계가 이루어진 배경의 하나로 EU전체의 교통정

책에 대한 논의이다. 1995년에 유럽연합집행기관(European Commission)은 Towards Fair and Efficient Pricing in Transport라는 그린 페이퍼(green paper / 정부 제안자료)에서 오염자 지불원칙(polluter pays principle)을 교통에도 적용할 것을 제창했다. 구체적으로는 교통에 관한 혼잡, 환경오염 및 사고에 대한 대처로서 종래 직접 규제에서 경제적 대책(한계가격)에 더욱 중점을 두어야 한다고 주장했다. 이 경우의 교통에 관한 한계가격이란 교통의 참된 가격을 반영하며, 사회적 비용을 염두에 두었다고 할 수 있다. 특히, 교통이용자가 직접 부담하지 않는 외부 비용액은 도로교통이 크며, 그린 페이퍼는 도로교통을 중심으로 논의하였다. 그리고 기존의 도로교통에 관한 과세는 외부비용을 커버하기에는 매우 적은 양이라고 평가하였다. 따라서 그린 페이퍼의 목적은 교통에 관한 가격체계를 보다 공평하고 효율적으로 하기 위해 외부비용을 명료하게 하기보다 사회적 비용 전체를 감소시키려는 의도를 지녔다고 할 수 있다.

이 때 외부비용은 시간적으로나 공간적으로나 특히, 교통 방식 (mode)에 따라서도 다르기 때문에 한계가격에서 차별화(differentiation)가 필요하다고 강조했다. 차별화를 위해서는 장기적인 미래에는 텔레매틱스(telematics), 전자적인 도로 혼잡 통행료 징수제(road pricing)에 의한 한계가격이 바람직하지만 이것을 적용하기까지는 앞으로 10년 이상의 시간이 필요하며, 이를 실시하기 전까지의 대책으로써 표9-2와 같이 차별화된 정책을 시행하였다.

표 9-2 한계가격에 의한 차별화의 구체적 사례

- 중요화물차에 대한 도로과세 (road charges), 특히 중량차에 대한 전자적 주행과세 (electronic kilometer charges)
- 혼잡지역에서 통행세
- 연료의 환경에 대한 영향의 차이를 반영한 연료세
- 차량의 환경 등에 대한 차이를 반영한 차량에 대한 과세 (어쩌면 주행거리에 관련된 것)
- 항공기 또는 철도에 대한 차별화된 과세
- 차량 및 교통 모드의 안전성에 관한 정보제공

자료 : European Commission (1995).

이상과 같은 공평하고 효율적인 정책을 수행함으로써 지금까지 유럽경제 전체에 부담되고 있던 외부비용 등이 낮아지고 감소함으로써 유럽의 경쟁력이 강화된다고 보고 있다.

유럽연합집행기관(European Commission)은 1998년 백서 Fair Payment for Infrastructure Use에서 유럽 전체에서 각국의 개별적 세제의 조화(harmonization)를 도모하면서 유럽의 교통 기반시설(infra)을 위한 한계적 사회비용에 의한 가격(marginal social cost pricing)을 제시했다. 한계비용에 의한 한계가격은 기반시설의 고정비용과 직접 관련은 없지만 조건이 충족되면 기반시설의 고정비 부분은 한계적 사회비용 가운데 교통혼잡 부분으로 회수되는 것으로 알려져 있고 이를 적용한 사례라고 본다.[58]

---

58) 이용자가 부담하는 혼잡요금 수입으로 인프라가 최적인 투자를 위한 자금을 조달할 수 있는지 어떤지는 교통서비스 공급으로 규모의 경제가 있는지 어떤지에 의존한다는 것이 알려져 있다(金本 (1997)을 참조). 규모에 관한 조건이 지점·지역 또는 교통모드에 의해 다르기 때문에 한계가격에 의한 혼잡부분의 수입이 인프라 투자비용을 상회하는 경우는 다른 회수율이 낮은 경우의 인프라 투자를 위해 보전(cross-finance)된다는 점을 시

특히, 2001년의 백서 European Transport Policy for 2010 :
Time to Decide에서는 환경 측면을 배려한 한계가격 정책을 시행
한 도로수송에 대해서 철도와 내륙수운 · 해운 · 철도 등의 복합수송
을 포함한 수송방식의 투자를 촉진하는 실천적 통합 접근법을 받아
들일 것을 주장했다.

이상의 European Commission의 논의를 우리의 관점에서 보면,
제2절의 마지막에서 보았던 ④ 도시를 연결하는 지역 간의 화물수
송 방식, 그 중에서도 국제간의 문제를 주된 대상으로 시행한 방식
이다. 그러나 교통에 수반된 외부비용에 착안해서 그 대책을 모색
하는 방식은 ①의 도시 주변을 포함한 도시지역(urban region) 내에서
의 여객교통의 방식에도 속하는 경우이다. 즉, 도시지역에서의 공공
교통의 정비의 추진은 지역교통에 따른 외부비용을 낮추고 줄여서
사회적 비용 전체를 감소시키는 데는 매우 유효한 정책으로 보인
다. 적어도 지금까지의 공공교통 중시의 방식은 외부비용의 관점을
선취한 정책이라고 평가된다. 다시 말하면 지금까지 관찰한 도시처
럼 유럽의 지역 교통정책은 보완성(subsidiarity)의 원칙 아래에서 단
순히 이동수단을 제공하는 교통정책의 입장을 넘어서 어떻게 특징
있는 매력적인 도시를 형성할까라는 관점까지 확대하여 공공교통의
정비도 각 도시에서 여러 가지 창의성을 고안하였다고 본다.

교통혼잡

여기에서는 한정적이지만 외부비용의 커다란 구
성요소(components)의 하나인 교통혼잡 문제를 간단히 언급하고 혼잡

사하였다. 이러한 한계가격이 광범위해지면 전체로서의 투자비용을 회수
할 수 있는 가능성이 높다고 한다.(European Commission, 1998)

을 해결하려고 시행한 정책의 기여도와 문제점에 대해서 살펴본다.

도시 내 또는 도시 간의 교통문제 중 가장 큰 문제의 하나가 교통혼잡 문제이다. 일본에서도 교통혼잡 문제는 대도시뿐만 아니라 지방도시로까지 확대되었다. 교통지체는 시간비용뿐만 아니라 과대한 연료소비와 지체에 따른 불쾌감, 배기가스 증가에 의한 환경악화 등을 초래하였다. 그래서 혼잡에 의한 피해 중 많은 부분을 외부비용이 차지한다.

교통 혼잡의 폐해를 경감·해소하기 위해 받아들인 방법에 도로혼잡 통행료 징수제(road pricing)라는 정책이 있다. 이 정책은 교통수요 측에 적극적으로 미리 일을 도모해 혼잡억제를 도모하려는 것으로 경제적인 한계가격의 하나로 볼 수 있다. 일본도 교통수요관리(transport demand management)의 일환으로 검토하였다. 어느 정도 효과가 있는지는 기술적인 실행가능성(feasibility) 외에 한계가격의 수준과 대체수단이 어느 정도 제공되고 있는지에 큰 영향을 받을 수 있다.

한편 공급 측의 정책으로는 혼잡을 발생시키는 간선도로나 고속도로 등 도로 폭을 넓히거나 우회도로(bypass)를 조성하는 등의 방법에 의해 수송능력의 증가를 도모하는 것을 생각할 수 있다. 이 방법은 단기적인 도로 용량 확대에 의해 교통이 유연해지는 효과를 지닌다. 하지만 교통시간 단축에 의해 교통의 일반화 비용 등을 낮추어 줄인 결과 오히려 도로수요가 증가하는 경우도 고려해야만 한다. 유발교통(induced traffic)은 이 효과가 커지면 커질수록 애초에 고려한 정도의 교통혼잡 해소와는 멀어지게 된다. 일반적인 교통수요가 탄력적인 경우에 유발교통이 발생한다. 특히, 교외화 등으로 인하여 인구가 증함과 동시에 소득도 증가하는 외적 요인이 변화하면 수요자체의 이동이 일어나며, 해당 도로의 교통량은 더 증가한다.

어느 경우도 당초 예정된 시간단축 효과는 낮아져서 경우에 따라서는 상쇄되기도 한다.

특히, 피크(peak) 시간의 교통을 생각하면 도로를 증강하는 효과는 여러 요인에 의해 상쇄될 가능성이 있음을 지적하였다(Dawns, 1992). 즉, 도로를 증강함으로써 교통시간을 단축하는 효과는 1) 지금까지는 아침 일찍 출근하기 위해 자택을 출발한 사람들이 천천히 출발하는 행동으로 바뀐다 2) 시간이 걸리는 다른 경로를 이용하던 사람들이 증강된 경로를 이용하게 된다 3) 지금까지 통근범위에 들어가지 않았던 사람들에게 편리성을 제공함으로써 통근을 하기 시작했다 4) 다른 교통기관으로 이동할 때의 영향으로 인하여 감소된 정점(peak) 시의 교통혼잡이 고려되었다기보다 해소되지 않을 가능성이 있다는 점을 지적하였다. 이것은 단순히 어떤 경로의 교통혼잡 해소를 목표로 한 공급 증가 대책도 관련 있는 지역 전체의 교통상황을 분석하는 일반균형의 틀 속에서 그 효과를 검증할 필요성이 있다고 본다.

영국 등에서는 유발교통이 발생하지 않는다고 한 종래의 단순화된 비용편익분석의 한계를 인식하고, 유발교통의 존재를 정면에서 받아들여, 단순한 간선도로의 공급을 강화하는 측면으로 전환해서 보다 수요 측면의 통제로 대책의 중점을 옮기고 있다. 일본도 수도권 고속도로에서의 유발교통의 존재가 해안(灣)의 연안도로 건설에 따른 효과와 관련해서 논의되었다(永井, 2001). 도로교통은 자동차 교통이 편리할수록 수요가 증가하는 측면이 강한 만큼 단순한 공급측면의 대처만으로는 피크 시의 교통혼잡 해소에 연결되지 않을 가능성이 있다는 점에 유의할 필요가 있다. 이러한 의미도 도시지역에서 증가하는 도로교통에 대해서 공공교통을 정비할 방안을 동시에 진행한 독일 등의 정책을 높이 평가할 수 있다.

대책비용 접근법

외부비용의 두 번째 관점은 외부성에 의한 피해를 방지하기 위한 예방비용(prevention cost) 또는 회피비용(avoidance cost)에 주목해야 한다. 바꾸어 말하면 피해를 방지하기 위한 대책비용의 관점이다.

이 분야의 대표적인 연구로 우자와(宇沢) 교수의 『자동차의 사회적 비용』(1974년)이 있다. 이 연구는 당시의 경제적인 상황을 전제로 하면서 처음으로 교통 중에서 보행을 문제 삼아 안전한 보행도로를 어떤 방법으로 정비하는 방식이 중요한지를 논의했다. 왜냐하면 시민의 기본적인 권리의 중요한 구성요인인 교통 중에서도 가장 중요한 수단이 보행이고, 시민이 자유롭고 안전하게 혼잡이 일어나지 않게 보행할 수 있도록 도로망을 건설해서 유지와 관리하는 정책을 받아들이는 것이 정부의 책무로서 요청되기 때문이다. 이 때 보행에 대한 수요는 필수적인 성격이 강하고 또한 보행에 관한 사회적 비용이 있더라도 그 내부화는 쉽다는 특징이 있다.

다음으로 자전거에 관해서는 보행자에게 위험을 주는 경우가 있기 때문에 이 점의 사회적 비용의 내부화를 위해 전용 도로(lane)이나 속도제한 등 규제 제정을 요청하였다.

공공교통인 철도 서비스에 관해서는 중요한 시민적 권리의 구성요소라고는 인정하면서도 혼잡현상이 일어나지 않을 만큼 건설하는 것이 경제 상황 하에서 반드시 가능하지 않다고 보고 있다.

마지막으로, 자동차 통행에 관해서는

모든 사람이 자동차를 보유할 때에 자동차 통행에 의해 다른 사람들의 기본적 권리가 침해되지 않도록 도로망을 건설하고 정비한다는 것은 거의 불가능에 가깝다…. 이러한 관점에서 자동차 통행은 시민의 기본적 권리를 구성하는 요소뿐만 아니라 오히려 선택적인 형태에서 소비된다고 할 수 있다. 따라서 자동차를 소유하고 운전하는 사람들은 다른 사람들의 시민적 권리를 침해하지 않을 것 같은 구조를 가진 도로에서 운전해야 하기 때문에 이러한 구조로 도로를 바꾸기 위한 비용과 자동차의 공해방지 장치를 위한 비용 부담이 사회적인 공정성과 안정성이라는 관점에서 요청된다."

라고 기술하였다. 따라서 자동차 통행이 이루어지는 도로에는 원칙적으로 보행·자전거 통행 등 보다 중요한 시민적 권리를 침해하지 않는 배려가 요구되며, 보·차도의 분리, 안전한 횡단을 위한 시설, 가로수 등의 보행자 보호시설을 갖춘 도로가 요청된다. 또한 배기가스와 소음 등의 공해현상이 주민에게 주는 피해도 생각해야만 한다.

이 때 자동차 교통의 폐해를 방지하기 위해 어느 정도의 비용이 드는가? 라는 대책비용을 자동차의 사회적 비용의 척도로서 받아들이게 되었다. 구체적으로는 도쿄 도(東京都)에서 자동차 교통이 인정되는 2만km의 도로연장에 대해 보도와 완충지대를 만들기 위해 도로를 8m 폭으로 넓히기 위한 용지비와 건설비를 1㎡당 15만엔으로하여 총 공사비를 계산했다. 이 때 도로를 이용하는 자동차 대수를 200만대라고 하면 1대 당 투자액 1,200만엔이다. 명목이자율이 16.6%(당시) 아래에서 자동차 1대당 연간 부과액이 약 200만엔으로의 계산은 당연하다.

여기에서 적어도 중요한 2가지 점을 지적할 수 있다. 첫째는 도시교통 중에서 우선해야 할 정책과제의 순서를 정면에서 논의한 점이며, 둘째는 외부비용의 발생을 억제하기 위해서 구체적으로 어떤 방식으로 해야만 하는가라는 정책적인 시사점을 사회적 비용의 관점에서 논의했다. 또한 어떤 기준에서 정책을 받아들였는가라는 상황에 따라 대책비용에서 본 사회적 비용이 달라진다는 사실도 중요한 관점이다.

이들 관점은 유럽 여러 나라를 중심으로 한 선구적인 중규모 도시 중심시가지에서 받아들인 대부분 보행을 포함한 교통수단의 우선 정도를 논의한 방식과 직결된다고 평가된다. 그리고 도시와 교통 관계를 생각할 때에는 다양한 유형의 보행자, 자전거 이용자, 환경에 우수한 공공교통의 배치, 선택적인 자동차 선정 등을 논의해서 도시 자체의 개편도 포함한 교통수단을 어떻게 편성해야 하는가라는 논점과 이를 위해서 보조를 포함해 어떤 구체적인 대책이 필요한가라는 논점은 빠뜨릴 수 없는 일이다.[59)]

이러한 논점에서 영국의 환경·운수·지역성(省)이었던 DETR(1999)의 보고서를 보면, 유럽 각지의 성공사례에서 도시지역이 지속적으로 발전하기 위한 조건은 ① 디자인의 탁월성을 획득하는 것, ② 경제력을 창조하는 것, ③ 환경에 대한 책임을 지는 것, ④ 도시

---

59) 예를 들면, Newman(1996)은 도로교통에 의존하는 데에서 발생하는 혼잡·사고 및 환경 등의 여러 가지 폐해를 지적하고, 결론으로서 ① 공공교통 인프라에 투자가 교통문제 해결을 용이하다는 사실과 함께 도시 형성에도 도움이 된다. ② 목표가 가장 효율적이며 공평 또는 인간적인 수송형태를 제공한다면 가로나 공공공간으로 도주할 수 있는 공간과 자전거 이용을 목표로 해야 할 것, ③ 토지이용을 효율적으로 하는 것은 교통문제에 직결되며, 저밀도의 토지이용을 분산시키는 방식은 자동차 이용에 의존하는 것, ④ 자동차에 대한 과도한 의존을 줄이기 위해서는 사려 깊은 계획 작성이 필요하며, 여기에는 도시의 문화적인 가치와 더불어 보행자나 자전거 이용자에게 우선권을 부여함과 동시에 자동차를 이용할 수 없는 학생이나 약자 그 외의 사람들에게 대한 배려가 중요하다고 주장하였다.

정부에 투자하는 것, ⑤ 사회적 후생(well-being)을 중요시하는 것 등 5가지 조건을 들고 있다. 도시교통의 방식은 이들 5가지 조건이 각각 밀접하게 또는 다면적으로 관련되어 있으며, 도시의 르네상스를 생각할 때 빠뜨릴 수 없는 요소이다. 도시와 교통이 어떤 관계를 목표로 해야 하는가는 각 도시의 역사적·사회적·경제적인 배경 하에서 논의를 해야 하지만 외부비용을 포함한 사회적 비용의 관점은 중요한 하나의 준거 틀(frame of reference)를 제공한다.

5

마치며

본 장에서는 도시와 환경의 관계를 논의할 때에 정면으로 맞서야 하는 도시교통 문제를 주로 도시 주변부를 포함한 도시지역(urban region)의 여객(인원) 수송 관점에서 설명하였다. 특히 증대하는 도로교통에 대해 공공교통이 어떻게 대처해 왔는지에 대해서 구미 중규모 도시 중에서도 선구적인 도시를 사례로 들어 논의했다. 이들 도시에서는 중심시가지에서의 보행자나 자전거 이용자를 중시하는 정책과 함께 노면전차(LRT) 등을 효과적으로 활용하는 정책을 살펴보고, 정책배경 등에 대해서도 고찰했다. 특히, 해당 시(市)만이 아니고 주변을 포함한 지역의 도시계획(토지이용계획)이나 자립적으로 책임 있는 의사결정, 공공교통의 재원 확립 등의 필요성에 대해서 지적했다.

다음에 교통문제를 경제적인 관점에서 논의할 때에 빠뜨릴 수 없는 외부비용 관점을 소개하고 도시에서의 공공교통 수단을 우선해야 하는 근거 등을 고찰했다. 여기에서는 외부비용을 포함한 사회적 비용에서 복수의 접근법이 유효한 점을 지적하였다.

　이상의 논점은 각 도시가 궁극적으로 어떤 도시를 목표로 해야 할 것인가라는 점과도 관련된다. 그러나 본 장에서는 무분별한 도시의 스프롤(sprawl)화를 막고 과대한 인프라 정비의 부담을 피하면서 지방적(local)·지역적(regional)한 환경의 보전을 도모하며, 지구환경 문제의 요청에 어떻게 해결할까라는 문제에 대해 그 일부분만을 답한 것에 지나지 않는다. 그 중에서도 지역 간 여객수송 문제나 도시지역 내 및 지역 간 화물수송의 문제에 관해서는 언급할 수 없었다. 이러한 문제에 답을 하기 위해서라도 일본도 언젠가는 이 분야에서 사회적 비용을 반영한 한계가격의 필요성이 논의될 것으로 예상되지만, 실증분석을 포함해 광범위한 연구가 빈틈없이 활발하게 이루어지기를 기대한다. 아울러 환경을 배려하면서 살기 편하고 활력 있는 도시지역을 창조해 도시의 매력을 높이기 위해서는 도시교통의 방식을 포함한 포괄적인 접근과 관심이 결여되지 않도록 해야 한다는 점을 강조하고자 한다.

제10장

도시의 온난화

內山勝久(우치야마 카츠히사)

1

들어가며

　　지구온난화 문제는 해결해야 할 중요한 과제로서 국제적·국내적으로 인식이 깊어지고 있지만 최근 도시지역 기온이 상승하는 점도 주목을 받고 있다. 도쿄(東京) 등 대도시에서는 예전부터 여름철에는 아침 저녁으로 시원했다. 그러나 최근에는 매년 기록적인 폭염이 덮치고 밤이 되어도 기온이 내려가지 않는다고 많은 주민들이 실감하였다. 여름철 낮 동안 고층 빌딩가를 걸으면 좁은 가로공간은 도로의 반사열과 빌딩의 배출 되는 열에 의한 열의 축적에 더해지고, 건축물에 의한 열의 다중반사도 있어서 도시환경이 악화되어 가는 상황을 체험적으로 인증할 수 있다. 열사병 피해자 수에 관한 보도도 자주 눈에 띄게 되었다. 특히, 도시에서는 쾌적하게 지내기 위한 에어컨(air conditioner) 시설이 불가피하다. 많은 사람은 에어컨에서 배출 되는 열이 기온상승의 한 원인이라고 알면서도 에어컨을 계속적으로 이용하는 악순환에 빠져들고 있다. 하절

기뿐만 아니라 동절기에도 최저 기온이 0℃를 밑도는 날이 감소하였다.

다음 절에서 보는 바와 같이 과거 100년 동안 도쿄(東京) 도심의 기온은 약 3℃ 상승함에 따라 건강피해나 여름철의 집중호우 등 우리 생활에 영향을 미치는 다양한 현상이 발생하였다. 지구 규모의 온난화 문제로서 IPCC(기후변동에 관한 정부 간 패널) 제3차 보고서에 의하면 1990년부터 2100년까지 전 지구의 평균 표면기온이 1.4~5.8℃ 상승해 이에 따른 기후조건의 불안정화와 인류에 대한 악영향이 예상되었다. 과거 100년간 도쿄(東京)의 기온변화는 21세기 지구 전체의 평균적인 기온변화를 미리 나타내는 듯하며, 현재 도시지역에서 발생하는 다양한 영향도 미래의 지구 모습을 시사하는 귀중한 자료라고 할 수 있다. 선행적으로 온난화가 이루어지는 도시에서 어떤 대책이 제시되지 않으면 지구온난화의 영향과 시너지 효과를 발휘할 뿐만 아니라 고온화로 인하여 도시환경은 한층 더 악화될 수 있다고 생각한다.

이러한 도시기온의 상승과 이에 따른 다양한 현상은 오늘날에는 '열섬 현상(heat island)'으로 알려져 있고, 세계의 많은 도시에서도 확인되었다. 열섬 현상은 도시화의 진전과 도시에서의 집중적인 에너지 소비로 인하여 발생하였다.

인류가 사용하는 에너지의 양은 일사량에 의해 지표면이 받은 에너지의 0.01% 정도에 불과하며 에너지 소비에 의한 직접적인 영향은 지구 전체의 규모에서 보면 그다지 크지 않다. 잘 알려진 바와 같이 지구온난화에 영향을 미치는 것은 도시에서 나오는 열이 아니라 화석연료 연소 등에 의한 온실효과 가스이다. 하지만 에너지 소비는 도시라는 국소적인 공간에서 이루어지고 있기 때문에 도시 지역에 한정해 보면 인공적인 열의 영향을 무시할 수 없다. 단위면적당으로 보면 도쿄(東京)나 뉴욕 중심지역는 태양에서 받은 양에 가까운 에너지를 방출하였다고 알려진 상황은 '도시의 열 오염'이라고 해도 과언은 아니다. 그러나 지금까지 구체적인 피해나 영향이 적었기 때문에 그다지 중요한 문제로 인식하지 않았다.

본 장의 목적은 도시가 온난화되는 문제를 온실효과 가스방지 대책보다도 열오염 대책에 초점을 맞추어 도시문제로서 고찰하고자 한다. 열섬 현상이라는 도시의 열오염을 도시공해 문제에 필적하는 중요한 문제로서 인식하고 포괄적으로 문제점을 정리·검토한다.

열섬 현상은 일반적으로 지구 온난화라는 원인과 다르게 구별해서 생각하였다. 하지만 양자는 공통점도 많다. 본 장의 이해를 돕기 위하여 열섬 현상의 특질을 살펴보고자 한자.

열섬 현상의 큰 특징은 지구온난화와 대기오염 문제의 성질을 둘다 갖춘 점이다. 지구온난화 문제와 유사점으로는 첫째, 오염물질이 유해하지 않다는 점이다. 이산화탄소를 비롯한 온실효과 가스 대부분은 화학물질로서 인류나 동식물에 해를 미치지 않는다. 열섬 현상을 초래하는 오염물질인 '열'은 온실효과 가스처럼 어느 정도의 양까지는 주민의 생활이나 생명에 대해 치명적인 피해를 일으키는 것은 아니다.

둘째로, 결국 인간에 의한 경제활동 결과로서 발생한 기후의 변경 문제이며 오염자가 피해자로 된다. 지구 온난화에 의한 피해자는 모든 인류이지만 그 원인인 온실효과 가스의 배출도 또한 인류의 활동에 의해서 발생한다. 동일하게 열섬 현상도 다음 절에서 보듯이 도시에서 활동하는 불특정 다수의 사람들이 배출하는 열에 기인하며, 이것에 의해 불쾌감을 느끼는 정도도 또한 도시의 주민이다. 결국 경제활동에 따른 에너지 소비의 증대가 원인이다.

열섬 현상의 대기오염 문제의 성질은 첫째로 오염 한 단위로부터의 피해가 시간과 공간에 의해 다른 점이다. 시간적으로는 질소산화물이나 유황산화물은 대기 중으로 방출되고 몇 시간 또는 며칠 뒤에 대부분 정화되어 버리는 점에서 플로우(flow) 오염물질이라고 말하지만 열도 비슷한 패턴을 지닌다. 피해 정도는 계절에 따라서도 주간과 야간에 따라서도 다르게 나타난다. 초(超)장기에 걸쳐 대기 중에 잔류하여 영향을 지속시킨다. 스톡(stock) 오염물질인 온실효과 가스에 의한 피해와는 대조적이다.

공간적으로는 질소산화물이나 유황산화물에 의한 대기오염처럼 열섬 현상도 도시지역에서 심각한 문제이고 오염범위가 특정지역에 한정되어 있다. 열섬 현상은 국내의 도시지역에 한정된 문제이며, 원인도 어느 정도 명확하기 때문에 대책을 추진하기 위한 장애요인은이 비교적 적다는 점을 시사하였다. 한편, 지구온난화 문제는 대기 중에 축적된 온실효과 가스가 주된 원인이라고 생각하지만 메커니즘은 복잡하며 해명되지 못한 점도 많다. 예측된 기온의 상승이나 인류에 대한 영향도 불확실하기 때문에 100년 단위로 생각해야 하는 초(超)장기적 과제이다. 따라서 그 대응책도 국제적으로 협조해서 추진할 필요가 있지만 국가 간의 정치적·경제적·사회적 조건의 차이 때문에 유효한 대책을 추진하기는 쉽지 않다.

둘째로, 오염 수준이 어느 임계치를 넘으면 피해가 급증한다. 질소산화물이나 유황산화물은 대기오염을 통해서 인체에 직접적인 건강 피해를 미치기 때문에 적절한 환경기준을 설정하고, 이 기준을 넘지 않도록 배출 규제가 이루어지고 있다. 열섬 현상도 도시 기온이 어느 임계점을 넘어서 상승하면 열사병 등 건강 피해가 급증한다.

본 장의 구성은 다음과 같다. 제2절에서는 열섬 현상에 대해서 기온 상황과 발생 메커니즘, 영향 등을 기존의 조사와 연구에 의거하면서 개관한다. 제3절에서는 열섬 현상의 원인을 상세하게 파악하면서 현재 일반적으로 제시되는 대책에 대해 고찰한다. 열섬 현상은 도시지역 특유의 현상이라는 점에서 원인의 배경인 도시화 진전과의 관계도 언급한다. 제4절에서는 '사회적 자본'의 사고를 원용하고 배출 열의 확산을 저해하지 않는 도시의 관점 등으로부터 도시대기의 유지·관리방법에 대해서 검토한다. 제5절에서는 이상의 사항을 정리하고자 한다.

2

열섬 현상

열섬 현상의 과학적인 측면에 대해서는 최근 많은 연구자가 열정적으로 진행하였다. 본 절은 열섬 현상의 상황과 원인, 영향 등 특징적인 점을 중심으로 기존의 조사와 연구 성과를 기초하여 도쿄(東京) 도심과 주변 지역의 상황을 예시해 개관한다.

열섬 현상이란

'도시기후'란 도시화의 진전에 따라서 발생한 기후변화의 귀결로서 도시 특유의 기후이며, 열섬 현상은 도시 기후 특징의 하나이다. 열섬 현상이란 도시지역의 기온이 주변의 교외구역에 비해서 높아진 현상이다. 도시지역 및 교외구역을 합친 지역에 대해 기온 등온선을 그리면 그 분포의 형상은 도심지역을 중심으로 닫힌곡선 형태(閉曲線狀)이며, 바다 가운데 섬의 지도에 나타난

등고선과의 유사(analogy)하여 열섬이라 부르게 되었다.

　도시지역의 기온이 교외에 비해서 높다는 것은 예전부터 알려져 있고, Howard(1833)에 의한 런던의 1807~16년 기후 자료 관측이 효시이다. 19세기 초 런던은 산업혁명에 의한 공업의 발전과 인구집중에 의해 도시화의 진전이 현저하게 진행되고, 자연환경이나 생태계뿐만 아니라 도시지역의 기후도 크게 변화하고 있었다. 도시지역의 기온 상승은 그 후 20세기 초에 베를린, 빈, 파리 등 유럽의 대도시에서도 관측되었지만, 이 현상을 '열섬'라고 이름 붙여져 처음으로 집중적인 관심은 미국의 기상학자 Duckworth and Sandberg(1954)의 논문 이후부터 받았다. 열섬 현상은 현재 세계의 여러 도시에서 관측되고 있고 도시지역의 생활을 불쾌하게 하기 때문에 유럽에서는 도시환경 문제의 한 분야로서 관측과 연구의 축적을 이루고 있다. 일본도 대도시뿐만 아니라 중소도시에서도 발생이 확인되고 있고, 기상학자, 지리학자, 도시공학자, 건축학자를 중심으로 연구를 진행하고 있다.

기온 상황

　　　　　열섬 현상의 실태 확인을 위해 도시의 기온변화 추이를 살펴보자. 기상청(1999)에 의하면 과거 100년간 일본 대도시의 연평균 기온은 상승폭이 가장 큰 도쿄(東京)에서 2.9℃, 가장 작았던 센다이(仙台)가 2.1℃로 대체로 2~3℃ 상승하였다. 또한 대도시 평균은 기온 상승폭이 하절기보다도 동절기 때가 크며 낮 동안의 최고기온 상승보다도 야간의 최저기온 상승폭이 커졌음을 알 수 있다(표 10-1). 한편 도시화의 영향이 비교적 적은 중소규모의 도시는 연평균기온, 1월의 평균기온, 8월의 평균기온 상승폭이 대도시

평균보다 작아 0.9~1.0℃ 정도이며, 계절 간 큰 차이는 보이지 않는다. 하루 최저기온의 상승폭은 1.4℃이며, 대도시 평균 3.6℃에 비해 소폭에 그치고 있다. 이상 관측 결과에서도 알 수 있듯이 열섬 현상은 하절기보다도 동절기에, 주간보다도 야간의 최저기온에서 명료하며 대도시에서 현저하게 나타난 점이 특징이다. 이것은 일본 뿐만 아니라 세계 도시에서도 공통적으로 나타나는 현상이다.

▌표 10-1▌ 일본 대도시의 평균기온 (연, 1월, 8월), 1일 최고기온(연 평균치) 및 1일 최저기온(연 평균치)의 경향

지점	100년간 변화량 (℃/100년)				
	평균 기온			1일 최고기온 (연 평균)	1일 최저기온 (연 평균)
	연	1월	8월		
삿포로(札幌)	+2.3	+3.1	+1.3	+0.9	+4.1
센다이(仙台)	+2.1	+3.4	+0.5	+0.4	+3.0
도쿄(東京)	+2.9	+3.8	+2.4	+1.6	+3.7
나고야(名古屋)	+2.4	+3.5	+1.6	+0.6	+3.6
교토(京都)	+2.3	+3.1	+2.2	+0.4	+3.6
후쿠오카(福岡)	+2.3	+1.8	+1.9	+0.9	+3.8
대도시 평균	+2.4	+3.1	+1.7	+0.8	+3.6
중소규모의 도시평균	+1.0	+0.9	+0.9	+0.6	+1.4

주 : 1차 회귀분석에 의해 경향을 구하여 100년간의 변화량으로 환산했다.
　　통계기간은 삿포로(札幌), 도쿄(東京) 및 후쿠오카(福岡)는 1900~97년, 센다이(仙台)는 1927~97년, 나고야(名古屋)는 1923~97년, 교토(京都)는 1914~97년, 중소규모의 도시평균은 1900~97년.
　　대도시 : 1997년의 인구가 90만명 이상의 도시 중, 적어도 1931년부터 관측치의 균질성이 계속 이어진다.
　　중소규모 도시 : 도시화의 영향이 적은 다음 15지점. 아바시리(網走), 네무로(根室), 이시노마키(石巻), 야마가타(山形), 미토(水戸), 이이다(飯田), 후시키(伏木), 하마마츠(浜松), 히코

네(彦根), 사카이(境), 하마다(浜田), 타도츠(多度津), 미
야자키(宮崎), 나제(名瀬), 이시카키지마(石桓島).
출처 : 기상청 (1999)에서 전재(轉載).

┃표 10-2┃ 한겨울·한여름·열대야

한겨울	1951-80년 평균	1961-90년 평균	1971-00년 평균	1991-00년 평균
삿포로(札幌)	51	51	48	35
센다이(仙台)	2	3	2	1
도쿄(東京)	0	0	-	-
나고야(名古屋)	0	0	-	-
교토(京都)	-	-	-	-
후쿠오카(福岡)	0	0	-	-

한여름	1951-80년 평균	1961-90년 평균	1971-00년 평균	1991-00년 평균
삿포로(札幌)	7	7	8	7
센다이(仙台)	17	17	17	19
도쿄(東京)	45	45	46	51
나고야(名古屋)	57	57	58	63
교토(京都)	63	66	68	72
후쿠오카(福岡)	53	54	53	54

열대야	1951-80년 평균	1961-90년 평균	1971-00년 평균	1991-00년 평균
삿포로(札幌)	-	0	0	-
센다이(仙台)	0	0	1	1
도쿄(東京)	14	18	23	30
나고야(名古屋)	5	8	13	20
교토(京都)	26	28	32	38
후쿠오카(福岡)	19	23	27	34

주 : 한겨울 : 1일 최고기온이 0℃ 미만인 날. 한여름 : 1일 최고기온이 30℃
이상인 날.
열대야 : 1일 최저기온이 25℃ 이상인 날.

오오사카(大阪)는 전이를 위해 1969년부터 평균치 (1969-80년, 및 1969-90년 평균치).

'0'은 기간중에 현상이 최저 1일은 있었던 것을, '-'는 현상이 없었던 것을 나타낸다.

자료 : 일본기상협회『기상연감』에서 작성.

 표 10-2는 과거 50년의 겨울철과 여름철 열대야의 연간 일수의 추이이다. 삿포로(札幌), 센다이(仙台)에서는 한 겨울날이 감소하는 경향이다. 특히, 삿포로(札幌)은 겨울날은 1991년부터 10년 동안은 그 이전에 비해서 크게 감소하고 동절기의 기온이 상승하고 있음을 볼 수 있다. 도쿄(東京), 나고야(名古屋), 오사카(大阪) 같은 대도시는 한 여름날의 연간 일수가 증가하는 경향에 있고 1991년부터 10년 동안에 50~70일 이상이 관측되었다. 열대야도 증가경향에 있고, 증가 폭은 한 여름보다도 크고 야간 기온이 떨어지기 어렵다는 것을 나타내고 있다.[60]

 도시의 기온상승량(昇溫量)을 평가할 때에 유의해야 하는 점은 기온변화 중 도시화에 따른 영향부분과 지구규모의 기온변화에 따른 영향 부분으로 분리해서 생각할 필요가 있다. 분리방법으로서 도시의 기온과 주변 지역의 관측점의 기온과 차이를 비교하는 방법과 다수의 관측점을 대상으로 해서 주성분 분석 등의 통계적 방법에 의해 도시화 영향성분과 전 지구적인 기후변동 성분을 구하는 방법 등이 있다. 문제점으로서 관측기기와 통계방법 변경이나 관측지점 자체의 이동에 의한 관측치의 불연속성이 발생할 가능성이 있다는 점 외에 어떤 규모의 도시에서도 장기적으로 보면 많든 적든 간에

60) 최근 수년간 평균에 한정하여 보면, 한여름은 도쿄(東京)에서 60일, 나고야(名古屋)에서 70일, 오오사카(大阪)에서 80일을 넘고 있고, 열대야도 도쿄(東京)에서 40일을 넘는 등, 한층 고온화가 진행되었다.

도시화는 진전하기 때문에 기온상승의 도시화에 의한 영향만을 엄밀히 요구하는 것은 일반적으로 곤란하다.

일본에서 관측된 기온상승량(昇溫量) 중 도시화 성분을 제외한 기온상승량의 상세한 분석이 기상청에 의해 이루어지고 있다(기상청, 1999). 1898~1997년의 100년 동안 기온 자료(data)는 이용 가능한 관측지점의 자료와 약 1km 메쉬(mesh)에서 정비되는 토지이용 자료에 기초하여 산출된 해당 관측지점의 인공 피복율을 기초 자료로 준비해서 기온 상승율과 인공 피복율의 관계를 분석하였다. 인공 피복율은 열섬 현상의 원인이고 도시 표면 피복 개조의 지표인 것 외에 인공 배출 열량이나 인구밀도와 매우 상관이 있는 것으로 확인되었다. 이렇게 산출된 도시화에 의한 영향을 제외한 일본 평균기온의 100년간 기온 상승(昇溫量)은 약 0.7℃이다. 선행연구[61]인 0.8~0.9℃보다도 약간 낮은 결과이지만 양자는 통계적으로 다르지 않다고 보고되어 있다.

환경성(2001)은 전형적인 여름날(1997~99년 6~9월의 태평양 고기압으로 뒤덮인 맑게 갠 하늘과 약풍인 날)의 기온분포와 열오염의 실태를 시각적으로도 잘 이해하도록 소개하였다. 도쿄(東京)를 중심으로 한 관동지방의 사례를 들어보면[62], 오전 10시경에는 네리마구(練馬區) 부근에서 사이타마현(埼玉県) 남동부에 걸쳐서 30℃ 이상의 고온구역이 출현하고, 주간 14시에는 칸토우(関東)평야 전역에 거의 고온구역이 넓어지며, 해질녘 18시가 되어도 사이타마현(埼玉県) 북부에서 군마현(群馬県) 남부에 걸쳐 고온구역이 남아 있다. 야간이 되어도 도쿄(東京) 도심에서는 거의 기온이 저하되지 않고 주변 지역보다 고온 상태가 새

---

61) 기상청(1994), Kato(1996)을 참조.

62) 같은 보고서에서는 그 외에 센다이(仙台), 나고야(名古屋)시를 중심으로 하는 기온분포가 소개되어 있다.

벽녘까지 지속하고 있어, 열섬이 형성되어 있음을 쉽게 확인할 수 있다.(그림 10-1)

　같은 책에서 보고된 또 하나의 특징은 7~9월에 기온 30℃이상의 고온에 노출된 연장시간 수가 큰 폭으로 증가한 점이다. 추계를 근거로 1980년과 2000년을 비교하면 20년 동안 센다이(仙台)에서 3배, 도쿄(東京), 나고야(名古屋)에서 2배 증가하였다. 또한 30℃를 넘은 연장 시간수가 증가하는 지역이 면(面)적으로 넓어진다는 사실도 열오염의 실태로서 심각하다. 1981년과 99년의 동경주변에서 30℃를 넘은 연장 시간을 집계해서 등시간선(等時間線)을 그리면(그림 10-2), 고온으로 드러나는 지역이 확대되고 있다. 1981년에는 네리마(練馬) 주변과 사이타마현(埼玉県) 북부뿐이었던 30℃를 넘은 연장 시간의 190시간대는 99년 도쿄(東京) 북부방면을 중심으로 관동의 각 현으로 확대되어 나타나고 있다. 사이타마현(埼玉県) 고시가야시(越谷市) 부근에서는 연장 시간이 500시간에 가깝다. 칸토우(関東)평야 내륙지역에서는 내륙성의 기온상승과 함께 도심지역이나 임해지역에서 따뜻해진 공기가 도쿄(東京)만이나 사가미(相模)만의 바닷바람에 의해 내륙으로 옮겨진 것, 또는 육지바람이 야간부터 새벽녘에 걸쳐서 에치고(越後) 지방에서 칸토우(関東) 내륙으로 숨어들어간 것 같지만, 사이타마현(埼玉県) 남동부까지는 도달하지 않았다고 추측되어 고온이 장시간 지속된다.

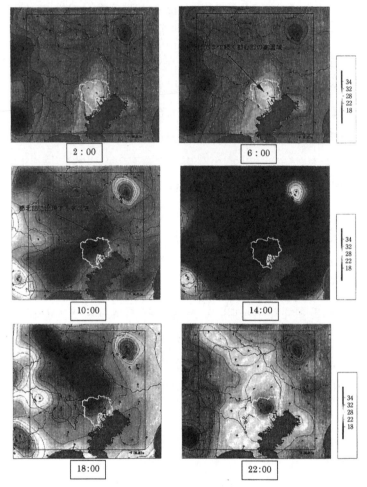

┃그림 10-1┃ 도쿄(東京)지역에서 기온분포

출처 : 환경성(2001)에서 전재.

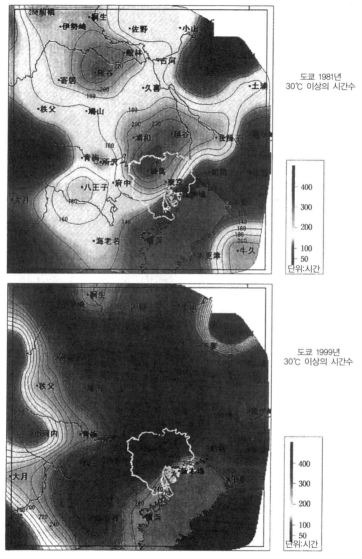

도쿄 1981년
30℃ 이상의 시간수

도쿄 1999년
30℃ 이상의 시간수

┃그림 10-2┃ 도쿄(東京)지역에서 기온 30℃를 넘은 연장 시간의 분포

출처 : 환경성(2001)에서 전재.

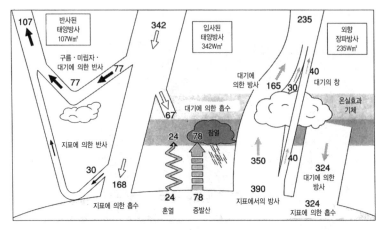

┃그림 10-3┃ 태양 빛의 방사 에너지와 지구에서 우주로의 방사에너지

출처 : 환경성(1997)에서 전재.

발생 메커니즘과 구조

　　대기 중의 에너지 수지(收支)를 생각한다면 태양
으로부터의 일사(日射)는 대기 중에 축적된 양이 약 20%, 대기권 밖
으로 반사된 양이 약 30%, 나머지 약 50%의 일사량이 지표면에
도달한다. 지표에 도달한 에너지는 대부분이 적외선 방사 형태로
대기 중으로 흡수되는 것 외에 일부는 대기와의 접촉 시 잃는 열(顯
熱)로, 일부는 숨은 열(潛熱)63)로 대기 중으로 되돌려진다. 대기는 흡
수한 에너지 일부를 장파장의 전자파 형태로 우주로 방사되고, 일
부는 다시 지표면을 향해서 방사한다(그림 10-3). 이렇게 지표면이 받

───────────────────────

63) 공기가 보유하는 열에는 현열(顯熱)과 잠열(潛熱)의 두 종류가 있다. 현열
　은 직접 기온을 높이는 작용을 하지만, 잠열은 물질의 융해나 증발 등의
　상태변화로만 사용되어 직접 기온을 상승시키지 않는다. 녹지나 수면부근
　에서 기온이 낮은 것은 식물이나 수면의 증발산 작용에 의해 현열이 잠열
　로 변환되기 때문이다.

은 일사(日射) 에너지는 어떤 비율로 상공 대기나 우주로 방사됨으로써 균형을 유지하여 안정적인 기온을 형성한다.

┃표 10-3┃ 도시열 환경변화의 대표적 요인

요인	열량 증가	확산 저하
지표면凹凸	일사(日射)흡수 증가	축열(蓄熱)용량 증가 천공율(天空率) 저하
지표재질 변화 녹지, 수면감소	일사(日射)흡수 증가 잠열변환 감소	축열(蓄熱)용량 증가
대기오염	일산(日傘)효과 (−)	온실효과
인공배출 열	배출 열 증가 (현열)	

출처 : 水野 (1992)에서 작성.

도시지역에서도 기본적으로 같은 일이 반복되어 나타난다고 보지만 특징적인 현상은 지표면에서 에너지(열) 확산과정에서 확산해야 할 열량의 증가와 확산을 저해하는 요인이 존재하며, 결과적으로 발생한 열 바란스(熱收支)의 차이가 도시 대기에 축적된 열섬 현상을 초래하는 점이다. 열량의 증가 요인과 확산을 저해하는 요인은 표10-3과 같다.

따뜻해진 대기는 지리적인 조건이나 그때그때의 기상조건(풍향 등)에 의해 이동하는 경우가 많다. 따라서 열량 발생이 많은 도심지역뿐만 아니라 그림 10-1과 같이 바람이 부는 쪽인 도쿄(東京) 북부나 사이타마(埼玉) 서남부에서도 고온구역이 관측된다.

영향

열섬 현상에 따른 영향으로는 첫째, 기후변동에 따른 우리 생활에 미치는 영향이 있다. 현저하게 나타나는 영향이

기온이며 하계의 주간 고온, 특히 최고기온이 35℃를 넘는 폭서 날의 증가는 사람들에게 커다란 불쾌감을 준다. 또한 열섬 현상은 야간에 현저히 출현하기 때문에 하계에는 열대야 일수의 증가 형태로 나타나고 수면장애를 초래한다.

　최근 관측된 하계의 단시간 집중호우도 열섬 현상과의 관련성을 지적하였다. 국지적인 호우에 의한 가옥 침수 등으로 사망자도 발생하였다. 1시간에 10㎜ 이상의 강우 빈도는 증가경향에 있고, 특히 1시간에 100㎜를 넘는 호우가 1990년대 전반에는 전국에서 연간 0~2회였지만 99년에는 10회, 2000년에는 6회로 증가하였다.[64] 도시지역의 고온화에 의한 대기의 대류가 활발해지고, 이곳에서 습한 바닷바람이 흘러들어가 상승함으로써 도시지역에서 적란운(積亂雲)이 발생하기 쉬운 환경이 된다고 알려지고 있다. 또한 도쿄(東京), 오오테마치(大手町)의 관측에서는 강우가 내린 시간대도 해질녘(오후 5시~8시)의 빈도가 4% 정도로 낮아지는 대신 과거에는 거의 관측되지 않았던 심야(오후 9시~0시)나 정오가 조금 지났을 무렵(오후 1시~3시)에 빈도가 각각 2% 정도로 상승한다.[65] 도시는 오전부터 고온화하고 밤이 되어도 기온이 내려가기 어렵다는 열섬 현상의 특성과 부합하는 관측사실이 나나나고 있다.[66]

---

64)『朝日新聞』2001년 7월 26일부 석간 1면.

65)『朝日新聞』2002년 5월 18일부 석간 1면.

66) 열섬 현상에 의한 도시기후의 변화는 직접 우리의 생활에 큰 영향을 미치지 않지만 온도를 저하시키기도 한다. 도시는 포장도로나 콘크리트 건축물의 증가, 녹지나 수면의 감소에 의해 지표면에서 잠열공급량이 감소해서 공기의 건조가 진행되었다. 그 결과 도시지역의 안개 일수도 감소하고, 2001년에는 도쿄(東京), 나고야(名古屋), 교토(京都), 오오사카(大阪), 다카마츠(高松), 코우치(高知), 후쿠오카(福岡)의 각 도시에서는 0일이었다 (『朝日新聞』, 2002년 5월 18일부 석간 1면).

둘째, 에너지 수요의 증가가 한층 두드러지게 나타난다. 도시는 거대한 에너지 소비지이며 동시에 규모가 큰 열을 방출한다. 열섬 현상과 도시의 에너지 소비는 밀접한 관계가 있고 인공배출 열이 도시의 기온을 더욱 더 상승시키며, 공조용 에너지를 중심으로 과잉 에너지 소비를 야기한 악순환을 형성한다. 한여름의 심한 폭염이나 열대야의 증가가 에어컨에 의한 전력수요를 끌어 올리고 있지만 개별 사무실이나 주택에서는 얼마 안 되는 양의 에너지 소비가 도시 전체로 집계하면 규모가 큰 양이 된다는 사실을 예상하기 어렵지 않다.

셋째, 가장 우려해야 하는 영향으로 사람의 건강에 대한 피해가 있다. 인간의 건강상태는 안정된 기후상태일 때보다도 한쪽으로 치우친 기후변동에 대해 위약해지며 한여름의 폭염은 한쪽으로 치우친 기후변동의 전형적인 사례라고 생각된다. 구체적인 신체의 피해는 앞에 열거한 불쾌감의 증가나 열대야의 수면장애뿐만 아니라 보다 심각한 열사병(熱中症)67)의 증가가 염려된다. 그림 10-4에 의하면 열사병의 증상으로 구급 반송된 사람 수가 매년 증가하는 경향으로 열섬 현상에 의한 기온상승과의 관계를 주목하였다. 안도오(安藤) 등이 도쿄(東京) 소방청의 협력을 얻어 수행한 연구에 의하면(安藤 외, 1996 ; 安藤, 1998), 하루 평균기온이나 최고기온과 열사증 발생자는 일정 온도 이상에서 명료한 상관관계가 있다고 보고하였다. 도쿄(東京)에서는 최고기온이 29℃ 전후에 환자가 출현하기 시작해서 31℃ 전후에 급격히 증가하는 경향이 있다(그림 10-5). 인구 100만 명당 열

---

67) 고온다습한 환경에서 신체에 발생하는 현기증, 구역질, 두통 등의 장해의 총칭. 증상에 의해서 '열경련', '열피로', '열사병(일사병)'으로 나누어진다. 특히 열사병은 체온상승으로 체온조절 기능이 떨어져 경우에 따라서는 생명을 좌우할 수도 있다.

사증 발생률은 약 33℃에서 1명꼴이며 34℃에 달하면 2명 이상을 넘는다.

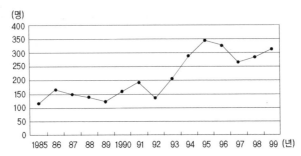

▌그림 10-4▐ 열사증의 반송 인원수 추이 (3년 이동평균)

주 : 원 데이터는 도쿄(東京)소방청 자료에 의함.

출처 : 환경성(2001)에서 전재.

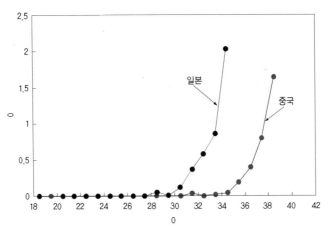

▌그림 10-5▐ 1일 최고기온과 열중증 환자 발생의 관계

출처 : 安藤(1998)에서 전재.

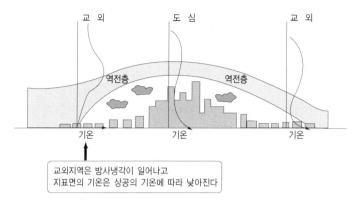

교 외   도 심   교 외

역전층   역전층

기온   기온   기온

교외지역은 방사냉각이 일어나고
지표면의 기온은 상공의 기온에 따라 낮아진다

┃그림 10-6┃ 동계에 있어서 도시와 교외의 대기상태 - 먼지 지붕(dust dome)

출처 : 환경성(2000)에서 전재.

여기에서의 특징은 증가속도가 지수관계적이라는 점이다. 34℃를 넘으면 1℃ 기온이 상승함으로써 병의 증상(發症)이 나타나는 사람 수가 격증할 것으로 예상된다. 또한 발생하는 사람을 연령별로 보면, 15세 이상의 모든 연령계층에 걸쳐 분포하고 있지만 80세 이상의 고령자에서는 발생률이 한쪽으로 치우쳐 분명히 높게 나타나고 있다.[68]

그 외에도 건강 피해는 대기오염에 의한다는 점이다. 특히 동계의 약풍(弱風)과 맑게 갠 하늘일 때 야간에는 역전층[69]이 형성되기

[68] 일반 질환에서 기온과 사망률의 관계는 특히 고령자의 경우, 저온에서는 사망률이 높고 기온 상승과 함께 사망률이 저하하지만, 33℃를 넘으면 순환계 질환 환자를 중심으로 사망률이 증가한다는 보고도 있다.(『朝日新聞』2001년 8월 1일부 석간 15면)

[69] 기상조건에 의해서 지표부근의 온도는 상공보다도 낮아지며, 고도의 상승과 함께 기온이 상승하는 층은 역전층(逆転層)이라고 부르고 있다. 동계의 약풍(弱風)과 맑게 갠 하늘일 때, 야간에는 방사냉각 현상에 의해 교외에서 역전층(逆転層)이 형성되지만, 도시지역에서는 열섬 현상에 의해 지표부근

쉽고 대기오염으로 지붕을 씌운 상태에서 도시지역에서 발생한 대기오염 물질이 체류하며,[70] 도시지역의 대기오염 악화의 한 원인이라고 본다.(그림 10-6)

3

원인 및 대책과 과제

원인

열섬형성에 영향을 미치는 주된 요인으로서 일반적인 지적은 표 10-3과 같이 인공적으로 배출 열과 도시형태의 변화이며, 실제로는 이들 요인이 복합적으로 작용하였다고 생각된다. 다음은 이들 요인에 대해서 고찰한다.

인공적으로 배출 열은 말할 것도 없이 석유, 가스, 전기 등 에너지 소비라는 경제활동에 의해 발생한다. 그림 10-7은 일본의 에너지 공급과 소비의 흐름을 보이고 있다. 투입된 에너지는 전력 또는 다른 형태의 산업용·운전용·민생용 용도로 배분하여 소비한다. 그렇지만 투입된 에너지 중 유효한 이용은 30%내지 40%에 지나지 않고 나머지는 배출 열 등의 형태로 대기 중에 버려지고 있다. 특히, 투입된 에너지 중 1975년에 62.5%가 유효하게 이용되지 않은 에너지 비율은 1994년에 67%로 악화되었다.

에서 열 공급이 있기 때문에 역전층(逆転層)의 위치는 높아진다.

70) 먼지 지붕(dust dome)이라고도 부른다.

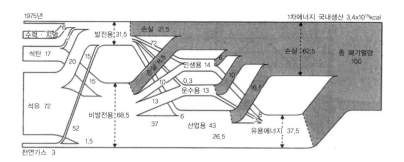

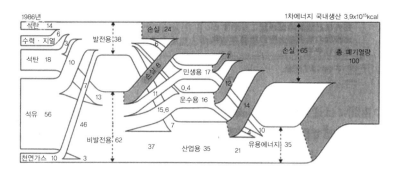

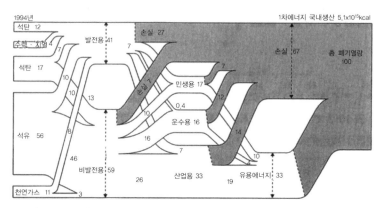

▌그림 10-7▐ 일본에서 에너지 공급·소비의 공정경로 도표

주 : 숫자는 각 연도의 1차 에너지 국내공급에 차지하는 비율
출처 : 환경성(1997)에서 전재.

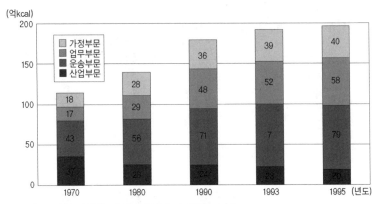

┃그림 10-8 ┃ 도(都) 내의 에너지 소비량 추이

출처 : 도쿄 도(東京都) '1998년 도쿄 도(東京都) 환경백서 자료집'에서 작성.

석유, 가스, 전기 등 에너지는 최종적으로 열에너지 형태로 대기 속으로 방출된다.[71] 배출 열의 발생원은 건물(주택, 사무실), 공장 등의 사업 활동에 의한 것 외에 자동차에서 배출되고 있다. 그림 10-8은 도시지역의 에너지 소비 사례로서, 도쿄 도(東京都) 내의 에너지 소비량 추이를 보이고 있다. 1995년도의 에너지 소비량은 약 197조kcal이며 도시지역의 특징은 산업부문의 비중이 작다. 신장률을 보면 에너지 소비 전체로는 1970년대부터 95년에 걸쳐 71% 증가하였다. 그 내역은 산업부문이 46% 감소하는 데 비해 운수부문, 업무부문, 가정부문의 신장율은 각각 85%, 240%, 118%로 큰 증가를 나타내고 있고 또한 구성비를 감안한 기여도에서 보면, 운수부문과 업무부문이 에너지 소비의 증가에 크게 기여했음을 알 수 있다. 운수부문에서는 자가용 자동차 수의 증가와 자동차의 대형화에 의한 연비 악화가, 업무부문에서는 사무실빌딩의 고층화나 지하화 등 바

---

71) 유효하게 이용된 에너지에서도 다른 에너지 상태로 변화할 때에는 반드시 이용 불가능한 열이 발생하기 때문에 최종적으로는 모두 배출 열로 된다.

닥면적의 증가에 더해져 에어컨이나 OA기기 보급에 의한 바닥 면
적당 에너지 소비의 증가, 자동판매기의 보급, 편의점과 외식산업
등 서비스업의 24시간 영업화가, 가정 부문에서는 세대수의 증가와
전기제품의 보급 등 세대 당 에너지 소비의 증가가 원인이다. 이러
한 에너지 소비의 증가를 추측하면 도시지역에서 배출 열문제가 심
각함을 실감할 수 있다.

　그림 10-9는 도쿄(東京) 도심에서 에너지 소비에 따른 평균적인
인공적으로 배출 열의 실태를 경시적(經時的)으로 본 것이다. 이른 아
침 6시에는 아직 경제활동을 시작하지 않은 측면도 있고 주된 배출
열은 간선도로의 자동차에서 배출되는 열과 온 종일 가동하는 사업
소의 배출 열이라고 추측된다. 낮 14시에는 도심 3구(区)의 업무지
구나 신주쿠(新宿)·이케부쿠로(池袋)·시부야(渋谷) 등에서 250W/㎡
를 넘는 배출 열량이 있는 지역,[72] 고쿄(皇居)나 요요기(代々木)공원·
아라카와(荒川)나 다마카와(多摩川)의 하천부지에서는 상대적으로 배
출 열량이 적은 지역을 확인할 수 있다. 야간 22시에는 도심의 번
화가가 100W/㎡이상의 배출 열원을 확인할 수 있는 지역 외에 세
타가야(世田谷), 네리마(練馬) 등 주변의 주택 지구에서 배출되는 열량
은 주간에 비해서 그다지 감소하지 않았음을 알 수 있다.

---

[72] 연간에서 최대의 일사량으로 되는 하지(夏至)무렵의 도쿄(東京)의 일사량
　　은 약 1000W/㎡.

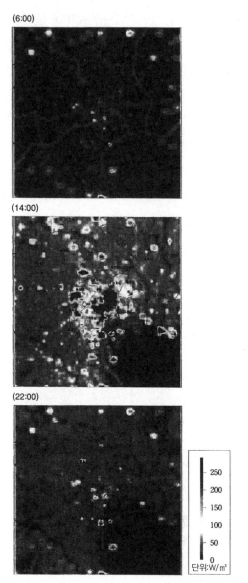

┃그림 10-9┃ 도쿄(東京) 도심부에서 인공으로 배출 열의 분포

출처 : 환경성(2001)에서 전재.

도시의 기온에 영향을 미치는 또 하나의 커다란 요인은 지표면 피복의 변화이다. 도시화에 따른 대규모 녹지나 수면이 감소해 지표면에서 잠열에 의해 도시의 기온을 낮추는 메커니즘이 사라져 버렸다. 도쿄(東京)에서 공원정비가 진척되기는 하였지만 요요기(代々木)공원, 신주쿠쿄엔(新宿御苑) 등을 제외하면 녹지가 많은 지역은 소규모이며, 빌딩 건설과 함께 병설된 공개 공지(空地) 등의 공공공간에 보이는 식재(植栽)도 밀도가 얇고, 주변이 콘크리트로 굳어 있는 등 식물 본래의 기능을 살리고 있다고 말하기 어렵다. 도시화와 함께 소규모 하천은 많이 없어지고 나머지 하천도 콘크리트 호안(護岸)으로 굳어지거나 암거화(暗渠化)해 버렸다.

도시지역에서 특징적인 점은 지표면 대부분이 콘크리트 건조물이나 아스팔트 포장도로와 같은 구성 물질로 뒤덮여 있는 점이다. 이러한 지표면에서는 비가 내려도 토지속으로 침투가 적고, 즉시 마른 면으로 되돌아가 버린다. 지표에서 수분의 증발량이 적어진 결과(잠열의 감소), 일사(日射)나 인공적으로 배출 되는 열에너지의 대부분은 현열(顕熱)로 직접 도시의 기온을 상승시킨다. 또한 콘크리트나 아스팔트는 식생지(植生地)에 비해서 열용량이 크고, 따뜻해져 식기 어려운 성질을 가지고 있다. 이 축열(蓄熱) 성능에 의해 건물이나 도로는 낮 동안 축적한 열을 야간에 천천히 방출하기 위해 도시지역의 야간 기온을 상승시키게 된다.

건축물의 고령화는 도시의 표면적을 확장하기 때문에 상기와 같은 도시의 열 환경 관점에서는 마이너스로 작용한다. 덧붙여 크고 작은 건축물이 줄지어 선 도시지역에서는 지표 가까이에 열이 모이기 쉬운 곳으로 알려져 있다. 빌딩 바람 같은 국지적인 바람을 제외하면 일반적으로 상공에 비해 빌딩 골짜기에서는 바람의 흐름이 건축물에 의해서 저해되고 풍속(風速)은 약해지며, 감열되어(顕熱) 상공으로 달아나기 어렵게 되는 등 열 교환이 감소하기 때문이다. 다양한 건축물로 구성된 도시의 凹凸도 열 반사가 되풀이 되어 결과적으로 열의 체류를 초래해서 천공률(天空率)이 저하되는 경우도 상공으로의 열 확산을 저해하는 면을 갖고 있다.

도시의 기온을 상승시키는 커다란 요인은 이상과 같이 경제활동에 따른 인공적으로 배출 열과 지표면 피복의 변화(녹지 감소, 인공 피복면 증가)에서 기인한다고 보지만 이들 요인은 복합적으로 작용하고 있고, 어떤 요인의 영향이 큰지는 도시규모나 가구(街區)의 구조와 지형적인 조건에 의해 다르기 때문에 일률적으로 평가하기는 곤란하다. 이러한 과제 해결을 위해 리모토 센싱(Remote Sensing)에 의한 관측과 모델에 의한 시뮬레이션을 진행하였다.

도시화의 진전

열섬 현상은 도시 특유의 기후로 현재에 이르기까지 도시화가 큰 영향을 미치고 있다. 20세기는 세계 각국에서 도시화가 크게 진전된 기간이며, 일본은 특히 전후(戰後) 고도 성장기에 도시화가 급속하게 진행되었다. 여기에서는 에너지 소비증가와 지표면의 피복변화 요인을 초래했던 배경을 일본의 도시화 진전과 관련한 몇 가지 지표를 중심으로 개관해 보자.

도시화의 동향을 나타내는 대표적인 지표는 인구집중지구(DID ; Densely Inhabited District)73)이다. DID인구의 총 인구를 차지하는 몫(share)

---

73) 인구밀도가 1k㎡당 4000명 이상의 국세조사의 조사구(調査区)가 인접해서 그 인구가 5000명 이상으로 된 지역. 일반적으로 도시는 주변 시정촌(市町村)을 포함한 형태로 도시기능을 형성하고 있고, 이 경우 행정구역으로서 도시가 반드시 도시인구를 나타내지 않기 때문에 도시를 DID개념으로 받아들였다. 1960년의 국세조사부터 받아들이고 있다.

은 고도 성장기에 급증해서 1980년에는 약 60%에 도달했지만, 그 후
는 약간 둔화되었다. DID면적도 1960년부터 80년까지 20년 동안 2.6
배로 확대되었다(표 10-4). 또한 3대 도시권에 주목하면 고도 성장기에
는 지방권에서 각 도시권으로 많은 인구가 유입되었다.(그림 10-10)

┃표 10-4┃ 일본의 DID 인구

	인구총수 (천명)	DID인구 (천명)	DID인구 몫 (%)	DID면적 (km²)	DID면적 몫 (%)
1960년	93,419	40,830	43.7	3,865	1.0
65	98,275	47,261	48.1	4,605	1.2
70	103,720	55,535	53.5	6,399	1.7
75	111,940	63,823	57.0	8,275	2.2
80	117,057	69,936	59.7	10,016	2.7
85	121,049	73,344	60.6	10,570	2.8
90	123,611	78,152	63.2	11,732	3.1
95	125,570	81,255	64.7	12,261	3.2
2000	126,926	82,810	65.2	12,457	3.3

주 : 1. 1970년 이전은 오키나와(沖縄)를 제외한다.
　　　2. 전국 면적 378천km².
자료 : 총무성 『국세조사』에서 작성.

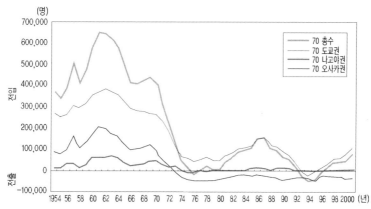

┃그림 10-10┃ 3대 도시권의 전출입 초과 인구의 추이
자료 : 총무성 통계국 '주민기본대장인구이동보고연보'에서 작성.

고도 성장기에는 도시지역을 중심으로 건설수요가 높아지고 이
시기의 건물·구축물에 대한 투자의 몫은 기계설비보다도 높았을
정도이다.74) 바닥면적으로 본 건축물 스톡(stock)은 일관해서 증가
하고 있고 특히, 전쟁 후에는 적어진 비목조 건축물이 고도 성장
기에 큰 증가율을 보였다. 고도 성장기의 비목조 건축물은 내진(耐
震) 건축기술의 미발달로 높이를 제한하여 도심지역에서도 많은 건
물이 중층 이하로 건설되었다. 고도성장 말기에 내진 기술의 출현
에 의해 제한이 해제되면서 주로 도심에서 고층화가 서서히 시작
되었다. 그 결과 최근에는 비목조 건축물이 건축물 스톡(stock) 전
체의 5% 수준을 보이고 있다(그림 10-11). 이것을 3대 도시권을 비교
해 보면 최근에는 건축물 스톡(stock)의 60%는 비목조로 되어 있
고, 도시지역에서는 건축물의 콘크리트화가 진행되었음을 짐작할
수 있다.75)

---

74) 吉川(1992)에서는, 고도 성장기에 농촌에서 도시로 큰 인구이동이 발생한
　　요인으로서, 건설투자를 중심으로 한 수요의 역할을 강조하였다. 즉 인구
　　이동과 도시의 수요확대 관계로서, 인구이동 → 세대 수 증가 → 내수 확
　　대 → 성장과 자본축적 → 노동수요증대 → 인구이동이라는 순환이 존재
　　했다고 하고, 그중에서도 세대수의 증가에 의한 건설수요와 그 파생수요
　　가 커졌다고 보았다.
75) 바닥면적으로 나타나지 않은 건축물의 콘크리트화도 진행되었다고 생각된
　　다. 예를 들면, 주택지 등에서는 목조였더라도 부지 주위는 콘크리트 블록
　　으로 둘러싼 예도 적지 않고, 도시의 콘크리트화에 박차를 가할 가능성이
　　있다.

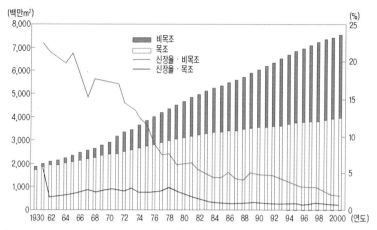

▌그림 10-11▐ 건축물 스톡(바닥面積)의 추이

주 : 원 데이터 출처는 총무성(자치성) '고정자산 가격 등의 개요조서'
출처 : 竹ケ原(2002a)를 참고로 작성.

▌표 10-5▐ 도쿄 도(東京都)에서 '녹지율'의 추이

(%)

	구부(區部)			다마(多摩)지역		
	1974년	1998년	증감	1974년	1998년	증감
녹지율	29.9	28.6	-1.3	86.1	79.9	-6.2
수림지	0.9	0.4	-0.5	53.3	50.6	-2.7
초지	5.9	1	-4.9	4.4	4.5	0.1
농지	4.3	1.7	-2.6	13.2	8.3	-4.9
택지 등의 녹지	10.9	14.7	3.8	13	12.6	-0.4
도로의 녹지	0.6	1.2	0.6	0.1	0.3	0.2
공원	2.8	5.1	2.3	0.7	2.2	1.5
하천 등의 수면	4.5	4.3	-0.2	1.4	1.4	0

주 : '녹지율'이란 어떤 지역에서 수림지·초지·농지·택지 등의 녹지(옥상녹
화를 포함), 공원·가로수나 하천·수로·호수와 연못 등의 면적이 그 지
역전체의 면적을 차지하는 경우.
자료 : 도쿄도(東京都) 환경국 자료에서 작성.

건물 이외에 도로면적의 확대도 도시의 커다란 특징이다. 도도부
현(都道府県)별 도로율(도도부현(都道府県) 내의 도로면적을 도도부현(都道府県) 면
적에서 제외한 것)을 보면, 도쿄 도(東京都)가 7.6%로 최고이며, 이어서
오오사카(大阪), 가나카와(神奈川), 사이타마(埼玉), 어린이치(愛知)같은
대도시권에 속하는 부현(府県)이 뒤따르고,76) 도쿄 도(東京都) 구부(区
部)에 대상을 한정하면 도로율은 15.4%이다. 구미의 주요 도시 도로
율은 대체로 20~25%로 일본보다 높은 수준이지만, 이러한 도시에
서는 일반적으로 넓은 도로 이외에 대규모 공원과 녹지도 함께 정
비되어 있고, 오픈 스페이스도 충분히 확보되어 있다. 한편, 도쿄
도(東京都) 구부(区部)의 녹지는 초지와 농지를 중심으로 지금까지 오
랜 기간 동안 감소하고 있으며(표 10-15),77) 공원 이외에서 녹지를 확
인하기는 어렵다. 이상과 같은 점에 입각하여 도시전체의 토지이용
관점에서 종합적으로 고찰하면, 일본 도시의 특징은 좁은 도로부터
큰 공원이나 녹지도 부족하며, 크고 작은 콘크리트 건조물 등에 의
해 인공 피복면적이 커지고, 그 결과로 열 확산을 저해하기 쉬운
구조의 시가지가 급속하게 확대되었다는 결론을 얻을 수 있다.

도로 정비에 따른 자동차 교통량의 증가도 현저했다. 전국 기준
으로 도로연장거리로 본 도로는 전후(戦後)부터 고도 성장기에 걸쳐
기본적인 정비가 진행되고, 1970년 이후 현재에 이르기까지 고속도
로 정비가 급속하게 진전했지만, 전체적으로 도로의 실 연장은 10%

---

76) 국토교통성 '도로통계연보'(1999년 4월 1일 현재)에 의한다.
77) 표 10-5의 정의에서 '공원'에 대해서는 공원전체가 녹지로 카운트되었다
　　(공원 내의 푸르름으로 뒤덮여 있지 않은 면적도 녹지로 산입되어 있다)
　　는 점에 유의할 필요가 있다. 즉, 전체적으로 공원정비는 진행되고 있지
　　만, 원내에서 구축물이나 포장 측면이 필요이상으로 배치되거나, 식재(植
　　栽)도 저밀 또는 관목이 많은 경우에는 실태로서 녹지의 양은 반드시 충
　　분하지 않을 가능성도 있다.

정도 증가한 데 불과하다. 한편, 차량 보유대수 및 자동차 주행 ㎞
는 소득의 상승, 자동차의 연비와 성능 향상, 도로 포장률의 상승
을 배경으로 급증하여 같은 기간에 3배 정도 증가하였다(그림 10-12).
특히 도시지역에서 자동차 주행량 증가는 현저하며, 심한 도로교통
지체 상태가 일반화되었다. 아침 저녁 혼잡(rush) 시간 대에 간선도
로를 주행하는 자동차의 평균속도는 1997년 전국 평균이 약 35㎞
/h인 것에 비해 도쿄 도(東京都) 구부(區部)는 약 절반인 18.5㎞/h에
불과하다. 이러한 점을 배경으로 도시지역은 당연히 연비의 악화와
자동차에서 배출 열의 증가를 초래한다. 도쿄 도(東京都) 내의 에너
지 소비량 추이에서 업무부문과 병행하여 운수부문의 기여가 큰 것
은 그림 10-12와 같다.

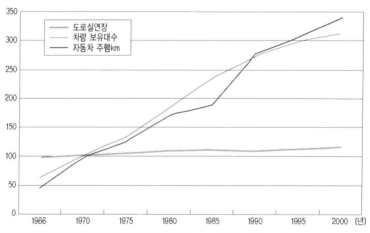

┃그림 10-12┃ 자동차 교통관계 지표의 추이 (1970년=100)

주 : 자동차 주행㎞는 90년부터 경자동차분도 계상하였다.
자료 : 국토교통성 '도로통계연보'외에서 작성

도시로의 인구집중과 자동차화(motorization)의 진행에 기인하는 에
너지 소비의 증가가 인공적으로 배출 열의 증가를 초래했다. 비교
적 완만한 도시계획의 운용 하에 건축 기능 또는 토지이용의 효율
화를 중시한 결과 콘크리트 건조물로 채워진 공간이나 녹지, 수면,
광장 같은 오픈 스페이스가 적은 시가지가 확대되었다. 도시화에
따른 인구나 교통량이 급증하는 한편으로 이에 부응한 도시 형태나
교통체계의 형성이 불충분했고 이곳에서 발생한 인공적으로 배출되
는 열과 지표면 피복의 개조와 밀접한 관련을 갖고 열섬 현상을 일
으키고 있다.

대책과 과제

최근 열섬 현상은 도시의 환경문제로서 주목을
받고 있고, 매스컴에서도 문제 삼는 기회도 증가하여 환경성 또는
도쿄 도(東京都)를 비롯한 몇 군데 지방자치체에서도 대책을 위한 검
토를 시작하였다. 현상을 해명하기 위해 많은 연구자가 과학적 연
구에 몰두하고 있고 기상관측에 리모토 센싱을 이용한 해석 등, 치
밀한 연구가 진행되었다. 가구(街區) 규모의 시뮬레이션 모델이 개발
되고, 가구(街區)의 공간구조, 지표면 피복이나 건물마다 표면재료,
색, 반사율 등 여러 요소가 초래한 영향을 가미한 열 환경 예측과
대책 평가 등의 연구가 진행되었다.

그렇지만 이러한 연구 성과는 현재 축적 과정에 있고 행정 측의
대책도 아직 일에 착수한 것뿐이기 때문에 열섬 현상은 현재 상황
에서 개선 방향을 정하였다고 말하기 어렵다. 당장은 열섬 현상에
의한 영향이나 피해가 점점 심각해지고 있다는 점을 쉽게 상상할
수 있다. 열섬 현상은 기온이 어떤 역치(閾値 / 일반적으로 반응이나 기타의

현상을 일으키게 하기 위하여 계(系)에 가하는 물리량의 최소치. 보통 에너지로 나타냄)를 초과하면 도시주민의 건강피해가 급증할 염려가 있고, 또한 요인도 비교적 명확하다는 점에서 영향과 피해가 심각화하기 전에 신속하게 대책을 취하는 것이 바람직하다.

표 10-6은 환경성(2001)에 의해서 정리된 열섬 현상 대책을 위한 메뉴이며 주된 요인마다 '(1) 인공적으로 배출 열의 저감', '(2) 인공피복물의 개선', '(3) 도시형태의 개선'으로 열거되어 있다. 개별 메뉴의 내용에 대해서는 특단의 해설이 필요하지 않다.

| 표 10-6 | 대책 메뉴

대책 메뉴	대상규모	기간	효과의 특성	
			열대야	주간의 고온화
(1)인공적으로 배출 열의 저감(소멸과 대체)				
①에너지 소비기구의 고효율화				
OA기구, 민생용 가전기구의 효율향상	개별	단기	B	B
②냉난방공조시스템의 고효율화				
고효율인 냉동기, 열원기기의 도입	건물	단기	B	B
③공조시스템의 적정한 운전 등				
실외기의 적정배치	건물	단기	B	B
냉각탑의 사용	건물	중단기	–	A
야간 시스템의 운전 자숙	건물	단기	A	–
④건물의 단열·차열기능의 향상				
●고단열 건재의 적용(내단열)	건물	중단기	C	C
●고단열·차열건재의 사용(외단열)	건물	중단기	A	D
⑤건물녹화, 보수성 건재의 적용				
●건물녹화, 보수성건재의 적용(외단열)	건물	중단기	A	A
⑥벽면, 지붕의 반사율 개선				
●벽면의 담색화, 고반사율의 지붕재	건물	단기	A	A
⑦교통대책의 도입				
●교통수요관리나 저공해차의 도입	도시	중장기	B	C
●자전거 등 대체수단의 활용	구(區)	중단기	B	C
⑧지역냉난방의 도입				
건물에서 배출 열의 지역수준에서 집중관리	가구(街區)	중기	A	A
⑨이용하지 않은 에너지의 이용				
●해수하천수지하수의 이용	구(區)	중장기	B	B

●도시시설에서 배출 열의 이용 　공장·지하철·빌딩·발전소·변전소 등의 배출열 이용	가구(街區)	중기	B	B
●폐기물에서 에너지 회수 　폐기물 발전·열공급	구(區)	중기	B	B
⑩자연에너지 이용				
●태양광 발전	건물~	단~	B	B
●태양열 이용	도시	장기	B	B
(2)인공피복물의 개선(현열수송의 삭감과 잠열수송의 확대)				
①포장재의 반사율·보수성의 개선 　포장재의 색 선택이나 투수성(透水性) 포장의 채용	도시	단기	B	B
②녹지 확보				
●공원녹지 등 보전·정비	구(區)~	중장기	A	A
●가로공간의 녹화	도시	중기	B	B
●주택의 녹화	개별	단기	B	B
③건물녹화, 보수성 건재의 적용(현열의 삭감)				
●건물녹화, 보수성 건재의 적용	건물	중단기	A	A
④개수면의 확보				
●작은 하천의 개거화(開渠化)나 공원에서 수면의 설치	구(區)~ 도시	중장기	B	A
(3)도시형태의 개선(이류(移流)의 개선 및 통합)				
①건물배치 등의 개선 　빌딩이나 도로의 배치개선, 바람의 길·물의 길의 적극적 　이용	가구(街區) ~도시	중장기	B	B
②토지이용의 개선 　대규모 공원녹지의 배치, 업무시설의 재배치 등	도시	장기	A	A
③에코 에너지 도시의 실현 　에너지의 폭포(Cascade) 이용, 산민(産民)의 에너지 이 　용의 유기적 결합	구(區)~ 도시	중장기	B	B
④순환형 도시의 형성 　에너지나 자원의 유효이용, 리사이클을 고려한 환경공 　생도시	구(區)~ 도시	장기	B	B

주 : 효과의 특성 : A효과 대(大)　B효과 중(中)　C효과 소(小)　D역효과.
출처 : 환경성 (2001)에서 전재(転載)

　　이들 대책 메뉴는 환경성뿐만 아니라 열섬 현상을 걱정하는 자치
체가 정책으로 언급한 경우도 많고 이 의미에서 일반적인 대책이라
고 할 수 있다. 그렇지만 구체적으로 누가 어떻게 수행하면 좋은
것인가, 그 내용이 반드시 명확하지 않은 경우도 존재한다. 이후는

대책 실시주체의 구분, 즉 대책 중에 공적 주체가 몰두해야 할 사항, 도시의 기업과 주민이 개별적으로 몰두해야 할 사항을 명확히 할 필요가 있다.

또한 향후 논의를 해야 하는 점은 이들 대책이 시뮬레이션에 의해 유효성이 어느 정도 확인되더라도, 이들이 비용 효율성(Cost Effective) 여부가 중요시 된다. 유효성에 대해서는 표 10-6과 같이 각 메뉴에 대한 시뮬레이션 등의 연구 성과를 기초로 '효과의 특성'이 병기되어 있지만 비용에 대해서는 명확하지 않다. 녹화가 기온 저하에 효과가 있는 많은 연구나 실험에 의해 점차 명확해지고 있다. 예를 들면 옥상녹화는 옥상면의 온도저하를 통해 건물 내의 온도상승을 억제하는 효과가 있다는 사실을 확인했다. 이것은 여름철 에어컨 수요를 저하시키는 에너지 절약 효과와 연결된다. 옥상녹화는 자치단체를 비롯한 몇 군데 관련 건물과 사업소에서 실험적으로 도입을 하였다. 하지만 옥상녹화의 유지관리를 포함한 비용과 에너지 절약 효과를 금전적으로 평가한 편익은 현 상황에서 반드시 명확치 않다고 생각된다. 대책에 대한 공학적 특성 평가와 함께 경제 면에서도 대책을 평가할 필요가 있다.

공적 주체가 몰두하는 대책에 대한 비용·편익의 확인은 꼭 필요하다. 특히, 이러한 평가를 기초로 어떤 대책을 우선해야 하는지에 대한 우선순위(priority)를 정할 필요가 있지만, 현 상황에서 이러한 작업은 지체되었다. 이들 일련의 검토가 없으면 이후 비용이 높은 대책을 실시할 가능성이 있기 때문에 비용·편익평가에 관한 연구가 요구된다.

도시의 기업과 주민이 실현가능한 대책은 주로 인공적으로 배출열에 대한 저감 대책이라고 생각된다. 주민이 자발적으로 행동하게 하는 적절한 조치가 필요하다.

4

도시의 대기와 사회적 자본

사회적 자본으로서 도시의 대기

우자와(宇沢, 1994, 2000)가 제시한 사회적 자본은 '풍요로운 경제생활을 해 나가며, 우수한 문화를 전개하고, 인간적으로 매력 있는 사회를 지속적이고 안정적인 유지를 가능케 하는 사회적 장치'이며, '사회 전체의 공동재산으로서 사회적 기준에 따라서 관리, 운영된다'(宇沢(2000), p.4). 사회적 자본의 범주는 자연환경, 사회적 기반시설(social infrastructure), 제도 자본이 포함된다. 자연환경은 대표적으로 대기, 물, 삼림, 하천, 호수와 늪, 토양 등을 들 수 있다. 사회적 기반시설(social infrastructure)는 항만, 도로, 전력·가스공급시설, 문화시설 등 도시를 구성하는 물리적, 공간적 시설이며, 도시는 도시 서비스를 만들어 낸 사회적 자본의 집적이라고 할 수 있다.[78] 도시의 대기는 도시 자연환경의 일부라고 본다면 도시 및 도시 대기는 사회적 자본의 구성요소로서 설정할 수 있다.

사회적 자본은 그 관리와 운영을 어떤 조직이 어떤 기준에서 시행하고 여기에서 만들어진 서비스를 사회 구성원에게 어떻게 배분해야 하는가가 문제이다. 이때 자원의 효율적 배분의 시점은 물론 소득분배의 공정성 측면도 배려할 필요가 있다. 다음은 이러한 점을 염두에 두면서 도시 대기의 열 오염 억제수단을 고찰한다.

---

78) 제도자본은, 宇沢(1994)가 사회적 기반시설을 제도적 측면에서 유지하는 것이며, 교육·의료·사법·금융 등의 제도를 가리키고, 시장 자체도 포함되어 있다.

도시의 지표면 피복개선

사회적 자본의 관점에 의거해서 열섬 현상의 요인 중에 도시의 지표면 피복 개선 또는 도시형태의 개선에 초점을 두고 고찰한다. 다른 하나의 요인인 인공으로 배출 열을 억제하는 대책도 말할 나위 없이 중요하지만 에너지 소비량의 통제는 지구온난화 대책으로서도 검토가 진행되고 있어서 이것과 일체적으로 생각하는 것도 유효하다고 본다.[79] 도시 특유의 문제는 인공적으로 배출 열의 확산을 저해하는 막는 도시환경을 지향할 필요가 있으며, 표 10-6에서 언급하고 있는 '인공 피복물의 개선'이나 '도시형태의 개선' 대책은 그 방향성을 제시하였다.

이러한 대책을 진행한 후의 전제(前提) 조건으로 도시주민 및 정책당국의 도시에 대한 장기적 비전이 필요하다. 일반적으로 경제학적 입장에서는 도시정책도 기본적으로는 시장 메커니즘을 이용하는 방식이 바람직하다고 생각하지만, 도시에서는 시장 실패(외부성·공공재·규모의 경제)의 영향도 크며, 이것에 대처하는 방식도 필요하다. 이에 더해서 공평성의 달성도 뒤따라야 한다. 특히 도시의 형태는 불가역적인 성질을 지녔기 때문에 달성된 자원배분의 사후적 조정이나 재분배를 하기는 곤란하다. 이러한 경우 공평성에 근거하면서 행정과 주민이 계획에 참여함으로서 도시에 대한 비전을 미리 형성

---

79) 지구온난화 대책으로서 탄소세(환경세) 도입이 검토되었다. 宇沢(1995)는 사회적 자본의 이론에서 온실효과가스의 귀속가격을 도출하고, 이에 근거해서 탄소세 적용을 검토하였다. 또한 諸富 (2000)는 宇沢(1994)가 제시한 사회적 자본의 개념을 언급하고 환경세를 '사회적 자본의 유지관리 수단'이라고 정의하였다. 인공적으로 배출 열 억제를 위한 환경세 도입도 하나의 방법이라고 생각되지만, 과세 대상이나 그 효과 등 검토해야 할 과제도 많다.

하는 것이 중요하다. 다음은 비전 형성을 위한 논점을 알아본다.

장기적 비전을 형성할 때에는 사회적 자본을 참고한다. 도시는 사회적 자본으로서 설정된다. 도시의 바람직한 모습에 대해 우자와 (宇沢, 2000)는 '최적 도시'(Optimum City)라는 개념을 사용하였다. 이것은 '한정된 지역 속의 기술적, 풍토적, 사회적, 경제적 여러 제약조건 하에서 어떤 도시적 기반시설을 배치하고, 어떤 역할(role) 내지는 제도에 의해 운용하면서, 인간적, 문화적, 사회적 관점에서 도시에 사는 사람들이 가장 바람직한 생활을 꾸려나갈 수 있는 것이 가능할 것인가.'(宇沢;2000, p.99)라는 점을 모색하는 방식이다. 최근 유럽에서는 유럽위원회가 조직한 전문가 그룹이 1996년에 정리한 '유럽 지속가능한 도시 보고서'에 기초해서 공업에 의해 황폐한 도시를 인간생활의 장소로 재생하려는 움직임이 활발하다. 최적 도시의 개념을 구현화하려는 이들의 구상은 주민의 관점으로 유발된 도시환경이나 자연환경의 재생, 도시형태의 개선을 우선하였다. 즉, 공업에 의해 오염된 대기, 물, 토양을 되살리거나 도시의 자동차 통제에 대한 사업에 역점을 두고 있다.

인공 피복면의 개선 : 물과 토양의 회복

열섬대책도 오염 내용이나 원인이 다르기는 하지만 확실히 도시 대기를 소생시키는 데 있으며, 이를 위해서는 잠열 증가를 위해 '물'과 녹지를 포함해 넓은 개념으로서 '토양'을 부활시키는 것이 주요 방침이다. 이것은 확실히 인공 피복면을 개선할 수 있다. 도시에서 인공 피복면의 개선은 자연의 상태를 회복시키는 시도로서 받아들일 수 있다.

물의 부활이란 도시의 물 순환을 개선하는 일이다. 열섬 현상의

한 원인은 도시화에 의한 콘크리트나 아스팔트 면이라는 물이 스며들지 않는 불투수면(不透水面)의 확대이지만, 이것은 도시에서 자연의 물 순환 시스템을 붕괴시킨다.[80] 도시지역의 물 순환에는 자연환경과 빗물이나 급수와 그 배수경로로 이루어지는 인공순환이 있고, 양자는 서로 관련하면서 도시의 물 환경을 형성하였다. 자연순환 아래에서는 지표면으로 흐르는 물이 토지 속으로 침투하여 저장되고, 일부는 지표면에서 증발하고 일부는 지하수맥을 형성한다. 또한 침투할 수 없는 부분은 지표면을 흐르는 하천으로 유입된다. 지표면에서 증발은 잠열로서 지표 부근의 기온을 저하시키지만 도시화에 따른 불투수면(不透水面)의 확대는 지표면의 수분을 감소시키는 것 이외에, 지하수의 감소와 하천으로의 유출량 증가를 초래해 자연 순환적인 물의 흐름 유지를 어렵게 한다.

또한 물이 스며들기 어렵거나 도는 스며들지 않는 불투수(不透水) 지표면의 확대와 함께 하천은 배수로로서 역할이 커지고, 하천개수에서는 호안(護岸)의 콘크리트화와 물이 흐르는 길(流路)의 직선화가 일반적이었다. 도시에서 빗물은 토지 속으로 침투하지 못하고 물이 스며들지 않는(不透水性) 지표면을 따라 이동해서 하천으로 유입되고 비교적 짧은 시간 속에 도시에서 유출된다. 유출량은 증가하고 도중(途中)에 보수(保水, 토양에 수분이 보유됨)나 저류(貯留)과정이 없기 때문에 유출량은 하천의 허용량을 초과해서 종종 도시에서 수해를 일으키게 되었다. 도심지역에서 하계의 집중호우와 열섬의 관련을 지적하지만, 집중호우 뒤의 홍수피해도 이러한 도시화에 기인하는 현상이라고 생각된다.

치수(治水)나 이수(利水) 같은 종래형의 수자원 정책에 더해 최근에

---

80) 이하의 기술에 대해서는 기본적으로 虫明(2000)에게 많은 도움을 받았다.

는 환경의 회복·보전의 중요성이 높아지고 있으며, 특히 자연의
물 순환 유지와 개선이 주목받고 있다.[81] 이것은 빗물을 신속하게
도시 밖으로 배출하던 종래의 발상으로부터 도시 안에서 침투, 저
유량(貯留量)을 확대시키는 전환이다. 대기가 지닌 보수성을 활용하
기 위해 공원 등에서 수면의 정비나 하천 위를 덮지 않은 개거화(開
渠化)와 호안(護岸)의 회복 등에 덧붙여 물 순환계 개선기술로서 빗물
침투 시설의 이용이 착안하였다. 빗물 침투 시설은 도시화 이전과
같이 대지에 물을 침투·환원시키는 것이며 투수성 포장은 그 한
사례이다.[82] 스톡(stock)된 도시의 물을 잠열공급 수단으로 활용함
으로써 열섬 현상의 완화에 기여할 것이다.

　물의 자연 순환과 병행해서 토양면의 회복도 중요한 역할을 달성
한다. 열섬 현상은 도시의 토지이용 변화에서 발생한 문제, 즉 토
양에서 인공피복으로의 변화가 한 요인이라고 할 수 있다. 따라서
대책은 가능한 한 도시지역의 인공 피복면을 이전의 토지이용에 가
깝게 되돌리는 것이 유효하다고 할 수 있다. 표 10-6은 인공피복물
개선의 여러 대책은 이러한 방식과 정합적(整合的)이라고 생각된다.
즉 도시에 본래의 토양면을 부활시키는 일은 현실적으로 불가능 하
지만 그 대책으로서 투수성(透水性) 포장이나 보수성(保水性) 건재를
사용하여 보수성(保水性)있는 지표면 피복을 회복시키려는 방법이며,
말하자면 인공적인 토양면을 확대하고 또는 자연자본을 이것에 가

---

81) 다케가하라(竹ヶ原, 2002b)는 일본의 환경 비즈니스의 경쟁력 강화 관점
　　에서 수자원의 인공순환의 고도화나 자연순환의 유지·개선을 도모해야
　　한다고 주장하였다.
82) 투수성(透水性) 포장은 현 시점에서 값비싼 공법이지만 도로 소음대책의
　　유효성도 기대되고, 종합적인 환경대책으로 위치 지워 시공하면 그 비용
　　은 각각 개별 대책을 행하는 경우에 비해 낮아질 가능성이 있다.

까운 인공자본으로 대체하려는 방법이다. 녹지 확보는 물론 옥상녹화나 건물의 벽면 녹화도 본질적으로는 도시 안에 토양면을 부활시키려는 방법이다.

녹지는 물과 토양 양쪽과 밀접한 연계를 가지고 있다. 녹지 기능이 열섬 현상 완화에 유효한 방법이라고 말할 필요도 없지만, 이것이 식물의 증·발산기능이나 녹지의 빗물침투에 따른 수자원 저유(貯留) 기능에 의존한다고 보면, 물과 토양의 기능 확보와 개선의 중요성이 한층 두드러진다. 도시의 녹화정책으로서 옥상녹화가 추진되고 있지만 전제조건으로서 충분한 물의 공급경로를 확보가 필요하다. 가로수나 녹지대 정비에 대해서도 주변에 불투수면(不透水面)이 많아지면 충분한 수분공급을 확보할 수 없고 녹지 기능을 발휘하는 일은 곤란하다.

도시형태의 개선

도시는 불가역적(不可逆的)인 성질을 지니며 그 형태를 변경하기는 쉽지 않다. 물이나 토양의 부활도 도시 형태를 개선하려는 데 있으며, 옥상녹화나 투수성(透水性) 포장의 시공 등에 몰두하고 있는 중이지만, 도시전체에서 보면 아직 한정적이다.

열섬 현상과 도시 형태와의 관계에서 별도로 검토가 필요한 점은 도시 안에서 자동차를 다루는 대책이다. 배출 열대책의 관점에서는 환경세에 의해 자동차 이용 비용을 높이는 방법이다. 미래에는 배출 열의 온도가 낮은 고체고분자형 연료전지를 탑재한 자동차 도입으로 억제가 가능하다고 생각하지만, 보급에는 아직 상당한 시간이 필요하다.

열섬 현상은 물론 지구온난화로 대표되는 지구환경문제의 관점에서도 자동차 의존형의 도시는 바람직하지 않다. 고밀도의 도심지역에서는 자동차보다도 오히려 대량수송이 가능한 공공교통기관 정비가 어울린다. 한편 교외나 저밀지역에서는 전과 다름없이 자동차가 유효한 교통수단이다. 자동차가 지닌 역할은 도시의 안팎에서 다르기 때문에 그 유효성을 인식하면서 이용하는 방법이 바람직하다. 이러한 의미에서 도처에서 자동차 교통을 진전시키고 있는 현재의 도시 형태는 개선해야 나갈 점이 있다고 본다.

일본에서 물과 토양의 부활 또는 자동차 통제에 의해 도시 형태를 개선하는 데 대해 종래 시행했던 용도지역 지정이나 용적률 규제 등과 같은 외형적인 도시계획 방법으로는 한계도 많다. 유럽에서는 도시형성을 고려할 때 이러한 외형적인 방법을 대신한 통합적인 정책수단이 일반적으로 선호하였다. 여기에서는 전략적인 도시의 비전, 자금조달 수단, 세제, 환경보호기준, 고용, 소득분배정책 등이 일체적으로 취급되고, 도시는 여러 대책에 의한 관리대상이라는 견해가 지배적이다. 지속가능한 도시라는 방식 아래, 유럽의 많은 도시에서는 밀도가 높은 도시 중심지역에서 자동차 교통은 적합하지 않다고 보고, 다양한 시책을 융합하여 통과교통(通過交通)의 배제, 도심지역의 보행자 우선, 도심지역에서의 주차관리 등 통제를 시행하고 시가지(市街地) 녹화, 오픈 스페이스의 창출을 실천하였다. 그 결과 양호한 도시환경이 토지·건물의 자산 가치를 상승시키는 사례도 있고, 도시형태의 개선을 추진할 수 있는 좋은 기회를 제공하고 있다.

5

마치며

본 장에서는 열섬 현상에 관한 문제를 도시의 열
오염 관점에서 주로 도쿄(東京)를 중심으로 한 도시권의 사례를 들
면서 고찰했다. 주요 논점을 요약하면 아래와 같이 정리된다.

첫째, 열섬 현상의 현재 상황이다. 기상청에 따르면 대도시의 평
균기온은 과거 100년까지 2~3℃ 상승하고 있지만 이 가운데 지구
온난화에 의한 상승온도는 0.7℃ 정도이며 도시화에 의한 상승 온
도의 증가가 크다. 이러한 도시의 온난화(열섬 현상)는 온실효과 가스
가 원인인 지구온난화와는 다르며, 도시의 인공적으로 배출 열과
지표면 피복의 변화에 의해서 발생하였다. 원인은 비교적 명확하지
만 어떤 대책을 취하지 않으면 도시주민의 건강피해 등 차후에는
보다 심각한 도시환경 악화를 야기할 가능성도 있다. 열섬 현상에
대한 과학적 조사연구 성과도 축적되어 있으며 이것을 근거로 해서
재빠르게 대응 방안에 대한 구상이 요구된다.

둘째, 열섬 현상의 대책이다. 열섬 현상은 지구온난화와는 원인
이 다르지만 에너지 소비량에 대한 통제의 필요 등 기본적인 대책
은 비슷하다. 기술적으로 가능한 몇 가지 대응책을 제시하고 몰두
를 시작한 지방자치단체도 나타나기 시작했다 이들 대응 방안의 문
제점으로 비용과 편익에 대한 확인이 현재 상황에서는 불충분하는
점을 지적했다.

셋째, 열섬 현상의 완화를 진행하기 위해 보다 장기적인 관점에
서 도시 특유의 문제인 인공 피복면과 도시형태의 개선책을 검토
했다. 이를 위해서는 녹지 등 토양면의 회복이나 도시의 물 순환

개선을 행하고, 현재 상황의 인공 피복면을 축소시켜야 한다. 도
시는 불가역적(不可逆的)인 성질을 지니며 형태를 빈번하게 바꾸는
것은 쉽지 않기 때문에 도시에 대한 적절한 비전과 정책 패키지가
필요하다. 이러한 최적 도시의 방식은 사회적 자본의 견해에 기초
해야 한다.

열섬 대책과의 관계에서 본 장에서 검토하지 않았던 점은 도시규
모의 문제이다. 유럽에서는 환경을 배려한 지속가능한 도시 형태를
모색하는 것으로 '콤팩트 도시(compact city)' 개념이 제창되어 논쟁을
이루고 있다.[83] 지구온난화 방지의 관점에서 자동차 교통에 필요
한 에너지를 절약하기 위해서는 콤팩트한 밀도가 높은 도시가 바람
직하다는 연구도 있지만,[84] 열섬 현상을 비롯해서 도시환경을 통
제하기에는 어느 정도의 도시 규모가 바람직한 것인가 등 흥미 깊
은 문제도 많다.

열섬 현상에 대해서 재빠르게 대처할 필요가 있다는 합의가 형성
되고 있지만 대책 수립은 아직 시작에 불과하다. 대책의 추진과 아
울러 이후 한층 조사·연구의 축적이 요망된다. 이는 도시라는 지
역의 특유한 문제이며, 자연조건도 도시구역마다 각각 다르고, 문
제의 정도도 다르기 때문에 그 도시구역의 풍토에 맞춘 대책을 도
시가 주체적으로 추진해야만 한다.

---

83) 상세한 것은 海道(2001)를 참조.
84) 예를 들면, 松岡·森田·有村(1992)를 참조.

에필로그

우자와 히로후미 · 쿠니노리 모리오 · 우치야마 카츠히사

앞으로 성숙사회에서 도시란 어떤 매력을 갖추지 않으면 안 되는 것일까. 무엇보다도 경제적 번영만을 최우선으로 하는 현재까지의 도시 상(像)을 초월해서, 각 도시의 특징을 살린 형태에서 생기 있게 생활하고 교류하며 문화를 창조, 유지할 기회를 혜택 받은 도시로 원하며 요구하고 있지는 않을까. 도시는 도시를 구성하는 다양한 사회적 자본에 의해 경제적, 사회적, 문화적인 조건을 특징짓고 있지만, 이 책은 보다 인간적인 도시의 매력을 확보하기 위해서 달성해야 하는 사회적 자본으로서 도시의 과제에 대해 고찰하였다.

선진국의 주요 도시 간에는 미래를 응시했던 도시의 매력에 관해 경쟁이라고 말해야 할 상황이 이미 발생하였다. 도시의 매력이 상대적으로 악화되면 역으로 도시의 경제활동에도 영향을 미치는 시대가 되었다.

예를 들면, EU통합에 의해 국경의 의미가 낮아지는 가운데 최근 유럽에서는 국가간 경쟁보다도 오히려 도시 간 경쟁을 왕성하게 전개되었다. 도시의 매력이나 경쟁력을 높이기 위해서 역사적 유산이

나 자연환경보전과 회복을 중심으로 하는 도시재생이 각각의 특징
을 살려 수행했다.

또한 유럽 각지에서 중심 시가지(市街地)로 자동차 도입을 금지하
거나 주요 도로의 지하화 등에 의해 지상에서의 자동차를 배제함과
더불어 녹도(綠道)과 광장을 중심으로 하는 공공공간의 공급을 통해
시민과 관광객이 다수 모여드는 집들이 들어선 거리를 회복하는
등, 도시기반으로서 사회적 자본의 정비와 재구축을 착실하게 진행
하였다. 이러한 일련의 시책은 경제 활성화에도 크게 공헌해 사람
들을 다시 도시로 불러오는 효과를 불러오고 있다. 또한 피폐한 옛
공업지대에서도 환경오염으로부터 재생을 의논하면서 새로운 형태
의 공원 등을 창조함으로써 도시의 기초적인 정비를 열정적으로 진
행했다.

이러한 도시재생을 가능하게 한 배경은 지방분권을 향상시켜 도
시가 재정의 자기결정권을 갖게 된 점과 과제의 종류에 대응하여
도시의 광역연계를 증진한 것이 중요한 역할을 하고 있음에 주목해
야 한다. 실제로 지방분권에 의해 권한을 소유하게 된 지방자치단
체나 그 집합체가 독창력(initiative)을 얻는 모습을 많이 볼 수 있다.
특히 유럽에서는 보다 작은 조직이 과제에 대응하고, 그 조직에서
대응할 수 없는 과제에 대해 보다 큰 조직이 대응하는 보완성의 원
칙 아래, 도시의 사정이나 상황을 숙지한 지방자치단체가 독자적
재원으로 행정을 추진하였다. 중앙정부도 지방을 존중하고 있고, 시
책을 통해서 중앙과 지방이 좋은 의미의 보완관계인 경우가 많다.
경합하는 경우도 공존 관계를 구축하려고 하였다.

재원 측면뿐만 아니라 계획, 관리, 운영면에서도 중요하다. 그것
은 자치단체가 관련된 각 분야에서 다양한 배경을 지닌 직업적 전
문가를 행정부문의 일원으로 참여시켜, 각각의 직업적 규율, 책임

감과 전문적인 식견을 배경으로 계획, 관리, 운영업무에 주체적으로 관계를 맺어야 한다. 이러한 다양한 전문가 그룹의 존재와 더불어, 장기적 관점에서 관심도가 높은 시민층 또는 그 비정부조직(NGO) 등이 중층적이고 다면적으로 존재하고, 행정 측과 시민측 쌍방이 적극적인 대화와 공동작업을 마다하지 않는 매력 있는 도시를 만들기 위해서는 빠뜨릴 수 없는 요소이다.

이러한 자치단체 움직임의 한 사례는 1994년, 덴마크의 오르보 (Alborg)에서 유럽 자치단체가 개최하여 채택한 오르보 헌장(Alborg"s constitution)에도 나타난다. 이 헌장을 채택한 이후 지속가능한 도시 추구에 탄력이 붙었다고 말하였다. 헌장에서는 생활수준이 자연환경 용량에 따르는 것, 지방자치, 커뮤니티의 참여, 공공교통의 효율적 공급, 도시 안에서 과도한 자동차 이용 배제, 도보, 자전거, 공공교통 이용의 장려 등을 강조하였다.

도시를 둘러싼 사회적 자본의 존재방식에 보편적인 원리는 존재하지 않는다. 각 도시에 놓여 있는 특정 상황 아래에서 최적 경영과 관리 형태를 논하였다. 그러나 유럽의 사례에서 볼 수 있는 제도적인 조건을 넘어, 매력적인 도시의 조건을 모색하는 일본경제나 도시의 방식이나 앞으로의 방향성에 대한 유익한 시사점이 아닐까.

Economic Affairs 시리즈 제8호인 이 책 『21세기의 도시를 생각한다』는 먼저 간행한 제7호 『도시의 르네상스를 찾아서』와 마찬가지로 상기와 같은 문제의식을 염두에 두고 도시를 둘러싼 문제를 테마로 하였다. 도시는 경제활동의 중심 장소이며 지금까지 경제학적 관점에서 수없이 분석이 시도되었다. 본 시리즈 제2호 『최적도시를 생각한다』(1992년)는 이러한 관점에서 정리하였다. 그러나 도시가 경제적인 측면뿐만 아니라 다양한 요소로 구성된 것은 이미 기술한 대로이다. 금회 2개 호(号)에서는 경제학적 관점에 얽매이지 않고, 20세기의 도시상황에 입각하면서 도시계획, 환경, 지방분권, 녹지계획, 교육, 관광이라는 키워드를 축으로 유럽의 선진적인 동향을 정리하면서 21세기 도시의 방식을 재고하고, 일본 도시에 대한 시사점을 제시하였다.

도시가 책임지는 문제는 복잡다단하다. 금회의 2개 호(号)에 수록된 각 논문에서는 다양한 접근법에 의해 해답에 대한 힌트를 찾거나 문제의 소재를 새롭게 하여 제시하는 것 등에 유의했다. 동시에 폭넓은 분야에 종사하는 여러 현명하신 분들께 이러한 문제를 질문하기 위해 가능한 한 평이하게 서술하였다. 이것을 계기로 일본 도시의 방식에 대해 논의가 깊어지면 우리 집필자에게는 큰 즐거움이다.

마지막으로 이 책의 제작은 설비투자연구소의 薄井充裕, 前田正尚, 細田裕子 세 분의 도움을 받았다. 또한 지금까지와 마찬가지로, 도쿄(東京)대학출판회의 黑田拓也 씨에게는 기획 단계부터 간행에 이르기까지 모든 과정에서 매우 폐를 끼쳤다. 이 분들께 이 장을 빌려 깊이 감사드리고자 한다.

편저자

집필자 소개(五十音順, *은 編者)

石川幹子 (いしかわ みきこ)　　慶応義塾大学環境情報学部
伊藤 滋 (いとう しげる)　　　早稲田大学
宇沢弘文* (うざわ ひりふみ)　同志社大学社会的共通資本研究センター
内山勝久* (うちやま かつひさ)　日本政策投資銀行設備投資研究所
岡本伸之 (おかもと のぶゆき)　立教大学観光学部
国則守生* (くにのり もりお)　法政大学人間環境学部
神野直彦 (じんの なおひこ)　東京大学大学院経済学研究科
原科幸彦 (はらしな さちひこ)　東京工業大学大学院総合理工学研究科
間宮陽介 (まみや ようすけ)　京都大学大学院人間・環境学研究科
柳沼 寿 (やぎぬま ひさし)　法政大学経営学部

역자 약력

이 창 기(李 昶 基)
서울대학교 행정학 박사
대전대학교 행정학과 교수
대전광역시 발전협의회 의장
대전발전연구원장

문 경 원(文 景 源)
중앙대학교 경제학박사
대전발전연구원 선임연구위원
(전)중국 대련민족대학 객원교수
(전)행정중심복합도시건설추진위원회 자문위원회 위원

윤 희 중(尹 熙 重)
원광대학교 행정학박사
일본 교토대학 대학원 석사
동국대학교 사회과학연구원 전문연구원
(전)원광보건대학교 공무원행정학과 조교수

사회적 자본으로 읽는 21세기 도시

2013년 8월 25일 1판 1쇄 인쇄
2013년 8월 31일 1판 1쇄 발행

편 저 우자와 히로후미 · 쿠니노리 모리오 · 우치야마 카즈히사
옮긴이 이 창 기 · 문 경 원 · 윤 희 중
펴낸이 강 찬 석
펴낸곳 도서출판 **미세움**
주 소 150-838 서울시 영등포구 신길동 194-70
전 화 02-844-0855   팩스 02-703-7508
등 록 제313-2007-000133호

ISBN 978-89-85493-74-1   93530

정가 21,000원